Interim Manager berichten aus der Praxis

Künstliche Intelligenz als Business-Booster für Unternehmen

Autoren:

Dr. Harald Schönfeld
Eckhart Hilgenstock
Ulvi I. Aydin
Falk Janotta
Melanie Heßler
Udo Fichtner
Klaus-Peter Stöppler
Jürgen Kaiser
Oliver Strass
Dr. Albert Schappert
Klaus Becker

Reihe: Von Interim Managern lernen

Herausgeber: Dr. Harald Schönfeld

Autoren

Dr. Harald Schönfeld

Eckhart Hilgenstock

Ulvi I. Aydin

Falk Janotta

Melanie Heßler

Udo Fichtner

Klaus-Peter Stöppler

Jürgen Kaiser

Oliver Strass

Dr. Albert Schappert

Klaus Becker

Interim Manager berichten aus der Praxis

Künstliche Intelligenz als Business-Booster für Unternehmen

Reihe „Von Interim Managern lernen“

Herausgeber: Dr. Harald Schönfeld

Diplomatic Council Publishing

1. Auflage 2024

Hinweis zu gendergerechter Sprache

Dieses Werk ist ein Fachbuch ohne politische oder gesellschaftliche Ambitionen. Da jedoch die Frage nach gendergerechter Sprache häufig als Ausdruck einer gesellschaftlichen Haltung verstanden wird, ist es den Autoren und Autorinnen des Buches ausdrücklich freigestellt, nach eigenem Gusto zu gendern oder eben auch nicht. Dies drückt sich in den unterschiedlichen Schreibweisen in den Kapiteln aus.

Von Seiten des Verlages bleibt festzustellen, dass in allen unseren Büchern mit dem generischen Maskulinum, also zum Beispiel „Interim Manager“, stets die sexusindifferente Bezeichnung gemeint ist, also alle Geschlechter. Abweichungen von dieser Regel werden sprachlich eindeutig gekennzeichnet, etwa durch Worte wie zum Beispiel „männlich“ oder „weiblich“.

Bibliografische Informationen der Deutschen Nationalbibliothek

Die Deutsche Nationalbibliothek verzeichnet die Publikation in der Deutschen Nationalbibliografie; detaillierte bibliografische Daten sind im Internet über http://dnb.d-nb.de abrufbar. Printed in the Federal Republic of Germany.

Gedruckt auf säurefreiem Papier.

Gestaltung, Cover, Satz: IMS International Media Services, Wiesbaden

Print ISBN: 978-3-98674-110-5

E-Book ISBN: 978-3-98674-111-2

Inhalt

Vorwort

Es gibt keine anderen Führungskräfte als Interim Manager, die im Laufe ihres Berufslebens so viele Unternehmen und so viele verschiedene unternehmerische Herausforderungen kennenlernen. Um dieses geballte Know-how zu bündeln und einer breiteren Fachöffentlichkeit zugänglich zu machen, haben sich das Diplomatic Council und United Interim zusammengetan und die Buchreihe „Von Interim Managern lernen" ins Leben gerufen. Der aktuelle Band über Künstliche Intelligenz steht exemplarisch für die Bedeutung und die Kompetenz der Reihe.

Das Diplomatic Council (DC) ist ein globaler Think Tank mit Beraterstatus bei den Vereinten Nationen (UNO); United Interim (UI) ist das führende Netzwerk qualifizierter Interim Manager im deutschsprachigen Raum. Der Herausgeber der Buchreihe, Dr. Harald Schönfeld, ist zugleich einer der Gründer und Geschäftsführer von United Interim; er kennt daher dieses Marktsegment besser als irgendein anderer. Dieses Know-how gepaart mit einem über viele Jahre entwickelten, vertrauensvollen und persönlichen Verhältnis zu praktisch allen qualifizierten Interim Managern von Relevanz im deutschsprachigen Raum gewährleistet, dass in der Buchreihe „Von Interim Managern lernen" nur die Besten der Besten zu Wort kommen.

Das Thema des vorliegenden Bandes ist an Aktualität und Auswirkungspotenzial kaum zu überbieten. Künstliche Intelligenz wird in praktisch jedem Berufsbild und jeder Branche zu massiven Veränderungen führen. Ohne dem Inhalt dieses Buches vorzugreifen, seien hier nur einige wenige Stichworte zu KI genannt: Produktivitätssteigerungen schwer vorstellbaren Ausmaßes, Mut zum KI-Einsatz, Change Management, KI-

Revolution von unten, Verschiebungen der Machtpositionen in Unternehmen, Jobverlust bzw. Arbeitsplatzabbau im großen Stil, KI-Halluzinationen (Fake Facts als Entscheidungsgrundlage), Wettbewerbsdruck, Datenschutz und Datensicherheit, ethische Aspekte etwa in Bezug auf Fairness und Nicht-Diskriminierung, Transparenz, Verantwortlichkeiten, Nachhaltigkeit... die Liste ließe sich noch lange fortsetzen.

Vor diesem Hintergrund erscheint das vorliegende Buch genau zum richtigen Zeitpunkt, um den Entscheidungsträgern in der Wirtschaft mit Erfahrungsberichten über die KI-Nutzung und praxiserprobtem Rat zur Seite zu stehen. Noch besser: Wer über den Rat hinaus tatkräftige Unterstützung bei Strategie und/oder Umsetzung benötigt, kann die in diesem Buch vorgestellten Interim Manager direkt ansprechen. Die Profile inklusive Kontaktdaten befinden sich in der Sektion „Über die Autoren" am Ende des Werkes. Denn alle, die in diesem Buch zu Wort kommen, sind nicht in erster Linie Autoren, sondern es sind vor allem Interim Manager, die eben nicht nur mit Rat, sondern insbesondere auch mit Tat zur Seite stehen.

In diesem Sinne wünsche ich diesem Band einen guten Start, mögen die geneigten Leserinnen und Leser ein Maximum an Nutzen aus der Lektüre ziehen. Mein Dank gilt den Interim Managern, die sich die Zeit genommen haben und bereit sind, ihr profundes Know-how in diesem Werk darzustellen, und natürlich dem Herausgeber, der sich um die hohe Qualität aller Beiträge verdient gemacht hat.

Hang Nguyen

Generalsekretärin Diplomatic Council

Von Interim Managern lernen

Einführung von Dr. Harald Schönfeld, Gründer und Geschäftsführer der UnitedInterim GmbH

„Es ist eine Kunst, wie professionelle Interim Manager Menschen und Organisationen in dynamischen Märkten durch Prozesse der Veränderung führen, sie dabei stärken und ihnen konkret in ihrem Praxisalltag an der Seite stehen, bis sie ihre definierten Ziele erreicht haben. Dann geht es weiter zum nächsten Mandanten."

Interim Manager: Was ist das und worum geht es?

Zeiten voller Umbrüche sind voller Herausforderungen. Da sind zum ersten im Umfeld der Unternehmen die Krisen und unvorhersehbaren „Schwarzen Schwäne" wie die Pandemie, kriegerische Auseinandersetzungen in der Ukraine und im Nahen Osten, die Lieferengpässe durch geopolitische Entwicklungen oder die Energiepreisentwicklung. Die Inflation und der Fachkräftemangel kommen hinzu.

Zum zweiten gibt es beinahe fortlaufend neue regulatorische Anforderungen; der EU AI Act zur Regulierung des Einsatzes von Künstlicher Intelligenz (KI) ist nur eine von vielen Änderungen der gesetzlichen Rahmenbedingungen, die von Unternehmen aufwändige und rechtzeitige Umstellungen erfordern. Aber auch Kunden, Mitarbeitende und andere Stakeholder wie Investoren fordern „Nachhaltigkeit" (ESG) im Wirtschaften. Zum dritten sind technologische Sprunginnovationen zu nennen, die alles verändern, wie die Künstliche Intelligenz, die in diesem Buch im Mittelpunkt steht. Bei all diesen Entwicklungen besteht die hohe Schule der Unternehmensführung darin, Themen wie Liquidität, Kosten, Profitabilität und Wettbewerbsfähigkeit im Blick zu behalten.

Ein Konzept, all diese Komplexität (noch) fassen zu können, ist das BANI-Modell. Es ist eine Art „Steigerung" von VUCA. Das BANI-Modell beschreibt eine neue Welt, in der die alten Werte und Regeln nicht mehr gelten. Im bekannten VUCA-Konzept ist alles (nur) volatil, unsicher, komplex und ambivalent. BANI, veröffentlicht unter dem Eindruck der COVID-Pandemie im Jahr 2020, geht noch einen Schritt weiter:[1]

Brittle (spröde, brüchig): „Brittleness" soll verdeutlichen, dass es nicht mehr (allein) um Volatilität geht, wie im VUCA-Modell. Es ist vielmehr mit plötzlichen und unvorhergesehenen Erschütterungen zu rechnen, die bis hin zur Zerstörung eines vermeintlich stabilen Systems gehen können.

Anxious (verunsichert): Für Menschen, die in so einer Welt leben, wird diese immer beängstigender. Auf der Gefühlsebene kann das zu Ohnmacht und Hilflosigkeit, also einer Art Angststarre, führen. Es kommt hinzu, dass diese Ängste noch medial durch Desinformation und Fake News verstärkt bzw. bewusst ausgelöst werden.

Non-linear: Damit ist gemeint, dass sich in der Wahrnehmung der Menschen die (verstehbaren und nachvollziehbaren) Zusammenhänge von Ursache und Wirkung entkoppeln oder disproportional zueinanderstehen. Eine vermeintliche Kleinigkeit kann riesige, komplexe Konsequenzen nach sich ziehen – in

---

[1] Cascio, Jamais (2020): Facing the Age of chaos. https://medium.com/@cascio/facing-the-age-of-chaos-b00687b1f51d

manchen Fällen auch erst zeitlich verschoben. Und die Gründe dafür können auch nur noch bedingt identifiziert werden.

Incomprehensible (unverständlich): Dieser Punkt betrifft die Fähigkeit des menschlichen Verstandes, die Informationen in ihrer Komplexität und schieren Menge überhaupt erfassen und verarbeiten zu können.

Es wird deutlich, dass Unternehmen in einzigartiger und zunehmender Weise gefordert sind, die für sie relevante Welt zu verstehen, Antworten auf neue Zukunftsfragen zu finden und dann in ein zielgerichtetes „Tun“ zu kommen. Somit wird die Fähigkeit zur Veränderung, zur „Transformation“ zu einer zentralen Kompetenz von Unternehmen und deren Führungskräften.

Die zügige und sichere Umsetzung von Veränderungen ist jedoch etwas, das auf der Managementseite andere oder zusätzliche Arbeitskapazitäten und Kompetenzen erfordert, als bewährte und in der Vergangenheit erfolgreiche Prozesse und Routinen in immer weiter optimierender Weise auszuführen – manchmal auch nur für eine bestimmte Aufgabe, eine bestimmte Phase oder einen definierten Zeitraum. Das führt beinahe zwangsläufig zu Engpässen.

Der erste Engpass liegt – vor allem im Mittelstand – häufig bei den Kapazitäten: Bewährten Führungskräften im Hause können nur selten neben ihrem Tagesgeschäft noch weitere Projekte auf die Schultern gelegt werden. Die Managementkapazitäten sind zumeist „auch schon so“ komplett ausgereizt.

Der zweite Engpass betrifft das Wissen: Gerade bei neuen Themen sind aktuelles Know-how oder eine Spezialkompetenz notwendig. Beides muss zügig im Unternehmen verankert werden, denn der Markt wartet selten. Aufwändige und zeitintensive Weiterbildungen oder die Rekrutierung spezialisierter Experten am Arbeitsmarkt sind nicht immer die Lösungen der Wahl, wenn die Zeit drängt.

An dieser Stelle kommen Interim Manager ins Spiel: als Experten für die Gestaltung und Umsetzung von Transformationen – und den damit einhergehenden Auswirkungen auf das Personalwesen.

Das Besondere an ihnen sind nicht nur der zeitliche Faktor, also eine Tätigkeit „ad interim", und die kurzfristige Verfügbarkeit mit einem Projektstart innerhalb weniger Tage. Hinzu kommt ihre in vielen Berufsjahren und vielen Projekten erworbene Erfahrung,

- was in der Praxis – und nicht nur in Hochglanzbroschüren oder auf den bunten Charts von Consultants – wirklich funktioniert, und

- wie die betreffenden Menschen und Organisationen dorthin gelangen, und zwar möglichst sicher (Quality), möglichst zügig (Time), bei vertretbarem Aufwand (Costs) – und möglichst nachhaltig in der Wirkung.

Es gibt wohl kaum eine Berufsgruppe, die mehr über die betriebliche Praxis weiß als Interim Manager. Weil sie im Laufe ihres Berufslebens viele verschiedene Unternehmen sowie unterschiedliche Situationen und Herausforderungen kennen lernen, stellt ihre Erfahrungen und ihr Know-how einen wahren Schatz dar.

Bei Transformationen, bei denen im Alltag durchaus Emotionen, „innere Welten“ und Unternehmenspolitik eine Rolle spielen, profitieren ihre Auftraggeber vor allem von

- ihrer neutralen und nur der Aufgabe verpflichteten Sichtweise,
- ihrer Nicht-Eingebundenheit in politische Konstellationen, „Seilschaften“ oder gar „Königreiche“,
- den fehlenden Karriereinteressen in eigener Sache,
- einer besonderen, projektorientierten Arbeitsmethodik in Veränderungsprozessen, und
- einem vertrauensbildenden Track Record, ähnliche Aufgaben an anderer Stelle bereits mehrfach erfolgreich bewältigt zu haben.

Wird all dies kombiniert mit

- aktuellem Wissen rund um das Fachthema (erworben unter anderem durch kontinuierliche Weiterbildung), und
- einer Sensibilität für die jeweils vorliegende Unternehmenskultur mit der Fähigkeit, in den Worten die passende Ansprache und im Handeln das notwendige Vorbild sein zu können,

dann prädestiniert es Interim Manager geradezu, ein wichtiger oder gar federführender Teil der Erfolgsstory von Transformationsprozessen zu sein.

Es soll ergänzt werden, dass Interim Manager, die Transformationsprozesse (etwa rund um Künstliche Intelligenz) erfolgreich für andere umsetzen, auch für sich selbst die Kompetenzen bzw. persönliche Reife entwickelt haben müssen, die Spannungen, Konflikte, Diskussionen und Unsicherheiten auszuhalten, die Veränderungen mit sich bringen. Meist stehen persönliche Erlebnisse hinter den Kompetenzen. (*„Habe ich selbst auch schon erlebt – Ich kann nachfühlen, wie es Ihnen jetzt geht“*.) Das kann im Hinblick auf eine Vorbild- bzw. Führungsfunktion – insbesondere für Mitarbeitende, die in unsicheren Zeiten durchaus Empathie und Orientierung schätzen – zusätzliche Sicherheit und Vertrauen geben, einen neuen Weg zu beschreiten.

Interim Manager unterstützen Unternehmen indes nicht nur bei der Umsetzung „normaler“ Transformationen. Sie können ebenfalls – quasi projektbegleitend und als Zusatznutzen – für nachhaltige Resilienz sorgen.

Dazu gehört das bewusste Einbauen von Redundanzen und Sicherheitsnetzen in die Prozesse. Oder sie fördern die Entwicklung von Antifragilität: Das betrifft die Fähigkeit von Unternehmen, als Ergebnis von Schocks, Volatilität, Fehlern, Störungen, Angriffen oder Ausfällen zu wachsen und zu gedeihen. Dazu gehört der Mut, bisherige Wege zu verlassen, zu lernen und sich auf Neues in all seiner Unsicherheit einzulassen. Die Einführung von KI in ein Unternehmen lässt sich durchaus als Aufbruch in eine „neue Welt“ verstehen.

In den meisten Fällen kann ein Interim Manager sein Wissen zudem an das Team weitergeben und dafür sorgen, dass der interne Kompetenzaufbau zügig und praxisbezogen klappt. Gutes Interim Management beinhaltet damit noch einen ganz pragmatischen Know-how-Transfer on the job. Das betrifft nicht nur neues fachliches Wissen. Mitarbeitende und Kollegen in der Unternehmensführung, die einen Transformationsprozess zusammen mit einem Profi durchlebt haben, lernen rund um vier Fragenkomplexe:

(1) Einstellung: Wie verhalten wir uns, wenn wir nicht mehr zielführende Gegebenheiten im Unternehmen feststellen? Wie gehen wir dabei mit liebgewordenen Routinen und Denkhaltungen um, die in der Vergangenheit durchaus erfolgreich waren, nun aber nicht mehr richtig weiterhelfen?

(2) Emotion: Wie können wir uns kontinuierlich emotional darin stärken, uns auf Neues (durchaus nicht ungeprüft) einzulassen? Wie erarbeiten wir uns dabei ein notwendiges Maß an innerer Sicherheit und wie können wir dies spüren?

(3) Methodik: Wie erweitern wir unseren Werkzeugkasten im Management um Methoden, die Anforderungen einer zunehmend sichtbar werdenden BANI/VUCA-Welt systematisch in unserem Unternehmen zu verankern, auch wenn das gegebenenfalls im ersten Schritt zusätzliche Arbeit und Investitionen betrifft?

(4) Zukunftssicherung und Erwartung weiterer Veränderungen über die heute zu lösende Situation hinaus (Prävention): Wie sorge ich für nachhaltige Resilienz und Antifragilität im Unternehmen – auch wenn das in einem Quartal Geld kostet? Was kann ich vielleicht mit kleinem Aufwand schon heute gleich mitmachen?

Interim Manager: Experten für die Umsetzung

Den Begriff „Interim Manager“ gibt es im deutschen Sprachraum seit mehr als 40 Jahren. In dieser Zeit haben sich die Aufgabenstellungen und Rollen natürlich verändert, für die

Interim Manager engagiert werden – ebenso wie die Kompetenzen und Qualifikationen, die notwendig sind, um Mehrwert zu erzielen und langfristig erfolgreich zu sein. Standen am Anfang in erster Linie die Restrukturierung und Sanierung sowie Projekte auf oberster Unternehmensebene im Vordergrund, die hauptsächlich von Männern kurz vor oder nach der Pensionierungsgrenze durchgeführt wurden, so ist es heute eine vielfältige, bunte Mischung an Themen geworden. Interim Manager sind zudem in ihrer Gesamtheit weiblicher und jünger geworden. Die vielen Projekte im Personalbereich – eine statistisch überwiegend weibliche Domäne – stehen als Beispiel für zunehmend mehr Frauen, die sehr erfolgreich als Interim Manager tätig sind.

Die Online-Ausgabe des Gabler Wirtschaftslexikons gibt folgende Definition (Interim Management, 2018):

Beim Interim Management arbeiten selbstständig tätige Interim Manager für einen definierten Zeitraum (üblicherweise 3-18 Monate) i.d.R. in unternehmerischer Verantwortung in einem Unternehmen in einer Führungsposition der ersten und zweiten Ebene. Interim Manager werden in unterschiedlichen Situationen und Aufgabengebieten eingesetzt, z.B. zur Überbrückung bei unvorhersehbaren Vakanzen beim Ausfall einer Führungskraft, zur Restrukturierung und Sanierung, im Projektmanagement, zur Einführung neuer Programme oder bei der Gründung, Übernahme oder Veräusserung von Unternehmen.

In der Unternehmenspraxis werden Interim Manager zunehmend als Teil der gesamtwirtschaftlich immer bedeutsamer werdenden und stark wachsenden Gruppe der Freelancer und dabei als Teil des Marktes für „Freelance Management Dienstleistungen" betrachtet.

In die gleiche Richtung zielt die DDIM (Dachgesellschaft Deutsches Interim Management e.V.) als führender Wirtschafts- und Berufsverband für Interim Management in Deutschland. Interim Management wird dort als eigenes Angebotssegment im Markt der Management Dienstleistungen bezeichnet, welches sich von der Nachbarbranche der Unternehmensberatung in der Art des Service unterscheidet (DDIM, Branchenprofil, 2020):

„Während Unternehmensberatungen einen externen, unabhängigen Service bieten, bei dem die Entscheidungsbefugnis und die -verantwortung beim Auftraggeber verbleiben, arbeiten Interim Manager in der Regel in unternehmerischer Verantwortung im Mandanten-Unternehmen. Für einen definierten Zeitraum werden sie zum integralen Bestandteil des internen Teams. Interim Manager arbeiten freiberuflich und auf eigenes Risiko. Sie werden in Führungspositionen der ersten und zweiten Ebene eingesetzt.“

Eine andere Begriffsdefinition rückt den „Markenkern des Interim Managers“ in den Blickpunkt. Sie wurde am 1. Juli 2022 von den Verbänden der deutsch sprechenden Länder (DDIM, DSIM, DÖIM, VRIM, AIMP) auf dem „6. Gipfeltreffen der Interim Management Branche“ in Luzern gefunden und in „gendergerechter“ Sprache formuliert (Schädler, 2022):

Interim Manager:innen sind führungserfahrene und umsetzungsstarke Problemlöser:innen. Sie stehen einem Unternehmen zeitnah für spezifische Aufgaben und auf begrenzte Zeit zur Verfügung. Sie schaffen unternehmerischen Mehrwert.

Einsatzfelder und Besonderheiten

Ihren Kundennutzen bringen Interim Manager in allen Phasen des Lebenszyklus von Unternehmen ein. So gibt es Interim Manager, die vor allem bei der Unterstützung von jungen Unternehmen tätig sind, Interim Manager, die sich auf Wachstumsthemen und Transformationen fokussiert haben, und Interim Manager, die sich geradezu auf „Krisen“ oder gar die „Beerdigung“ von Unternehmen spezialisiert haben.

Und natürlich gibt es Interim Manager, die rund um das Thema dieses Fachbuches, der Künstlichen Intelligenz, über tieferes Spezialwissen und eine breitere Erfahrung bei mehr Unternehmen verfügen als die meisten Führungskräfte in langjährigen Angestelltenverhältnissen. In allen Phasen jedoch sind viele Interim Manager in der Überbrückung von Vakanzen tätig. Gerade weil in der Praxis die beiden mittleren Phasen in der Regel die längste Zeit des Lebens eines Unternehmens ausmachen, sind diese Phasen besonders „arbeitsreich“ für Interim Manager.

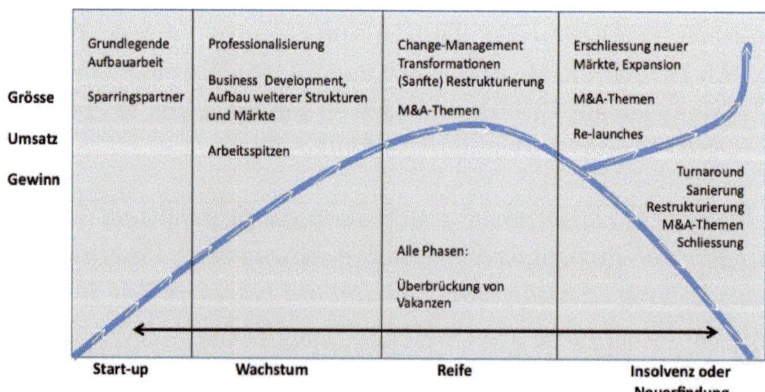

Abbildung: Einsatzfelder von Interim Managern in unterschiedlichen Phasen des Lebenszyklus von Unternehmen. Quelle: Becker / Schönfeld / Singer (2022).

Aus Sicht der Praxis des Interim Managements formuliert ein erfahrener und in der Branche mehrfach ausgezeichneter Interim Manager, Ulvi I. Aydin[2], die folgenden Unterschiede in der Tätigkeit zum „normalen" Management (*Handelsblatt* vom 7. August 2022):

„Interim Manager haben schon unzählige Unternehmen von innen gesehen und erkennen sehr schnell Muster und Pain Points – in Prozessen, Bilanzen, der Organisation, der Kultur, etc. Ihre Einarbeitungszeit ist damit sehr gering, und sie können in kürzester Zeit Mehrwert für das Unternehmen schaffen. Auch bringen Interim Manager keinen Ballast aus der Vergangenheit mit. Sie sind nicht in unternehmenspolitische Machenschaften verstrickt und haben auch nicht vor, im Unternehmen aufzusteigen und Konkurrenten auszustechen. Sie haben eine klare Mission. Ist diese erfüllt, sind sie wieder weg. Sie stellen also kein Risiko für interne Manager da. Als Macher sind Interim Manager immer im „Hands-On"-Modus. Sie suchen keine Entschuldigungen oder Schuldigen, sondern praktikable Lösungen und Ansätze. Sie entwickeln Konzepte in wenigen Wochen, nicht wie in den meisten Unternehmen üblich, erst nach Monaten. Sobald ein Konzept freigegeben ist, machen sich Interim Manager mit den bereitgestellten Ressourcen an die Umsetzung."

Interim Manager können als Freelancer im Management bezeichnet werden. In der Praxis haben sie vor allem mit Beratern einige Überschneidungen. Der wesentliche Unterschied wird darin gesehen, dass Interim Manager ihren Fokus auf die operative Umsetzung oder Durchsetzung von meist unternehmerisch bedeutsamen Maßnahmen legen. Diese können durch-

---

[2] Ulvi Aydin ist zudem Co-Autor dieses Fachbuches; siehe sein Beitrag „Die drei Dimensionen Künstlicher Intelligenz"

aus auf Empfehlungen aufsetzen, die vorher von einem Berater gegeben wurden – oder von dem Interim Manager selbst, der zuvor eine Analyse vorgenommen hat. Es ist auch nicht mehr nur die erste oder zweite Ebene, auf der Interim Manager tätig werden. Einsätze in Projekten, zum Beispiel zu Change- oder Transformationsthemen, für die eine hochwertige Expertise notwendig ist, umfassen inzwischen ein gutes Drittel der Gesamtumsätze im Interim Management-Bereich (AIMP, 2022). Tendenz steigend!

Buchreihe praxisorientierter Umsetzungsexperten

Mit der Buchreihe „Von Interim Managern lernen“ wird das Know-how von praxisorientierten Umsetzungsexperten erstmals gebündelt. Nach „Automotive“, „Maschinen- und Anlagenbau“, „Business Transformation“ und „HR – Personalwesen in Krisenzeiten“ ist das vorliegende KI-Buch der fünfte Band in dieser überaus erfolgreichen Reihe.

Die sorgfältige Auswahl der Autoren durch den Herausgeber stellt sicher, dass in dieser Reihe nur die Besten der Besten mit Themen zu Wort kommen, die aktuell rund um Künstliche Intelligenz brennen; aus jedem Fachgebiet und aus jeder fachlichen Perspektive immer nur einer. Alle Interim Manager vereint jedoch das Streben nach operativer Exzellenz für ihre Kunden: Es geht um eine Steigerung der Performance, die Verbesserung der Wertschöpfung, eine erhöhte Rentabilität und damit um eine nachhaltige Zukunftssicherung des Unternehmens! All das sind Anliegen von Unternehmen, für die Interim Manager engagiert werden. Eine typische Kundenaussage, die in meiner inzwischen mehr als 20 Jahren Praxis im Interim Management immer wieder zu hören ist, lautet wie folgt:

„Es ist es so, als ob ich für mich selbst einen Personal Trainer engagiere: Die Sicherheit steigt, die gewünschten Ergebnisse zu erhalten. Ich muss dabei natürlich auch Themen anpacken, bei denen ich mir selbst im Weg stehe. Aber meist entdecke ich dabei auch noch Potentiale, an die ich bisher noch nie gedacht hatte."

Herausstellen möchte ich die besondere aktuelle Relevanz des Themas. Künstliche Intelligenz gilt derzeit als *der* „Business-Booster" für Unternehmen, der Märkte umfassend verändert – aufgrund der exponentiellen Entwicklung sogar in einer kaum vorstellbaren Geschwindigkeit. So umfasst die aktuelle Diskussion in der (Fach-) Öffentlichkeit ein umfassendes Bündel an „Chancen" bzw. Opportunitäten, die es zu heben gelte. Oft wird dies gar mit einer Aufforderung zu einem „Paradigmenwechsel" verbunden, zu neuem Denken und einer neuen Business Kultur.

Es finden sich Hinweise darauf (und Erfahrungen), die Wertschöpfungskette mit neuen Strukturen zu optimieren, Kompetenzen der Mitarbeitenden zu entwickeln und Prozesse intelligenter und wirkungsvoller zu gestalten.

In Ergänzung zu einer reinen Betrachtung der Technologie oder bestimmter KI-Tools entstehen aus heutiger Sicht vor allem die folgenden Handlungsfelder, bei denen es gilt, die richtigen Schritte zu identifizieren und gezielt umzusetzen – und bei denen Interim Manager bei ihren Kunden mit aktivem „Tun" einen enormen Mehrwert stiften können:

(1) Unternehmensspezifische Chancen (Business Opportunities): Identifikation, Entscheidung und „auf den Weg bringen", ggfs. unter Modifikation der Wertschöpfungskette bzw. des kompletten Geschäftsmodells.

(2) Bearbeitung neuer oder veränderter Märkte mit ihren Playern, Bedürfnissen und Machtstrukturen, ggfs. unter Nutzung moderner, digitaler Wege.

(3) (Neu-) Aufbau oder Modifikation von internen Strukturen und Prozessen in den einzelnen Fachbereichen des Unternehmens; ggfs. auch der Schnittstellen zu vor- und nachgelagerten Stakeholdern oder Business Partnern.

(4) Erwerb neuen Wissens, neuer Kompetenzen und Qualifikationen, um all das bereits genannte auch (nachhaltig) umsetzen zu können.

(5) Kulturarbeit als Gestaltung der gemeinsamen Werte, Normen und Einstellungen, welche die Entscheidungen, die Handlungen und das Verhalten der Organisationsmitglieder prägen.

(6) Identifikation, Beherrschung oder Minimierung von Risiken.

Abbildung: Handlungsfelder abseits der reinen Technologie.

Freuen wir uns auf die Beiträge dieses Sammelbandes. Sie bilden ein breites Spektrum unterschiedlicher Herausforderungen, Aufgaben, Erfahrungen und Impulse professioneller Interim Manager in der Unternehmenspraxis rund um Künstliche Intelligenz – immer wieder „gewürzt" mit anschaulichen Beispielen aus dem eigenen Erleben der Autoren.

Auch wenn ich, der Herausgeber, mit allen Autoren schon seit Jahren persönlich-professionell bekannt bin und ihre berufliche Entwicklung als Interim Manager verfolgen konnte, habe ich bei der Durchsicht der Fachbeiträge und den Diskussionen dazu viel gelernt! Dafür danke ich – und wünsche es ebenso dem Leserkreis.

Dem Diplomatic Council bin ich seit Jahren freundschaftlich und aktiv verbunden. Ich engagiere mich gerne in dieser Organisation, die einen globalen Think Tank mit Beraterstatus bei den Vereinten Nationen, ein weltweites Business Network und eine gemeinnützige Charity Foundation vereint.

Der Herausgeber

Dr. Harald Schönfeld

Quellen:

AIMP (2022). AIMP-Arbeitskreis Interim Management Provider. AIMP-Providerumfrage 2022: https://www.aimp.de/aimp-umfragen/aktuelle-aimp-umfragen

Aydin, Ulvi, I. (19.04.2022). "Wer mich holt, erhält einen Klartexter." – Interim Manager Ulvi I. Aydin zeigt Kante. Webseite Handelsblatt https://www.handelsblatt.com/adv/firmen/ulvi-i-aydin.html

Becker, J. / Schönfeld, H. / Singer, G. (2022): Karriere-Handbuch für Interim Manager. Erfolg als Freelancer im Management. Zweite aktualisierte und ergänzte Auflage

DDIM (2020). Branchenprofil. Webseite Dachgesellschaft Deutsches Interim Management https://www.ddim.de/interim-management/fuer-unternehmen/branchenprofil/

Interim Management (2018). Gabler Wirtschaftslexikon - Online Lexikon: https://wirtschaftslexikon.gabler.de/definition/interim-management-52714/version-275829

Schädler, K. (21.07.2022). 6. Gipfeltreffen und 1. Schweizer Forum für Interim Management. https://rheintal-interim.org/6-gipfeltreffen-und-1-schweizer-forum-fuer-interim-management/

KI: Geschichte, Anwendungen, Herausforderungen

Eckhart Hilgenstock, Interim Executive (EBS), Interim Manager des Jahres 2012 (AIMP), Top Interim Manager Harvard Business Review 2023

Warum schreibe ich diesen Beitrag? Durch ChatGPT wurde Künstliche Intelligenz, kurz KI, ganz plötzlich populär. Nach Freischaltung der kostenlosen Version hatte OpenAI in der ersten Woche eine Million Benutzer; dies hatte vorher noch niemand auch nur annähernd geschafft. Sebastian Thrun prognostiziert eine Revolution ähnlich dem Buchdruck und sagt: „Verbote sind schon beim Buchdruck nicht gut ausgegangen". Ich möchte Sie anregen, sich mit KI auseinanderzusetzen und gleichzeitig die Angst davor nehmen. Bereits in meiner Vordiplomarbeit in den 1980er Jahren hatte mir der Informatikprofessor die Aufgabe gestellt, über neuronale Netze, eine der Grundlagen für generative KI, zu schreiben.

In diesem Kapitel richten wir den Fokus auf die Welt der Künstlichen Intelligenz – von ihren Anfängen bis zur Gegenwart. Mit einem Blick auf die Geschichte der KI werden die Meilensteine von den 1950er Jahren bis heute beleuchtet. Während die Entwicklungen fortschreiten und generative KI neue Horizonte eröffnet, bleibt die Frage: Welche konkreten Anwendungen bietet KI für Unternehmen? Und welche Auswirkungen haben diese Anwendungen – auf das Geschäftsmodell, die Märkte und die Gesellschaft? Die Antwort soll in diesem Beitrag skizziert werden. Es werden Fallbeispiele und Erfolgsgeschichten präsentiert, aber auch die Chancen und Herausforderungen von KI beleuchtet – von positiven Effekten auf Wirtschaft und Gesellschaft bis hin zu ethischen Überlegungen und potenziellen Risiken.

Einleitung: Als uns die Zukunft einholte

„Es gibt nichts Neues mehr. Alles, was man erfinden kann, ist schon erfunden worden.“ – Charles H. Duell, US-Patentamt, 1899.

Bis Ende November 2022 war Künstliche Intelligenz für viele eher eine vage Zukunftsvision. Klar, es gab Industrie 4.0 und smarte Maschinen, allerdings waren dies branchenspezifische Themen. Das klang alles noch etwas abstrakt – und wer nichts damit zu tun hatte, konnte sich nicht viel darunter vorstellen. Doch dann trat ChatGPT auf den Plan. Als am 30. November 2022 das KI-Sprachmodell ChatGPT von OpenAI für die breite Öffentlichkeit zugänglich wurde, brach eine regelrechte Revolution über uns herein.[3] Das Ausmaß dieser Umwälzung war zu diesem Zeitpunkt noch nicht wirklich greifbar. Doch seitdem ist KI in aller Munde.

Es ist, als hätte uns die Zukunft eingeholt. Die Kritiker prophezeien in dystopischen Szenarien, dass KI die Menschheit auslöschen wird. Die Befürworter sehen darin die Tür zu zahlreichen neuen Möglichkeiten für die Menschheit – und die Lösung nahezu aller Probleme. Die Wahrheit liegt, wie so oft, wahrscheinlich irgendwo in der Mitte. Wir müssen zunächst

---

[3] Vgl.: Kroker, Michael (2022): *Die Gründe für den Hype um ChatGPT*. WirtschaftsWoche. https://www.wiwo.de/technologie/digitale-welt/kuenstliche-intelligenz-die-gruende-fuer-den-hype-um-chatgpt/28858612.html, Zugriff: 13.12.2023.

einmal lernen, verantwortungsvoll mit dieser Errungenschaft umzugehen. Was aber jetzt schon feststeht: Generative Künstliche Intelligenz (GenAI) wie ChatGPT hat den Vorhang für eine neue Ära aufgezogen und die Diskussionen über KI auf eine völlig neue Ebene gehoben.

KI hat in den letzten Jahren einen beeindruckenden Siegeszug durch die Wirtschaft und Gesellschaft erlebt. Wir befinden uns zwar immer noch am Anfang der vierten industriellen Revolution, haben durch GenAI aber einen spürbaren Schritt in Richtung Zukunft gemacht. KI beschleunigt die technologische Evolution. Von der Automatisierung von Produktionsprozessen bis hin zur personalisierten Medizin: KI hat das Potenzial, den Status quo auf den Kopf zu stellen.

Die Technologiefortschritte rund um Datenverarbeitung, Datenspeicher und Rechenkapazität haben KI zu einer Art Alleskönnerin gemacht. Sie übernimmt nicht nur monotone Aufgaben, sondern kann auch Datensätze analysieren, Verträge auf Rechtmäßigkeit prüfen und kreative Prozesse unterstützen.

Die Bedeutung von KI für Wirtschaft und Gesellschaft lässt sich kaum überschätzen. Die Möglichkeiten scheinen grenzenlos. KI-Technologien haben das Potenzial, die Effizienz und Produktivität in Unternehmen zu steigern, innovative Produkte und Dienstleistungen hervorzubringen und komplexe gesellschaftliche Herausforderungen zu bewältigen.

Dabei stehen wir indes noch vor großen Herausforderungen und vielen Fragezeichen, denn: Gleichzeitig werfen diese Entwicklungen auch wichtige ethische, rechtliche und soziale Fragen auf, die sorgfältig reflektiert werden müssen.

Beispiele:

Inwieweit sollten autonome KI-Systeme in der Lage sein, moralische Entscheidungen zu treffen? Wie kann man sicherstellen, dass diese Entscheidungen den gesellschaftlichen Normen entsprechen? Welche Verantwortlichkeiten tragen Unternehmen und Entwickler bei der Schaffung von KI-Technologien – insbesondere im Hinblick auf den Schutz der Privatsphäre und der Verhinderung von Diskriminierung? Wie sollte das Haftungsrecht angepasst werden, um Schäden, die durch autonome KI-Systeme verursacht werden, angemessen zu regeln? Wie sollten die Verantwortlichkeiten zwischen Herstellern, Betreibern und Benutzern im Umgang mit KI geklärt sein? Welche Gesetze sollten aktualisiert werden, um den Datenschutz im Kontext von KI-Anwendungen zu gewährleisten und persönliche Daten angemessen zu schützen? Welche Auswirkungen hat der Einsatz von KI auf den Arbeitsmarkt und was sollte die Politik unternehmen, damit der technologische Fortschritt nicht zu massiven Arbeitsplatzverlusten führt? Wie kann der Zugang zu KI-Technologien und den damit verbundenen Vorteilen gerecht und inklusiv verteilt werden, um soziale Ungleichheiten nicht zu verstärken?

Im Zuge der fortschreitenden Digitalisierung und dem wachsenden Einfluss von KI ist es von höchster Bedeutung, ein fundiertes Verständnis für diese Technologien zu entwickeln. Dazu gehört, nicht nur die technologischen Möglichkeiten von KI zu erkunden, sondern auch ihre Auswirkungen auf Wirtschaft und Gesellschaft kritisch zu beleuchten. Denn während KI uns mit offenen Armen empfängt, sollten wir nicht versäumen, einen genaueren Blick auf die möglichen Nebenwirkungen zu werfen.

In diesem Beitrag werden wir uns mit der Bedeutung von KI für Wirtschaft und Gesellschaft auseinandersetzen. Dazu werden wir zunächst grundlegende Begriffe und Konzepte der Künstlichen Intelligenz erläutern, um ein gemeinsames Verständnis zu schaffen. Vieles, was uns an KI heute futuristisch erscheint, ist eigentlich gar nicht so neu.

Um das besser zu verstehen, werden wir einen Exkurs durch die Geschichte der KI unternehmen. Anschließend werden wir die Definition und Grundlagen der generativen KI beleuchten und mögliche Anwendungsfelder vorstellen. Danach gehen wir noch etwas tiefer auf praktische Einsatzgebiete in der Öffentlichen Verwaltung, Medizin und dem Finanzwesen ein – und stellen praxisnahe Fallbeispiele und Erfolgsgeschichten aus verschiedenen Branchen vor.

Im vorletzten Abschnitt analysieren wir sowohl die positiven Auswirkungen von KI auf Wirtschaft und Gesellschaft als auch die Herausforderungen und Risiken rund um Ethik, Datenschutz, Arbeitsplatz und Co. Zum Schluss werden wir einen Ausblick auf die zukünftige Entwicklung von KI geben und Empfehlungen für eine verantwortungsbewusste und nachhaltige Integration von KI-Technologien in Wirtschaft und Gesellschaft formulieren.

In diesem Sinne möchte ich Sie herzlich dazu einladen, sich auf eine spannende Reise in die Welt der Künstlichen Intelligenz zu begeben. Hoffentlich trägt dieses Kapitel dazu bei, Ihr Verständnis für die Potenziale und Herausforderungen von KI zu vertiefen und Impulse für eine konstruktive Auseinandersetzung mit diesem zukunftsweisenden Thema zu geben.

Eine kurze Geschichte der Künstlichen Intelligenz

„Ich denke, dass es einen Weltmarkt für vielleicht fünf Computer gibt.“ – Thomas Watson, Vorsitzender von IBM, 1943.

Die Vorstellung von Künstlicher Intelligenz ist jahrtausendealt und hat bereits in der Antike ihren Ursprung, als sich Philosophen den existenziellen Fragen von Leben und Tod widmeten. Damals wurden sogenannte „Automaten“ entwickelt – mechanische Konstruktionen, die sich eigenständig bewegten, ohne menschliches Eingreifen.[4] Der Begriff „Automat“ entstammt dem Altgriechischen und bedeutet so viel wie „aus eigenem Willen handeln“. Eine der ältesten dokumentierten Erwähnungen eines solchen Automaten stammt sogar aus dem Jahr 400 v. Chr. Dabei handelt es sich um eine mechanische Taube, angeblich erschaffen von dem Mathematiker und Ingenieur Archytas von Tarent, einem Freund des berühmten Philosophen Platon.[5] Diese archaischen Gedanken und Erfindungen haben natürlich überhaupt nichts mit dem zu tun, was wir heute unter KI verstehen.

Die 1950er Jahre

Dennoch ist die Geschichte der KI im heutigen Verständnis nicht mehr so jung. Sie reicht bis in die 1950er Jahre zurück: eine Zeit, die von bedeutenden Entwicklungen in der Informatik und Technologie geprägt war – und die Grundlage für weite-

---

[4] Vgl.: Le Ker, Heike (2009): *Wie die Götter die Tempeltüren öffneten*. SPIEGEL online. https://www.spiegel.de/wissenschaft/mensch/automaten-der-antike-wie-die-goetter-die-tempeltueren-oeffneten-a-618229.html, Zugriff: 13.12.2023.

[5] Vgl.: Behringer, Wolfgang et. al. (2016): *Der Traum vom Fliegen: Zwischen Mythos und Technik*. Fischer Verlag. ISBN-10: 9783596314096.

re Forschung und Wissenschaft in dem Bereich legte. Allgemein war die Zeit zwischen 1940 und 1960 von einer starken Verknüpfung technologischer Entwicklungen und dem Wunsch geprägt, das Funktionieren von Maschinen und organischen Lebewesen zu verstehen. Dies legte den Grundstein für die weitere Entwicklung der Künstlichen Intelligenz.[6]

Ein erster Meilenstein war die Veröffentlichung von Alan Turings Arbeit „Computer Machinery and Intelligence" im Jahr 1950, in der er den sogenannten Turing-Test vorstellte, mit dem er die Intelligenz von Maschinen messen wollte. Dies trug maßgeblich zur Popularisierung des Begriffs „Künstliche Intelligenz" bei.[7] Im Jahr 1956 wurde der wissenschaftliche Begriff „Artificial Intelligence" (AI) auf der Dartmouth-Konferenz geprägt, bei der Wissenschaftler, Mathematiker und Philosophen begannen, sich intensiv mit dem Konzept der Künstlichen Intelligenz auseinanderzusetzen – und zusammenkamen, um das Potenzial der Schaffung von Maschinen mit menschenähnlicher Intelligenz zu diskutieren. Dieses Ereignis gilt weithin als die Geburtsstunde der KI als legitimes Forschungsfeld.[8] Das Programm „Logic Theorist", entwickelt von Allen Newell und Herbert A. Simon, war eines der ersten KI-Computerprogramme. Es zeigte das Potenzial von Maschinen, menschliches Denken zu replizieren. Der „Logic Theorist" gilt als das erste Programm, das gezielt für automatisierte Schlussfolgerungen geschaffen

---

[6] Vgl.: Council of Europe: *History of Artificial Intelligence.* https://www.coe.int/en/web/artificial-intelligence/history-of-ai, Zugriff: 13.12.2023.

[7] Vgl.: *What is the history of artificial intelligence (AI).* Tableau. https://www.tableau.com/data-insights/ai/history, Zugriff: 13.12.2023.

[8] Vgl: Anyoha, Rockwell (2017): *The History of Artificial Intelligence.* Harvard University. https://sitn.hms.harvard.edu/flash/2017/history-artificial-intelligence/, Zugriff: 13.12.2023.

wurde und somit als das erste Künstliche Intelligenz-Programm.[9]

Ein weiteres bedeutendes Ereignis war die Schaffung und Popularisierung des sogenannten Perzeptrons im Jahr 1957. Das Perzeptron ist ein künstliches neuronales Netzwerk, welches der US-amerikanische Psychologe und Informatiker Frank Rosenblatt erstmals 1958 in seiner wissenschaftlichen Arbeit in der *Psychological Review* vorstellte.[10] Dies wurde als Durchbruch in der KI-Forschung angesehen und weckte großes Interesse an diesem Bereich. In der Forschung und Wissenschaft begann der sogenannte „AI Boom".[11] In dieser Zeit wurde auch die erste KI-Programmiersprache, LISP, von John McCarthy entwickelt, die bis heute maßgeblichen Einfluss auf die KI-Forschung und -Entwicklung hat.[12]

Die 1960er Jahre

In den 1960er Jahren setzte sich die Entwicklung der KI-Forschung weiter fort, wobei verschiedene Länder und Forschergruppen bedeutende Beiträge zur Erforschung und Wei-

---

[9] Vgl.: McCorduck, Pamela (2004): *Machines who think.* A. K. Peters. https://monoskop.org/images/1/1e/McCorduck_Pamela_Machines_Who_Think_2nd_ed.pdf, Zugriff: 13.12.2023.

[10] Vgl.: Rosenblatt, Frank (1958): *The perceptron: a probabilistic model for information storage and organization in the brain.* In: Psychological Review, Vol. 65, Nr. 6 1958. https://www.academia.edu/60542953/The_perceptron_a_probabilistic_model_for_information_storage_and_organization_in_the_brain, Zugriff: 13.12.2023.

[11] Vgl.: Gold, Edem (2023): *The History of Artificial Intelligence from the 1950s to Today.* Free Code Camp. https://www.freecodecamp.org/news/the-history-of-ai/, Zugriff: 12.12.2023.

[12] Vgl.: Hübner, Hans (2008): *LISP – die Mutter der Programmiersprachen.* In: Podcast CRE084. https://cre.fm/cre084-lisp, Zugriff: 13.12.2023.

terentwicklung von KI-Technologien leisteten. So arbeiteten Forscher an Schlüsselkomponenten einer Generellen Künstlichen Intelligenz (Artificial General Intelligence, AGI). AGIs sind noch nicht entwickelt. Sie wären eine Art-Superprogramm, das *jede* intellektuelle Aufgabe verstehen und lernen kann, die ein Mensch ausführen kann. Allerdings entstand ein erster Chatbot: ELIZA wurde Ende der 1960er Jahre von KI-Pionier Joseph Weizenbaum entwickelt. Obwohl ELIZA alles andere als eine AGI war, stellte der Bot für damalige Verhältnisse einen weiteren Meilenstein dar. ELIZA griff auf große Datenbanken zurück und konnte nach festen Mustern Antworten geben.[13]

Die 1970er und 1980er Jahre

In den 1970er und 1980er Jahren erlebte die KI-Entwicklung sowohl bedeutende Fortschritte als auch Phasen reduzierter Finanzierung; letztere sind als „KI-Winter" bekannt. Expertensysteme, die die Entscheidungsfähigkeit eines menschlichen Experten nachahmten, gewannen in dieser Zeit an Bedeutung. Die Grenzen der bestehenden Technologie führten jedoch zu nachlassendem Interesse und weniger Investitionen in die KI-Forschung. Die damaligen Computer waren schlichtweg noch nicht leistungsfähig genug, um komplexe Aufgaben wie Spracherkennung und Bildverarbeitung effizient zu lösen.[14] Dennoch wurden in den 1970er Jahren bedeutende Fortschritte erzielt,

---

[13] Vgl.: Weizenbaum, Joseph (1966): *ELIZA – A Computer Program For the Study of Natural Language Communication Between Man And Machine.* In: Communications of the ACM. 1. Auflage, Juni 1966. https://web.stanford.edu/class/cs124/p36-weizenabaum.pdf, Zugriff: 13.12.2023.

[14] Vgl.: Mebis Magazin: *Die Geschichte der künstlichen Intelligenz.* Bayerisches Staatsministerium für Unterricht und Kultus. https://mebis.bycs.de/beitrag/ki-geschichte-der-ki, Zugriff: 13.12.2023.

insbesondere im Bereich der Expertensysteme. Eines der bekanntesten Expertensysteme, das in den frühen 1970er Jahren entwickelt wurde, war das MYCIN-System, das zur Diagnose und Behandlung von bakteriellen Infektionen eingesetzt wurde.[15]

In den 1980er Jahren setzte sich die Entwicklung von Expertensystemen und anderen praktisch einsetzbaren KI-Systemen fort. Diese Ära war geprägt von dem Bestreben, KI-Technologien in konkreten Anwendungsgebieten wie Medizin, Finanzen und Fertigung einzusetzen. In dieser Zeit wurde in Japan auch das Konzept der „fünften Generation" von Computern entwickelt. Diese sollten besonders leistungsfähige Computersysteme darstellen. Letztendlich scheiterten sie jedoch in den 1990er Jahren an unrealistischen Erwartungen.[16] Trotz einiger weniger Fortschritte führten solche zu ehrgeizigen Ziele zu einem weiteren Rückgang des Interesses an KI, was als „zweiter KI-Winter" bezeichnet wird.[17]

Die 1990er Jahre

Die 1990er Jahre erlebten ein Wiederaufleben des Themas KI, angetrieben durch die Verfügbarkeit großer Datensätze, gesteigerter Rechenleistung und der Entwicklung leistungsfähigerer Algorithmen. Die 1990er Jahre stellten ohnehin eine digitale Explosion dar: Internet, E-Mail oder Mobilfunk sind nur einige wenige der revolutionären Entwicklungen aus dieser Zeit. Und in Bezug auf KI? Eine ganze Reihe engagierter Köpfe

---

[15] Andreas Kaplan (2022): *Artificial Intelligence, Business and Civilization.* Routledge. ISBN: 978-1-03-215531-9.

[16] Siehe 12.

[17] Ebd.

trieben KI und Deep Learning weiter voran und erzielten wichtige Meilensteine. Dana Cortes und Vladimir Vapnik entwickelten 1995 die Support Vector Machine für die Zuordnung und Erkennung sich ähnelnder Daten.[18] Sepp Hochreiter und Jürgen Schmidhuber führten 1997 das sogenannte LSTM-Modell (Long Short-Term Memory) für rekurrente neuronale Netze vor: LSTMs ermöglichen es, über lange Zeitabstände hinweg relevante Informationen zu speichern und zu nutzen. Technologien wie die Vector Machine oder LSTMs erlauben es, komplexe Muster in Daten zu erkennen – und führten zu Anwendungen in Bereichen wie Spracherkennung, Bildverarbeitung und Datenanalyse.

Das Jahr 1997 hatte aber noch einen anderen, weitaus populäreren Höhepunkt: Am 11. Mai 1997 verlor der amtierende Schachweltmeister Gary Kasparov gegen den Schachcomputer Deep Blue von IBM – das erste Mal in der Geschichte, dass ein Weltmeister gegen einen Schachcomputer verliert. Das Match wird in dem Dokumentarfilm „*Game Over: Kasparov and the Machine*“ von 2003 rückblickend beleuchtet. Methodisch betrachtet war Deep Blue keine Neuigkeit: Er basierte auf den Technologien der klassischen symbolischen KI, verfügte über einen umfangreichen Katalog von Eröffnungszügen und eine detaillierte Bewertung von Stellungen. Aufgrund des Medienspektakels setzte dieses Ereignis die KI-Forschung aber wieder auf die Landkarte von Investoren.

---

[18] Vgl.: Cortes, Dana, Vapnik, Vladimir (1995): *Support-Vector Networks*. In: Machine Learning 20, S. 273-297. Kluwer Academic Publishers. http://image.diku.dk/imagecanon/material/cortes_vapnik95.pdf, Zugriff: 14.12.2023.

Die 2000er und 2010er Jahre

Die 2000er Jahre waren geprägt von viel Robotik- und Sensorikforschung, der Forschung in der Medizin und der Biologie sowie zunehmenden Entwicklungssprüngen aufgrund immer besserer Rechenleistung. Wir werden hier nicht alle Entwicklungen aufzählen, sondern blitzlichtartig ein paar davon herausnehmen. 2004 navigierten die Erkundungsroboter „Spirit“ und „Opportunity“ der NASA autonom auf der Marsoberfläche. Im Jahr 2005 startete das „Blue-Brain-Projekt“: eine Kooperation zwischen dem Brain and Mind Instituts in Lausanne und IBM, mit dem Ziel, bis 2015 ein biologisch korrektes, virtuelles Gehirnmodell zu schaffen. 2009 begann Google, selbstfahrende Autos zu bauen, die heute bereits in Phoenix, San Francisco und Austin als normale Verkehrsteilnehmer unterwegs sind.

Die 2010er waren von einer verstärkten Integration von KI-Technologien in den Alltag geprägt. Von 2011 bis 2014 wurden Smartphone-Apps wie Apples „Siri“, Googles „Google Now“, Microsofts „Cortana“ oder Amazons „Alexa“ entwickelt. Diese Apps können Fragen beantworten, Empfehlungen geben und Aktionen ausführen, indem sie natürliche Sprache verwenden. 2011 schlug das KI-Programm „Watson” von IBM in der Quiz-Show „Jeopardy!“ die beiden Champions Rutter und Jennings.[19] Das Jahr 2012 stellte in gewisser Hinsicht einen Wendepunkt in der KI-Geschichte dar: Das Deep Learning-Modell „AlexNet“ gewann mit großem Abstand die „Large Scale Visual Recognition Challenge“ (LSVRC) – eine Benchmark-Veranstaltung, die darauf abzielt, die Fortschritte in der automatischen Bilder-

---

[19] Siehe: https://www.youtube.com/watch?v=P18EdAKuC1U, Zugriff: 14.12.2023.

kennung und Klassifizierung zu fördern.[20] AlexNet wurde mithilfe von GPU-Chips trainiert – ein Ansatz, der anschließend fast ausschließlich übernommen wurde.

2015 kamen erstmals von Seiten der Tech-Giganten ethische Bedenken hinsichtlich Künstlicher Intelligenz auf: Stephen Hawking, Elon Musk und zahlreiche KI-Experten setzten ihre Unterschriften unter einen offenen Brief, in dem sie die genauere Erforschung der gesellschaftlichen Auswirkungen von KI forderten. 2016 fand ein weiteres Spieleereignis zwischen KI und Mensch statt: Die Firma Google DeepMind ließ ihren Computer „AlphaGo" in dem chinesischen Strategiespiel „Go" antreten. Der Gegner war kein anderer als der koreanische Profi-Go-Meister Lee Sedol. AlphaGo gewann mit 4:1.[21] 2018 stellt Google den KI-basierten Sprachassistenten „Google Duplex" vor, der in der Lage war, Termine über das Telefon zu buchen.[22]

Die 2020er Jahre

In den letzten Jahren hat sich KI zunehmend in verschiedenen Bereichen des täglichen Lebens integriert, von virtuellen Assistenten und Empfehlungssystemen bis hin zu autonomen Fahrzeugen und medizinischen Diagnosen. Die Entwicklung

---

[20] Siehe: https://www.pinecone.io/learn/series/image-search/imagenet/, Zugriff: 14.12.2023.

[21] Vgl.: Bager, Jo (2016): *Mensch gegen Maschine 1:4 – AlphaGo gewinnt auch das letzte Spiel*. Heise Online. https://www.heise.de/news/Mensch-gegen-Maschine-1-4-AlphaGo-gewinnt-auch-das-letzte-Spiel-3135188.html, Zugriff: 14.12.2023.

[22] Vgl.: Pierson, David (2018): *Should people know they're talking to an algorithm? After a controversial debut, Google now says yes*. Los Angeles Times. https://www.latimes.com/business/technology/la-fi-tn-virtual-assistants-20180509-story.html, Zugriff: 14.12.2023.

von KI-Ethik und verantwortungsbewussten KI-Praktiken hat sich ebenfalls als ein kritischer Gesichtspunkt etabliert, da die Technologie weiterhin voranschreitet. Im Februar 2020 stellte Microsoft sein Sprachmodell „T-NLG“ vor – mit 17 Milliarden Parametern das damals größte jemals veröffentlichte Sprachmodell. Doch schon wenige Monate später legte das damals relativ unbekannte Unternehmen OpenAI nach – und stellte GPT-3 mit einer Kapazität vor, die zehnmal größer war als die des T-NLG.

Heute: KI und Generative KI

Und dann kam der 30. November 2022: Dieser Tag markierte einen signifikanten Wendepunkt, der die Welt der generativen Künstlichen Intelligenz grundlegend veränderte. Innerhalb nur eines Jahres bis zum November 2023 erlebten Sprachmodelle einen beispiellosen Fortschritt, und ihre potenziellen Anwendungen für Endnutzer vervielfachten sich. Schon im Januar 2023, nicht einmal zwei Monate nach der Markteinführung, erreichte Chat-GPT 100 Millionen Nutzer. Beeindruckend ist auch die Entwicklung von GPT-4, das mit 100 Billionen Parametern trainiert wurde. Im Vergleich dazu hatte GPT 3.5 „nur“ 175 Milliarden Parameter – eine wahrhaft astronomische Steigerung.

Zahlreiche andere Anbieter folgten diesem KI-Trend, bemüht, mit den Entwicklungen von OpenAI Schritt zu halten. Viele Unternehmen nutzen nun GPT-4 oder andere Open-Source-Modelle wie Llama2 als Grundlage für die Entwicklung eigener, spezifischer Lösungen. Am Ende dieses Kapitels finden Sie eine Zusammenstellung nützlicher KI-Tools, die von verschiedenen Anbietern bereitgestellt werden. Diese vielfältigen Entwicklungen verdeutlichen den rasanten Fortschritt und die breite Akzeptanz von KI-Technologien in der globalen Landschaft. Mit Mistral aus Frankreich,[23] Aleph Alpha aus Heidelberg,[24] Nyonic aus Berlin[25] oder der Comma Soft AG aus Bonn[26] sind auch europäische Unternehmen in den Markt eingestiegen – mit einem europäischen KI-Ansatz.

Die Entwicklung wird exponentiell zunehmen. Mit der Quantentechnologie, den Quantencomputern, werden Leistungssteigerungen möglich, die heute nur schwer vollstellbar sind. Ein Quantencomputer mit 53 Quanten-Bits (Qubits) demonstrierte bereits, wie er in wenigen Sekunden berechnete, wofür ein herkömmlicher Computer 10.000 Jahre benötigen würde.[27] Sobald Quantencomputer marktreif werden, wird die Menschheit einen neuen Big Bang des Möglichen erleben.

Bleiben wir aber in der Gegenwart, die für viele schon futuristisch genug ist: Es gibt heute schon keine Branche mehr, die nicht von GenAI profitieren kann. Ein paar Anwendungsbeispiele werden wir in den kommenden Abschnitten beleuchten – und einen Ausblick wagen, wohin KI uns noch führen kann.

---

[23] Siehe: https://mistral.ai/

[24] Siehe: https://aleph-alpha.com/de/

[25] Siehe: https://nyonic.ai/

[26] Siehe: https://comma-soft.com/comma-llm/

[27] Vgl.: Giles, Martin (2019): *IBM's new 53-qubit quantum computer is the most powerful machine you can use.* MIT Technology Review. https://www.technologyreview.com/2019/09/18/132956/ibms-new-53-qubit-quantum-computer-is-the-most-powerful-machine-you-can-use/, Zugriff: 19.12.2024.

Generative KI: Produktivität, Kreativität, Innovation

„Ich habe die Länge und Breite dieses Landes bereist und mit den besten Leuten geredet, und ich kann Ihnen versichern, dass Datenverarbeitung ein Tick ist, der dieses Jahr nicht überleben wird.“ – Prentice Ettinger Jr., Chef des US-Verlages Prentice Hall, 1957.

Bei dem von ChatGPT ausgelösten Hype um Künstliche Intelligenz geht es vor allem um generative KI. Von daher werden wir uns in diesem Abschnitt genauer damit auseinandersetzen. Wir werden die Definition und Grundlagen von GenAI beleuchten, Anwendungsbeispiele vorstellen – und analysieren, welche wirtschaftlichen und gesellschaftlichen Auswirkungen damit verbunden sind.

Definition und Grundlagen von GenAI

Generative KI bezieht sich auf ein Segment der Künstlichen Intelligenz, das darauf abzielt, Inhalte zu erzeugen, die von Menschen als neu, originell oder kreativ angesehen werden können. Dabei kann es sich um Texte, Bilder, Musik, (Programmier-)Sprachen oder sogar Videos handeln. Generative KI-Systeme nutzen Maschinelles Lernen, insbesondere tiefe Lernmodelle wie neuronale Netze, um Muster in unfassbar großen Datenmengen zu erkennen – und darauf basierend neue Daten zu erzeugen. Zum Trainieren generativer Modelle werden enorme Datenmengen benötigt. Die KI-Systeme lernen, aus diesen Datenmengen Muster, Strukturen und Beziehungen herzustellen – und sind dadurch in der Lage, neue Inhalte zu generieren.

Verschiedene Ansätze

KI-Training findet in unterschiedlichen Gebieten statt, darunter: Bilderkennung, Spracherkennung, Mustererkennung und Prozessoptimierung. Zu den gängigen Ansätzen in der generativen KI gehören:

- Generative Adversarial Networks (GANs),
- Variational Autoencoders (VAEs),
- Transformer-basierte Modelle wie GPT (Generative Pretrained Transformer).

Generative Adversarial Networks (GANs)

GANs bestehen aus zwei Hauptkomponenten: einem sogenannten Generator und einem Diskriminator. Der Generator erzeugt neue Daten, während der Diskriminator versucht zu unterscheiden, ob die Daten echt oder vom Generator erzeugt wurden. Durch diesen Wettbewerb verbessern beide Netzwerke ihre Fähigkeiten. Beim Training eines GAN ist es wichtig, dass der Generator und der Diskriminator abwechselnd trainiert werden, um ein Gleichgewicht zwischen den beiden zu finden. Zu starke oder zu schwache Leistungen einer der beiden Seiten können das Training beeinträchtigen. GANs werden häufig in der Bildgenerierung, der Videogenerierung und der Spracherzeugung eingesetzt.[28]

---

[28] Vgl.: Nicholson, Chris: *A Beginner's Guide to Generative AI.* A.I. Wiki. Link: https://wiki.pathmind.com/generative-adversarial-network-gan, Zugriff: 03.01.2024.

Variational Autoencoders (VAEs)

Während GANs ein spieltheoretisches Szenario nutzen, in dem der Generator und der Diskriminator in einem Wettkampf gegeneinander trainiert werden, sind VAEs darauf ausgelegt, komplexe Datenstrukturen in vereinfachte, komprimierte Darstellungen zu konvertieren – und daraus neue Daten zu generieren, die den Originaldaten ähneln. VAEs sind in der Lage, Daten sowohl zu komprimieren als auch zu generieren. Sie generieren oft Daten, die weniger detailliert sind, als die von GANs erzeugten – mit einer Tendenz zu etwas verschwommenen Bildern.[29] Allerdings sind VAEs auch leichter zu trainieren.

Transformer-basierte Modelle (z.B. GPT-Reihe)

Transformer-basierte Modelle werden insbesondere für die Textgenerierung verwendet. Ein prominentes Beispiel ist die GPT-Reihe von OpenAI, die in der Lage ist, kohärente und kontextbezogene Texte zu generieren. Diese Modelle lernen Sprachmuster aus großen Textdatensätzen und können anschließend neue Texte generieren, die auf diesen Mustern basieren. Modelle wie GPT-3 haben neue Maßstäbe in der generativen Sprachmodellierung gesetzt, zeigen jedoch auch Grenzen in der menschenähnlichen Sprachgenerierung.[30]

---

[29] Vgl.: O'Connor, Ryan (2022): *Introduction to Variational Autoencoders Using Keras.* Assembly AI. Link: https://www.assemblyai.com/blog/introduction-to-variational-autoencoders-using-keras/, Zugriff: 03.01.

[30] Vgl.: Turing.com: *Understanding Transformer Neural Network Model in Deep Learning and NLP.* Link: https://www.turing.com/kb/brief-introduction-to-transformers-and-their-power, Zugriff: 03.01.2024.

Anwendungen generativer KI

GenAI findet bereits heute in verschiedenen Branchen und Bereichen Anwendung. Nachfolgend sind einige konkrete Anwendungen aus der Industrie, der Versicherungswirtschaft sowie der Forschung und Entwicklung dargestellt.

Industrie

In der Industrie spielt KI bereits eine große Rolle, zum Beispiel bei der vorausschauenden Wartung. Aber auch generative KI kann sehr hilfreich sein, etwa bei der Konstruktion und Optimierung von Bauteilen: Mit generativen Entwurfsalgorithmen können KI-Modelle unter anderem Bauteile entwerfen, die nicht nur leichter und fester, sondern auch effizienter sind. GenAI analysiert Belastungsbedingungen und Materialbeschränkungen und erstellt daraufhin optimierte Entwürfe, die sowohl Material einsparen als auch die Leistung verbessern. So wurde beispielsweise der Volvo Supertruck 2 mit Hilfe von generativen KI-Design-Tools optimiert.[31]

Ein weiteres Anwendungsgebiet der generativen KI ist das Prototyping. Hierbei ermöglicht die Technologie die automatisierte Erstellung neuer Produktkonzepte, die spezifische Anforderungen erfüllen. Das beschleunigt nicht nur den Prototyping-Prozess, sondern führt auch zu innovativen Designlösungen, die mit herkömmlichen Methoden nicht möglich wären. Auch in der Qualitätskontrolle hat GenAI einen großen Einfluss: Durch die Analyse von Bildern der gefertigten Produkte kann sie Abwei-

---

[31] Vgl.: Thompson, Brian (2023): *Generatives Design: Wie KI Ingenieure entlasten kann.* https://www.digital-engineering-magazin.de/generatives-design-wie-ki-ingenieure-entlasten-kann/, Zugriff: 03.01.2024.

chungen erkennen und klassifizieren. Das führt zu einer effizienteren und genaueren Überwachung der Produktqualität – einem kritischen Faktor in der Fertigungsindustrie.

Versicherungswirtschaft

Für die Versicherungswirtschaft kann der Einsatz von GenAI ebenfalls einen enormen Wandel bedeuten, zum Beispiel bei der Nutzung für die Risikobewertung und das Pricing. Durch die Analyse und Interpretation großer Datenmengen kann GenAI komplexe Risikoprofile erstellen und individuelle Preismodelle für Versicherungsprodukte entwickeln. So können Versicherer präzisere und fairere Versicherungstarife erstellen, von denen sowohl sie als auch die Kunden profitieren. Ein weiteres Anwendungsgebiet ist die Betrugserkennung: GenAI-Modelle vermögen große Mengen an Versicherungsdaten zu analysieren und ungewöhnliche Muster zu erkennen, die auf betrügerische Aktivitäten hindeuten könnten. Somit können Schäden reduziert – und das Vertrauen in das Versicherungssystem bewahrt werden. Darüber hinaus revolutioniert die generative KI die Gestaltung von Versicherungsprodukten: Sie schafft personalisierte Versicherungspakete, die individuell auf die Bedürfnisse und Risikoprofile der Kunden zugeschnitten werden. Der Personalisierungsgrad steigt – und mit ihr die Kundenzufriedenheit. Generative KI spielt zudem eine wichtige Rolle bei der Schadensregulierung, indem sie automatisierte Prozesse unterstützt. Beispielsweise kann sie automatisch Dokumente und Formulare ausfüllen, Schadensbilder analysieren, Ansprüche bewerten oder die Kommunikation mit dem Kunden übernehmen. Das reduziert den Zeitaufwand und die Fehleranfälligkeit, die bei manueller Bearbeitung entstehen können. Dadurch wird nicht nur der Regulierungsprozess beschleunigt, sondern es werden auch Ansprüche genauer und gerechter bewertet.

Das Potenzial von GenAI in der Versicherungswirtschaft haben viele Versicherer längst erkannt. Im September 2023 starteten die ALH Gruppe, Canada Life, GVV Kommunalversicherung, Helvetia, KS/Auxilia, Rheinland Versicherungsgruppe, R+V Versicherung und die Vienna Insurance Group (VIG) eine Forschungsinitiative zum Thema KI, mit dem Namen „Xplore GenAI". [32] In der Pressemitteilung der Versicherungsforen Leipzig dazu wird Helvetia-Vorstand Thomas Lanfermann wie folgt zitiert: „*Die Frage ist nicht mehr, ob wir mit generativer KI arbeiten wollen, sondern wie. Für uns ist besonders wichtig, dass die Expertinnen und Experten der Fachbereiche an praxisrelevanten Use Cases arbeiten, sodass wir schnell funktionsfähige Prototypen zum Einsatz bringen können.*"[33]

Forschung und Entwicklung

Für Forschung und Entwicklung wird sich GenAI zunehmend als ein kraftvolles Werkzeug erweisen, das neue Horizonte eröffnet. Ein besonders eindrucksvolles Beispiel hierfür ist die Arzneimittelforschung. Durch den Einsatz generativer KI-Technologien können Forscher neue Molekülstrukturen für potenzielle Medikamente erzeugen, was den Prozess der Arzneimittelforschung und -entwicklung signifikant beschleunigt. GenAI ermöglicht es, zügig eine Vielzahl von möglichen Wirkstoffkandidaten zu identifizieren und zu bewerten, was den

---

[32] Vgl.: Versicherungsmagazin (2023): *Brancheninitiative "Xplore GenAI" gestartet.* Link: https://www.versicherungsmagazin.de/rubriken/branche/brancheninitiative-xplore-genai-gestartet-3429193.html, Zugriff: 03.01.2024.

[33] Vgl.: Versicherungsforen Leipzig (2023): *Generative KI: Acht Versicherungsunternehmen starten gemeinsame Forschungs- und Entwicklungsinitiative.* Link: https://www.versicherungsforen.net/presse/start-brancheninitiative-generative-ki, Zugriff: 03.01.2024.

Weg für schneller wirkende und effizientere Medikamentenentwicklungen ebnet.[34]

In den Materialwissenschaften kann GenAI ebenfalls bahnbrechende Beiträge leisten. Hierbei ermöglichen generative Modelle das Design neuer Materialien mit spezifischen Eigenschaften. Das ist insbesondere in fortschrittlichen Bereichen wie der Nanotechnologie und der Entwicklung neuer Verbundwerkstoffe von unschätzbarem Wert. Die Fähigkeit, Materialien auf molekularer Ebene zu entwerfen und zu modifizieren, könnte zu revolutionären Durchbrüchen in verschiedenen Industriezweigen führen. Zum Beispiel könnten in der Textilindustrie intelligente Stoffe entwickelt werden, die die Temperatur regulieren, Feuchtigkeit ableiten oder sogar biometrische Daten erfassen können – was sowohl für die Mode- als auch für die Sportbranche von Interesse ist. In der Automobilindustrie kann GenAI helfen, Baumaterialien zu entwickeln, die das Gewicht von Autos reduzieren und somit die Energieeffizienz verbessern.

Im Bereich der Energieeffizienz bietet GenAI ebenfalls vielversprechende Möglichkeiten. Sie lässt sich einsetzen, um Energiesysteme zu optimieren und effizientere Energieverteilungsmodelle zu entwickeln. Diese Innovationen könnten nicht nur die Energiekosten senken, sondern auch einen bedeutenden Beitrag zum Umweltschutz leisten, indem sie helfen, den Energieverbrauch und die damit verbundenen Emissionen zu reduzieren. Der Stromversorger E.ON nutzt GenAI mit spezifischen

---

[34] Vgl.: Merck: *KI in der Medizin: Arzneimittelforschung*. Link: https://www.merckgroup.com/de/research/science-space/envisioning-tomorrow/precision-medicine/generativeai.html, Zugriff: 03.01.2024.

Branchenwissen als Assistenten der eigenen Mitarbeitenden bei energiewirtschaftlichen Fragestellungen.[35]

Ein weiterer bedeutsamer Anwendungsbereich der generativen KI ist die Klimamodellierung und Umweltforschung. Dort kann sie komplexe Klimamodelle erstellen, die die Auswirkungen verschiedener Umweltfaktoren simulieren. Dadurch sind Wissenschaftler in der Lage, bessere Strategien für den Umweltschutz und die Nachhaltigkeit zu entwickeln und fundierte Vorhersagen über künftige Umweltveränderungen zu treffen.[36] Mithilfe von GANs können Forscher auch eine realistischere Klimasimulation durchführen.[37]

Auswirkungen generativer KI

Diese wenigen aufgezeigten Anwendungsbeispiele verdeutlichen die Auswirkungen generativer KI auf unsere Wirtschaft und Gesellschaft. GenAI beschleunigt Prozesse enorm und macht viele Bereiche somit wesentlich produktiver. Tausendseitige Verträge auf Ungenauigkeiten überprüfen? Das macht GenAI in wenigen Sekunden. Die KI übernimmt repetitive Aufgaben und ermöglicht es Menschen, sich auf komplexere und kreativere Aufgaben zu konzentrieren. Das führt nicht nur zu

---

35 Vgl.: E.ON: *Helferin mit Energieexpertise: E.ON schaltet eigene Generative Künstliche Intelligenz live.* Link: https://www.eon.com/de/ueber-uns/presse/pressemitteilungen/2023/eon-schaltet-eigene-generative-kuenstliche-intelligenz-live.html, Zugriff: 03.01.2024.

36 Vgl.: Irrgang, Christopher et. al. (2021): *Towards neural Earth system modelling by integrating artificial intelligence in Earth system science.* In: Nature Machine Intelligence, Vol. 3, S. 667–674.

37 Vgl.: Hess, P. et al. (2022): *Physically Constrained Generative Adversarial Networks for Improving Precipitation Fields from Earth System Models.* In: Nature Machine Intelligence, Vol. 4, S. 828–839.

einer Effizienzsteigerung, sondern auch zur Reduzierung menschlicher Fehler und zur Kostensenkung. Die Zeit, die Menschen im Arbeitsleben durch GenAI sparen, können sie für wichtigere Dinge nutzen: Weiterbildungen, Mentoring, Teamentwicklung, Strategie oder mehr Kommunikation in der Zusammenarbeit. GenAI unterstützt auch kreative Prozesse: Obwohl sie nicht als kreativ im traditionellen Sinne gilt, kann sie dennoch wertvollen Input liefern, der neue Perspektiven und Ideen hervorbringt. In Bereichen wie Design, Konzeption und Redaktion bietet GenAI Inspiration und Vorschläge, die zu einzigartigen und innovativen Ergebnissen führen können.

Laut McKinsey hat GenAI das Potenzial, Arbeitsprozesse zu automatisieren, die heute 60 bis 70 Prozent der Zeit der Mitarbeiter in Anspruch nehmen.[38] Es gibt kaum einen Bereich in der Wirtschaft, der nicht von generativer KI profitieren könnte. Und wir stehen erst am Anfang dieser Entwicklung. GenAI wird auch in unseren Lebensalltag Einzug halten: Jeder von uns kennt Chatbots, die Serviceaufgaben übernehmen und bei vielen Dienstleistungen das Frontend zum Kunden bilden. Bill Gates geht davon aus, dass sie sich zum persönlichen Assistenten entwickeln, der die Gewohnheiten und Vorlieben seines Nutzers kennt. Und zwar nicht nur im Berufsleben. Der Assistent kann zum Beispiel fragen, ob er etwas für das Abendessen reservieren soll und ob es wieder um 20 Uhr sein soll. Er fragt nach der Art des Abendessens und schlägt vor, heute chinesisch zu essen, da ein besonders gutes Menü im Angebot ist. Der Benutzer entscheidet, ob er den Assistenten nutzen möchte oder nicht. Oder der Assistent erinnert an den Geburtstag eines gu-

---

[38] Vgl.: Chui, M. et. al. (2023): *The economic potential of generative AI*. McKinsey. Link: https://www.mckinsey.com/capabilities/mckinsey-digital/our-insights/the-economic-potential-of-generative-ai-the-next-productivity-frontier#introduction, Zugriff: 04.01.2024.

ten Freundes oder an den Zahnarzttermin. Heutige Assistenten wie Siri, Alexa oder Cortana können bereits Termine koordinieren und Licht und Musik im Haus einschalten.

Praktische Anwendungen von KI

„Aber für was ist das gut?“ – Ein Ingenieur der Advanced Computing Systems Division of IBM, 1968, zum Microchip.

Zoomen wir den Fokus nun etwas heraus und werfen wir einen Blick auf KI im Allgemeinen, so eröffnet sich uns ein ganzes Universum praktischer Anwendungsfälle. Für jeden einzelnen Wirtschaftszweig ließe sich wohl ein eigenes Buch voller Beispiele verfassen. Ich stelle nachfolgend einige Bereiche dar, die mir in meiner Arbeit als Interim Manager begegnen.

Mobilitätssektor

Der Mobilitätssektor erlebt gerade eine spannende Zeit der Transformation, in der KI eine zentrale Rolle spielt. Ein herausragendes Beispiel ist das autonome Fahren, das eine Ära der Mobilität einläutet, in der Sicherheit, Effizienz und Komfort im Vordergrund stehen. Es veranschaulicht die Möglichkeiten und die Herausforderungen der KI im Mobilitätssektor. KI-Systeme in Fahrzeugen müssen komplexe Datenströme in Echtzeit analysieren und treffsichere Entscheidungen treffen. Dafür ist ein 5G-Netz erforderlich. Während Level-5-Autonomie – also vollständige Autonomie ohne menschliche Eingriffe – bereits in einigen Städten wie San Francisco Realität ist, sind wir in Deutschland im alltäglichen Verkehr noch nicht ganz so weit. Hier agieren Fahrzeuge meist auf Level 3 der Autonomie, wie beispielsweise der BMW i5, der bis zu 130 km/h autonom fahren kann.[39] Bei der Autonomiestufe 3 kann der Fahrer zwar die Hände vom Lenkrad nehmen, muss jedoch weiterhin die Fahrbahn im Auge behalten und ist für die Kontrolle verantwortlich.

Kleinere autonome Fahrzeuge ohne Besatzung (Roboter) sind in Betrieben oder in Lagerhallen schon länger im Einsatz. Bei Amazon fahren autonome Fahrzeuge durch die Hallen und Warenlager. In einem Projekt bei Swisslog habe ich gemeinsam mit dem Kunden fahrerlose Transportsysteme für Krankenhäuser vertrieben. Diese planen heute ihre Routen selbstständig, wenn Hindernisse umfahren werden müssen. Früher blieben sie einfach stehen, wenn etwas im Weg stand.

Ein weiteres prägendes Beispiel für den Einsatz von KI im Mobilitätssektor ist Google Maps. Durch die Nutzung von Machine-Learning-Algorithmen, die riesige Datenmengen auswerten, kann Google Maps sehr genaue Verkehrsprognosen erstellen. Diese Vorhersagen basieren auf den historischen Verkehrsmustern und aktuellen Verkehrsbedingungen. So kann die App Nutzern die schnellste Route vorschlagen und die voraussichtliche Fahrtzeit berechnen. Die Zukunft der Mobilität mit KI ist vielversprechend. Wir stehen erst am Anfang einer Entwicklung, die weit über autonomes Fahren und intelligente Routenplanung hinausgeht. Die Fortschritte bei der KI-Technologie versprechen eine noch sicherere, effizientere und benutzerfreundlichere Mobilität. Die Herausforderungen, denen wir uns dazu aktuell stellen müssen, sind unter anderem die Ver-

---

39 Vgl.: La Rocco, N. (2023): *BMW i5: Freihändiges Fahren bis 130 km/h kommt nach Deutschland*. Computerbase. Link: https://www.computerbase.de/2023-04/bmw-i5-freihaendiges-fahren-bis-130-km-h-kommt-nach-deutschland/, Zugriff: 05.01.2024.

besserung der Erkennungsfähigkeiten von KI in komplexen Situationen – und die Integration dieser Technologien in unsere bestehenden Verkehrssysteme.

Industrie 4.0

Industrie 4.0 ist seit langem in aller Munde. In einem meiner Projekte haben wir häufig Condition Monitoring und Predictive Maintenance für Kunden umgesetzt. KI ermöglicht dabei durch Mustererkennung, Selbstlernmechanismen und die schnelle Verarbeitung großer Datenmengen relativ gute Vorhersagen. So können die Verantwortlichen ruhig schlafen, weil sie rechtzeitig gewarnt werden und Maschinenstillstände oder unnötige Wartungen vermieden werden.

Die Integration von Augmented Reality (AR) und Virtual Reality (VR) in die Produktionsprozesse ist ein weiteres spannendes Anwendungsbeispiel: In einem meiner Projekte haben wir AR genutzt, um Maschinendaten direkt in die Brillen der Ingenieure zu projizieren. Dies erlaubte es den Technikern, die Auswirkungen ihrer Handlungen unmittelbar zu sehen, ohne ständig zum Kontrollpanel gehen zu müssen. Das sparte ihnen wertvolle Zeit und verbesserte die Präzision und Effizienz der Arbeitsabläufe. Auch für die Fernwartung steigert AR die Effizienz: Auf Bohrinseln, wo der Transport von Wartungstechnikern teuer und zeitaufwändig ist, ermöglicht AR-basierte Fernunterstützung dem Personal vor Ort, komplexe Reparaturen mit Hilfe von Experten aus der Ferne durchzuführen. Das spart nicht nur Kosten, sondern erhöht auch die Sicherheit und Schnelligkeit bei kritischen Wartungsarbeiten. Die Kombination von KI, AR und VR im Maschinenbau und in der Produktion ist ein wichtiger Schritt in Richtung Industrie 4.0. Diese Technologien bieten wichtige Grundlagen für eine effizientere und präzisere Arbeitsweise – und öffnen die Tür zu innovativen Lösungen, die bisher nicht realisierbar waren.

Supply Chain / Logistik

Ein anschauliches Beispiel für die Leistungsfähigkeit von KI in der Lieferkette ist das Anticipatory-Shipping-Modell von Amazon: Hier wird das nächste Produkt, das ein Kunde wahrscheinlich kaufen wird, bereits auf die Rampe zur Auslieferung gestellt, bevor es überhaupt bestellt wurde.[40] Dies beruht auf der Analyse des Kaufverhaltens einer großen Zahl von Kunden und der Anwendung stochastischer Regeln zur Vorhersage von Mustern.[41] Diese Art der vorausschauenden Planung erlaubt es, Lieferketten effizienter und reaktionsschneller zu gestalten.

KI wird in der Logistik auch eingesetzt, um das Transportaufkommen vorherzusagen. Das ist besonders relevant, wenn externe Faktoren die Kapazität wichtiger Handelsrouten reduzieren – wie zum Beispiel beim Panamakanal, den in den letzten Jahren aufgrund von Dürre weniger Schiffe passieren konnten.[42] KI-gestützte Prognosen ermöglichen es, Engpässe frühzeitig zu erkennen und entsprechend zu planen, etwa durch die

---

[40] Vgl.: Selyukh, A. (2018): *Optimized Prime: How AI And Anticipation Power Amazon's 1-Hour Deliveries.* NPR. Link: https://www.npr.org/2018/11/21/660168325/optimized-prime-how-ai-and-anticipation-power-amazons-1-hour-deliveries, Zugriff: 05.01.2024.

[41] Vgl.: O'Flaherty, K. (2022): *The data game: what Amazon knows about you and how to stop it.* The Guardian. Link: https://www.theguardian.com/technology/2022/feb/27/the-data-game-what-amazon-knows-about-you-and-how-to-stop-it, Zugriff: 04.01.2024.

[42] Vgl.: Tagesschau (2023): *Schiffsverkehr im Panamakanal weiter eingeschränkt.* Link: https://www.tagesschau.de/wirtschaft/weltwirtschaft/panama-kanal-schifffahrt-duerre-100.html, Zugriff: 04.01.2024.

rechtzeitige Buchung der Wasserstraße oder der Reservierung von Containerkapazitäten.

In der Lagerhaltung und im Bestandsmanagement spielen KI-Systeme ebenfalls eine wichtige Rolle. Durch Trendprognosen und Echtzeitanalysen können Materialmengen effizient gesteuert und kritische Bestände vermieden werden. Dadurch lassen sich die Lagerhaltung optimieren und das Risiko von Über- oder Unterbeständen minimieren.

Qualitätsmanagement

Im Qualitätsmanagement erweist sich KI als hilfreiches Werkzeug für die Erkennung und Prognose von Qualitätsschwankungen: Durch fortschrittliche Bildbearbeitungs- und Analysealgorithmen kann KI feinste Unregelmäßigkeiten und Abweichungen in Produkten identifizieren, die für das menschliche Auge kaum wahrnehmbar sind. Damit lassen sich Qualitätsmängel frühzeitig erkennen – und die Gesamtproduktqualität steigern. Darüber hinaus ist KI in der Lage, wertvolle Daten für nachgelagerte Prozesse bereitzustellen, um Qualitätsprobleme zu beheben, die in früheren Produktionsstufen aufgetreten sind. Das umfasst die Anpassung von Produktionsparametern, die Optimierung von Arbeitsabläufen oder die automatische Fehlerkorrektur. Durch solche Maßnahmen können Qualitätsprobleme systematisch reduziert und die Endproduktqualität bis zur Endabnahme verbessert werden.

RPA – Robotic Process Automation

Als Interim Manager erlebe ich aus erster Hand, wie Robotic Process Automation (RPA) die Landschaft der industriellen Automatisierung revolutioniert. RPA, verstärkt durch fortschrittliche KI-Technologien, ermöglicht es Robotern, vielschichtige und präzise Aufgaben in komplexen Produktionsumgebungen auszuführen. In einem meiner Projekte wurde RPA eingesetzt, um Roboter in Reinräumen arbeiten zu lassen. Diese speziellen Umgebungen erfordern höchste Präzision und Reinheit. Durch den Einsatz von RPA-fähigen Robotern wurde die menschliche Interaktion minimiert, was zu einer signifikanten Reduktion von Kontaminationsrisiken in den Reinräumen führte. Die Roboter waren in der Lage, empfindliche Prozesse mit hoher Genauigkeit und Konstanz durchzuführen, was die Qualität und Zuverlässigkeit der Produkte verbesserte. Auch in der Automobilindustrie wird RPA eingesetzt: Das Unternehmen KUKA, ein Marktführer in diesem Bereich, setzt RPA von UiPath ein, um die Effizienz und Präzision in der Motor- und Getriebefertigung zu steigern.[43] Diese Roboter können repetitive, präzise Aufgaben ausführen, wodurch die Produktionsgeschwindigkeit erhöht und die Fehlerquote reduziert wird.

Marketing und Vertrieb

Der Gartner Report „Future of Sales“ prognostiziert, dass der Verkaufsprozess in den kommenden Jahren weitestgehend digitalisiert sein wird.[44] Eine kontinuierliche Evolution in diese Richtung scheint nur natürlich – und dennoch gehe ich davon aus, dass der menschliche Faktor in der Verkaufsberatung wei-

[43] Vgl.: UiPath: *Physische Roboter treffen Software-Roboter: Automatisierungskonzern KUKA AG optimiert mehr als 50 interne Prozesse mit Hilfe von RPA.* Link: https://www.uipath.com/de/resources/automation-case-studies/kuka-physical-robots-meet-software-robots, Zugriff: 04.01.2024.

[44] Vgl.: Gartner (2020): *The Future of Sales. Transformational Strategies for B2B Sales Organizations.* Download-Link: https://www.gartner.com/en/sales/trends/future-of-sales, Zugriff: 05.01.2024.

terhin eine wichtige Rolle spielen wird. Die Entwicklung von immer ausgefeilteren KI-Algorithmen im Marketing führt dazu, dass die Grenzen zwischen menschlicher und maschineller Beratung zusehends verschwimmen. Einkäufer bevorzugen zunehmend digitale Plattformen für den Einkauf, die automatisierte Auswertungen und Entscheidungsunterstützung bieten. Dieser Trend deutet darauf hin, dass der Wunsch nach menschlicher Interaktion in einigen Bereichen abnimmt.

Mit KI können Unternehmen heute bereits in Echtzeit datengestützte Entscheidungen treffen. Das erlaubt es ihnen, dem Kunden genau im richtigen Moment die relevantesten Informationen oder Produkte zu präsentieren, basierend auf einer Fülle verfügbarer Daten. Dies trägt zur Verbesserung der Kundenerfahrung (Customer Experience) und der Markenwahrnehmung (Brand Experience) bei, was entscheidend für den Erfolg im Marketing ist. KI ermöglicht Hyperpersonalisierung, mit der Produkte und Dienstleistungen präzise auf die individuellen Bedürfnisse und Vorlieben der Kunden zugeschnitten werden.[45] Doch es beginnt schon auf unteren Ebenen.

In meinem ersten KI-Projekt zielten wir darauf ab, kleine Transaktionen für Bestellungen unter 1.000 Euro zu automatisieren, um sie profitabler zu gestalten. Dies betraf verschiedene Phasen wie Kundenanfragen, Bestellungen, Aufträge und Auftragsbestätigungen. Da oft unklare Anfragen oder Bestellungen eintrafen, wurde KI eingesetzt, um mit dem Kunden Details zu klären und den Wunsch präzise zu erfassen. Sobald der Kundenwunsch klar war, erstellte die KI automatisch ein Angebot

---

[45] Vgl.: Deloitte (2020): *Connecting with meaning Hyper-personalizing the customer experience using data, analytics, and AI.* Link: https://www2.deloitte.com/content/dam/Deloitte/ca/Documents/deloitte-analytics/ca-en-omnia-ai-marketing-pov-fin-jun24-aoda.pdf, Zugriff: 05.01.2024.

oder eine Auftragsbestätigung. Wir haben beobachtet, dass die Unklarheit in der Kundenkommunikation tendenziell zunimmt, je kleiner der Kunde ist. Daher generierten wir zusätzlich ein Bestellformular, basierend auf den letzten Bestellungen des Kunden, um zukünftig eindeutigere Anfragen oder Bestellungen zu ermöglichen. Die so eingesparte Zeit konnte genutzt werden, um weiteres Verkaufspotenzial bei diesen Kunden zu identifizieren. Das führte zu intensiverer Kundenbetreuung und gleichzeitigem Anstieg von Umsatz und Rohertrag. Perspektivisch plant das Unternehmen, einen KI-Agenten oder Avatar als direkten Ansprechpartner für diese Kunden einzuführen.

Die Zukunft von Marketing und Vertrieb liegt definitiv in der Nutzung von KI. Denn dadurch wird die Kundenerfahrung verbessert und die Kundenloyalität erhöht. Trotz fortschreitender Digitalisierung bleibt der menschliche Faktor in bestimmten Aspekten des Kundenservices unersetzlich. Die Herausforderung besteht darin, das optimale Gleichgewicht zwischen KI-basierter Rationalität und menschlicher Empathie zu finden – um sowohl die Effizienz des Verkaufsprozesses zu steigern als auch eine tiefe und bedeutungsvolle Kundenbeziehung aufzubauen.

Doch selbst für das Training zwischenmenschlicher Interaktionen mit Kunden lässt sich heute KI einsetzen: Sogenannte „behavioral AI", also verhaltensbasierte KI, kann das Lernverhalten und die Leistung des Verkaufspersonals analysieren und darauf basierend personalisierte Trainingsinhalte oder Empfehlungen für zusätzliche Ressourcen bereitstellen. So erhält jeder Verkäufer das Trainingsmaterial, das auf seine individuellen Bedürfnisse und Fähigkeiten zugeschnitten ist. Behavioral KI kann in Trainingssimulationen und Rollenspielen eingesetzt werden, um realistische Kundenszenarien zu schaffen. Die KI generiert auf Basis vergangener Kundeninteraktionen realistische und herausfordernde Szenarien, die Verkäufer auf tatsächliche Verkaufssituationen vorbereiten. Am Ende des Gesprächs gibt die KI Feedback und das nächste Lernziel wird vereinbart. So kann sich der Verkäufer kontinuierlich weiterentwickeln.[46]

Chancen und Herausforderungen von KI

> „*Es gibt keinen Grund, warum irgendjemand einen Computer in seinem Haus wollen würde.*" – Ken Olson, Präsident, Vorsitzender und Gründer von Digital Equipment Corp., 1977.

Niemand lehnt sich weit aus dem Fenster, wenn er behauptet, KI wird sich in den kommenden Jahren exponentiell weiterentwickeln. Um sich exponentielles Wachstum vor Augen zu führen, lohnt sich eine kleine Exkursion ins Reich der Legenden. Sicherlich haben Sie von der „Reiskornlegende" gehört?

Die Reiskornlegende (manchmal auch Weizenkornlegende genannt) ist eine Erzählung über Sissa ibn Dahir, dem angeblichen Erfinder des Schachspiels im dritten oder vierten Jahrhundert n. Chr. in Indien. Die Geschichte macht deutlich, was exponentielles Wachstum bedeutet: Der Tyrann Shihram wird durch Sissas Erfindung, das Schachspiel, milde gestimmt. Sissa darf sich eine Belohnung wünschen – und wünscht sich eine scheinbar bescheidene Menge Reis: ein Korn auf das erste Feld des Schachbretts und auf jedes weitere Feld doppelt so viel wie auf das vorherige. Diese Forderung entpuppt sich als enorm, da die Gesamtanzahl der Reiskörner astronomisch hoch ist.

---

[46] Vgl.: Bolotnov, O. (2023): *How to create AI role-plays for sales training*. Pitchmonster.io. Link: https://www.pitchmonster.io/blog/how-to-create-ai-role-plays-for-sales-training-examples, Zugriff: 05.01.2024.

Mathematisch gesehen entspricht die Anzahl der Reiskörner auf dem letzten Feld 2 hoch 63, und die Gesamtanzahl der Reiskörner auf dem Schachbrett ist die Summe dieser exponentiellen Serie, was eine noch größere Zahl ergibt. Der Reisberg, den Sissa erhalten würde, wäre weit größer als der Mount Everest.

Der Punkt dabei ist: Es kommt so unerwartet. Innerhalb weniger Jahre vervielfachen sich die Entwicklungsschritte. Nach der berühmten Keynote von Steve Jobs zur Einführung des ersten iPhones 2007 war Nokia noch drei Jahre lang Marktführer. Doch in dieser Zeit entstanden unzählige Apps, der Appstore im Smartphone und weitere Entwicklungen in einer so atemberaubenden Geschwindigkeit, die Nokia nicht auf dem Schirm hatte – bis sich das Unternehmen plötzlich am Ende der Nahrungskette des Marktes wiederfand. Auch jüngere Beispiele machen es deutlich: ChatGPT hat gerade einmal zwei Monate gebraucht, um die 100-Millionen-User-Marke zu knacken. Die Technik wird immer leistungsstärker und immer kostengünstiger. Die Zukunft kommt über Nacht! All das bietet uns immense Chancen, birgt aber gleichzeitig auch Risiken.

Die Chancen: Grüne neue Welt

Hätte Technik nur eine Seite der Medaille – wir wären auf einem guten Weg zur Utopie. Lassen Sie uns nun einmal ausschließlich positiv denken und ein paar Bereiche skizzieren, in denen in den kommenden Jahren neue Errungenschaften auf uns zukommen könnten, darunter:

- Medizin und Gesundheitswesen,
- Umwelt und Nachhaltigkeit,

- Wirtschaft und Gesellschaft.

Medizin und Gesundheit

KI wird das Gesundheitswesen maßgeblich verändern. Eine der bedeutendsten Auswirkungen wird die Entwicklung personalisierter Behandlungspläne sein. Durch die Analyse großer Datenmengen – von genetischen Informationen bis hin zu Lebensstilfaktoren – können KI-Systeme individuelle Gesundheitsrisiken identifizieren und darauf basierend maßgeschneiderte Therapieempfehlungen geben. Dies wird nicht nur die Wirksamkeit von Behandlungen erhöhen, sondern auch Nebenwirkungen minimieren.

Ebenso wird KI in Zukunft eine Schlüsselrolle bei der Früherkennung und Diagnose von Krankheiten spielen. Durch den Einsatz von Algorithmen, die in der Lage sind, Muster in bildgebenden Verfahren wie MRTs, CT-Scans und Röntgenbildern zu erkennen, können Ärzte Krankheiten schneller und genauer diagnostizieren. Dies ist besonders bedeutsam bei der Erkennung von Krebs und neurodegenerativen Erkrankungen.[47]

KI wird Krankenhäuser und Kliniken dabei unterstützen, ihre Ressourcen effizienter zu nutzen. Von der Optimierung der Terminplanung bis hin zur Vorhersage von Patientenaufnahmen können KI-Systeme dabei helfen, Wartezeiten zu reduzieren und die Patientenversorgung zu verbessern. Die Mount Sinai Klinik in New York nutzt beispielsweise schon heute KI,

---

[47] Vgl.: Datarevenue: *Künstliche Intelligenz in der Medizin.* Link: https://www.datarevenue.com/de-blog/kuenstliche-intelligenz-in-der-medizin, Zugriff: 06.01.2024.

um vorauszuschauen, ob Menschen ins Delirium fallen.[48] Damit unterstützt sie die Ärzte bei der Priorisierung der Untersuchungen. Ohne KI wären sie von Zimmer zu Zimmer gegangen – heute gehen sie zu denjenigen Patienten, von der die KI aufgrund sich wiederholender Muster des Blutdrucks und der Laborwerte erkennt, wer gefährdet ist und eine direkte Untersuchung und Betreuung bzw. erhöhte Aufmerksamkeit benötigt. Damit sparen die Ärzte enorm viel Zeit, die sie für die Patienten nutzen können. 100 Millionen Dollar steckte die Klinik bereits in KI. Aber auch bei der Erkennung von Krankheitsbildern hilft KI schon heute.

Mit dem Aufkommen von tragbaren Technologien und Smart-Devices wird die Fernüberwachung von Patienten zur Realität. KI-gestützte Apps können kontinuierlich Gesundheitsdaten sammeln und analysieren, was es Ärzten ermöglicht, den Gesundheitszustand ihrer Patienten aus der Ferne zu überwachen und proaktiv zu handeln.

Über Arzneimittel habe ich bereits weiter vorne geschrieben: Die Medikamentenentwicklung ist ein langwieriger und kostspieliger Prozess. KI kann diesen Prozess beschleunigen, indem sie hilft, potenzielle Wirkstoffkandidaten schneller zu identifizieren. Das könnte die Entwicklung von Medikamenten für bisher schwer behandelbare Krankheiten vorantreiben. Sogenanntes „Multiomic Sequencing“ ist ein Ansatz in der biomedizinischen Forschung, der verschiedene „Omics“-Technologien integriert, um ein umfassendes Bild der molekularen Mechanismen in einer Zelle oder einem Organismus zu erhalten. „Omics“ bezieht sich auf die kollektive Charakterisierung und

---

[48] Vgl.: Miliard, M. (2020): *Mount Sinai puts machine learning to work for quality and safety*. Link: https://www.healthcareitnews.com/news/mount-sinai-puts-machine-learning-work-quality-and-safety, Zugriff: 06.01.2024.

Quantifizierung von Pools biologischer Moleküle, die zu Struktur, Funktion und Dynamik einer Zelle oder eines Organismus beitragen.[49]

Darüber hinaus wird KI auch eine wichtige Rolle in der Ausbildung von Ärzten und medizinischem Personal spielen. Durch Simulationen und virtuelle Realität können angehende Mediziner komplexe Verfahren üben und verschiedene Szenarien durchspielen, was zu einer verbesserten Patientenversorgung führt. Ein Beispiel: Im Universitätsklinikum Bonn ist es angehenden Chirurgen möglich, mit VR-Brillen die Sicht eines operierenden Chirurgen einzunehmen.[50]

All das wird positive Auswirkungen auf die Gesundheit unserer Gesellschaft haben. Wenn Krankheiten frühzeitig erkannt werden, sinken tendenziell auch die Behandlungskosten, was zu einer nachhaltigeren Gesundheitsversorgung führt.

Umwelt und Nachhaltigkeit

Bei der Förderung von Umweltschutz und Nachhaltigkeit wird KI ebenfalls eine wichtige Rolle spielen, denn sie bietet innovative Möglichkeiten, um einige der drängendsten Umweltprobleme anzugehen und nachhaltige Praktiken in verschiedenen Sektoren zu fördern. KI analysiert bei Bedarf immense Datenmengen aus verschiedenen Quellen, um ein genaueres Bild der Umweltveränderungen zu liefern. Durch die

---

[49] Vgl.: Little, L. (2023): An overview of -omics technologies in multi-omics. Link: https://frontlinegenomics.com/an-overview-of-omics-technologies-in-multi-omics/, Zugriff: 06.01.2024.

[50] Vgl.: Ärzteblatt (2022): *Chirurgie lernen über Virtual Reality*. Link: https://www.aerzteblatt.de/nachrichten/131188/Chirurgie-lernen-ueber-Virtual-Reality, Zugriff: 06.01.2024.

Analyse von Satellitenbildern und Umweltdaten können KI-Systeme dabei helfen, den Klimawandel besser zu verstehen, Trends vorherzusagen und effektive Gegenmaßnahmen zu entwickeln.

Im Energiesektor kann KI zur Optimierung von Stromnetzen und zur Erhöhung der Energieeffizienz beitragen. Durch die Vorhersage von Energieverbrauchsmustern und die intelligente Steuerung von Energieflüssen können KI-Systeme helfen, den Energieverbrauch zu reduzieren und erneuerbare Energiequellen effizienter zu nutzen.

In der Landwirtschaft werden KI-Technologien zunehmend wichtiger. Laut der Food and Agriculture Organization (FAO) der Vereinten Nationen vernichten Schädlinge bis zu 40 Prozent der weltweiten Ernte.[51] Landwirte stehen vor der Herausforderung, mehr Nahrung mit weniger Energie und Wasser zu produzieren, um eine immer größere Weltbevölkerung zu ernähren. Globale Urbanisierung und ein Trend weg von der Landwirtschaft führen schon seit längerem zu einem anhaltenden Arbeitskräftemangel in der Agrarbranche. Dies zwingt Landwirte, ihre Abhängigkeit von menschlichen Arbeitskräften zu reduzieren. Daher ist der Erfolg in der Landwirtschaft heute stärker denn je von Technologie abhängig. KI-basierte Tools können Landwirten dabei helfen, nachhaltigere Praktiken anzuwenden. Von präziser Bewässerung und Düngemittelverwendung bis hin zur Schädlingsbekämpfung können KI-gestützte Systeme die Effizienz steigern, Ressourcen schonen und die Umweltbelastung verringern. Beispielsweise können Sensoren in den Böden die Feuchtigkeit und Nährstoffe messen – und

---

[51] Vgl.: FAO: *Pest and Pesticide Management*. Link: https://www.fao.org/pest-and-pesticide-management/about/understanding-the-context/en/, Zugriff: 06.01.2024.

wenn nötig automatisch Bewässerungs- oder Düngermitteldrohnen lossenden, um betroffene Bodenbereiche zu besprühen.[52]

In der Abfallwirtschaft hilft KI bei der Sortierung von Abfall und der Identifizierung von recycelbaren Materialien. Das sorgt für effizientere Recyclingprozesse und trägt dazu bei, die Menge an Deponieabfällen zu reduzieren. Die Integration von KI in die Tourenplanung erlaubt es kommunalen Unternehmen, nachhaltiger zu arbeiten. Das ermöglicht sauberere Städte und Kommunen. Durch optimierte Routen sparen die Entsorgungsunternehmen Ressourcen und steigern die betriebliche Effizienz.

In der Stadtplanung kann KI dabei unterstützen, nachhaltiger zu werden. KI-Systeme können den Verkehr analysieren und umleiten, um Staus zu reduzieren und die Effizienz öffentlicher Verkehrsmittel zu erhöhen. Durch die Analyse von Verkehrs- und Industriedaten kann KI helfen, Emissionsquellen zu identifizieren und Vorschläge zur Verringerung zu machen. Zudem lässt sich KI einsetzen, um Stadtplaner und Architekten bei der Gestaltung von Stadträumen zu unterstützen, die sowohl ökologisch als auch für die Bewohner attraktiv und funktional sind. KI kann also das Werkzeug sein, dass uns schneller zu einer nachhaltigeren Lebensweise verhilft und viele Herausforderungen im Bereich Umwelt und Nachhaltigkeit meistert.

---

52 Vgl.: Bundesinformationszentrum Landwirtschaft (2023): *Welche Rolle spielt Künstliche Intelligenz in der Landwirtschaft?* Link: https://www.landwirtschaft.de/landwirtschaft-verstehen/wie-funktioniert-landwirtschaft-heute/wird-kuenstliche-intelligenz-in-der-landwirtschaft-angewendet, Zugriff: 06.01.2024.

Wirtschaft und Gesellschaft

Laut McKinsey Global Institute (MGI), dem volkswirtschaftlichen Think Tank von McKinsey, könnte KI die jährliche Weltwirtschaftsleistung bis 2030 um 13 Billionen US-Dollar steigern.[53] Eine Studie von IW Consult im Auftrag von Google kommt zu dem Ergebnis: Allein mit generativer KI könnte die deutsche Wirtschaftsleistung um 330 Milliarden Euro wachsen.[54] Das sind fast 10 Prozent des deutschen Bruttoinlandprodukts von 2022.

Einer der Schlüsselfaktoren dieser wirtschaftlichen Steigerung ist die erhöhte Produktivität durch den Einsatz von KI. Die IW Consult-Studie geht davon aus, dass Arbeitnehmerinnen und Arbeitnehmer bis zu 100 Stunden pro Jahr durch den Einsatz generativer KI einsparen könnten.[55] Diese Zeitersparnis ermöglicht es, sich auf kreative, strategische oder zwischenmenschliche Aufgaben zu konzentrieren, insbesondere in Zeiten des Fachkräftemangels. KI-Systeme vermögen Unternehmen dabei zu helfen, komplexe Datenmuster zu analysieren und daraus wertvolle Erkenntnisse zu gewinnen. Diese verbesserte Entscheidungsfindung birgt das Potenzial effizienterer Geschäftsprozesse, höherer Kundenbindung und gesteigerter Gewinne.

---

[53] Vgl.: Bughin, J. et. al. (2018): *Notes from the AI Frontier: Modeling the Impact of AI on the World Economy*. MGI. Link: https://www.mckinsey.com/featured-insights/artificial-intelligence/notes-from-the-ai-frontier-modeling-the-impact-of-ai-on-the-world-economy, Zugriff: 06.01.2024.

[54] Vgl.: Bolwin, L. et. al. (2023): *Der digitale Faktor: Wie Deutschland von intelligenten Technologien profitiert*. IW Consult. Link: https://storage.googleapis.com/derdigitalefaktor/download/231128_IW_Google-Studie.pdf, Zugriff: 06.01.2024.

[55] Ebd.

Mit KI öffnen sich Unternehmen die Tore zu neuen Geschäftsmodellen, beispielsweise in den Bereichen Predictive Maintenance und Smart Service, intelligenter Energieverwaltung oder personalisierter Gesundheitsdienstleistungen. Diese Modelle basieren auf der Fähigkeit von KI, genaue Vorhersagen zu treffen oder hyperpersonalisierte Lösungen anzubieten. KI bietet auch die Möglichkeit, Geschäftsmodelle nachhaltiger zu gestalten. Unternehmen können damit ihre Lieferketten effizienter machen, den Energieverbrauch reduzieren und umweltfreundlichere Produkte entwickeln.

Kleine und mittelständische Unternehmen (KMU) könnten besonders von KI profitieren, da sie zunehmend leichteren Zugang zu Technologien erhalten, die zuvor nur großen Konzernen vorbehalten waren. Hierbei spielen Open-Source-Lösungen eine wichtige Rolle, die in vielen KI-Bereichen bereits auf dem Vormarsch sind.[56] Das führt im Idealfall zu einer Demokratisierung der technologischen Möglichkeiten und einer Stärkung der Wettbewerbsfähigkeit von KMU.

All diese wirtschaftlichen Vorteile haben einen direkten Einfluss auf die gesellschaftlichen Herausforderungen unserer Zeit, etwa auf die Gesundheitsfürsorge, den Umweltschutz oder die Bildung. Durch die Verbesserung dieser Sektoren kann KI einen direkten positiven Einfluss auf die Lebensqualität und auf unseren gesellschaftlichen Wohlstand haben.

---

[56] Vgl.: Coulter, M. et. al. (2023): *EU's AI Act could exclude open-source models from regulation*. Reuters. Link: https://www.reuters.com/technology/eus-ai-act-could-exclude-open-source-models-regulation-2023-12-07/, Zugriff: 06.01.2024.

Herausforderungen: Datenschutz, Ethik, Umverteilung

Wenden wir uns nun der anderen Seite der Medaille zu: den Herausforderungen und Risiken, die mit KI einhergehen. Das Zentrum für KI-Sicherheit in San Francisco vergleicht die Gefahren von KI mit denen einer globalen Pandemie oder eines Atomkrieges. In einem Statement dazu heißt es: „Die Gefahr, von KI ausgelöscht zu werden, sollte zusammen mit anderen gesellschaftlich bedeutsamen Risiken wie Pandemien und einem Atomkrieg eine globale Priorität haben.“[57] Unterschrieben haben dieses Statement zahlreiche Wissenschaftler, Politiker und Tech-Größen wie Sam Altman (OpenAI) und Bill Gates. Wenn sogar die Tech-Unternehmen selbst vor KI warnen, sollten Verantwortliche aus Politik und Wirtschaft das sehr ernst nehmen. Doch hierbei offenbart sich ein Dilemma: Tech-Unternehmen sind von Investoren abhängig und müssen im Markt wettbewerbsfähig bleiben. Sie stehen also unter Druck, KI so schnell wie möglich zu entwickeln und zu monetarisieren. Da bleibt wenig Zeit, um auf die Sicherheit der Systeme zu schauen.

Beleuchten wir nun drei Bereiche, die wohl eine besondere Herausforderung darstellen:

- Datenschutz und Cybersicherheit,
- Ethische Bedenken und Diskriminierung,
- Arbeitsmarkt und Umverteilung von Reichtum.

[57] Vgl.: Center for AI Safety: *Statement on AI Risk*. Link: https://www.safe.ai/statement-on-ai-risk, Zugriff: 07.01.2024

Datenschutz und Cybersicherheit

Der Schutz sensibler Daten erreicht in der Ära der KI eine neue Ebene der Komplexität: KI-Systeme verarbeiten und analysieren riesige Datenmengen – von persönlichen Informationen bis hin zu geschäftskritischen Daten. Diese Datenfülle birgt das Risiko von Datenschutzverletzungen, die sowohl Individuen als auch Unternehmen schwerwiegend schädigen können. Die Folgen könnten verheerend sein: Medizinische Daten ließen sich zum Beispiel für rechtswidrige Social-Scoring-Systeme missbrauchen. Social Scoring greift tief in die Privatsphäre der Menschen ein. Es erfasst und analysiert persönliche Daten, um eine Bewertung der Person vorzunehmen. Dies wirft ernsthafte Fragen hinsichtlich der Datenschutzrechte und der Autonomie des Einzelnen auf. Hierbei muss klar geregelt sein, auf welche Daten die KI Zugriff haben darf. Das ist selbst bei Websites nicht immer transparent.

Klar ist: Die traditionellen Ansätze zum Datenschutz werden bald nicht mehr ausreichen. Wir müssen innovative Sicherheitskonzepte entwickeln, die zeitgemäß sind und den neuen Herausforderungen gerecht werden. Die Bedrohung durch Cyberangriffe nimmt stetig zu. In meiner Ausbildung zum Aufsichtsrat an der Steinbeis Augsburg Business School habe ich gelernt, dass die Frage nicht mehr lautet, *ob* wir gehackt werden – sondern *wann*! Das Darknet ist eine Brutstätte für Cyberkriminalität, und die dortigen Akteure kümmern sich wenig darum, ob KI kontrollierbar bleibt. Künstliche Intelligenz kann für kriminelle Zwecke missbraucht werden, was ein ernsthaftes Risiko für die Wirtschaft darstellt.

Für Unternehmen bedeutet dies mehr denn je, sich mit Cybersicherheit auseinanderzusetzen. Ein bewährter Ansatz sind sogenannte Penetration-Tests: Hierbei wird ein Whitehat-

Hacker engagiert, also ein Hacker, der keine bösen Absichten verfolgt, sondern Firmen bei der Verbesserung der Sicherheitssysteme hilft. Indem er versucht, das IT-System eines Unternehmens zu hacken, offenbart er die Sicherheitslücken eben dieser Firma, so dass diese Abhilfemaßnahmen ergreifen kann.[58] Zur Einführung von KI in Unternehmen wird die Analyse der Chancen und Risiken empfohlen. Dabei sind bestehende Standards einzuhalten, wie zum Beispiel ISO 27001 zur Informationssicherheit und die IEEE P700-Serie, eine Ethikreihe für intelligente und autonome Systeme.

KI wird bereits heute zur Verbreitung von Fake News und Desinformation genutzt – eine schwere Bedrohung für Unternehmen und die Gesellschaft insgesamt. Im Herbst 2023 wurde der Schauspieler Tom Hanks Opfer eines Deepfakes: Ohne seine Einwilligung tauchte ein Werbespot auf, in dem ein Deepfake von ihm Werbung für Zahnpasta machte.[59] In Hollywood streikten 2023 unzählige Schauspieler und Statisten, weil sie ihre Jobs akut bedroht sahen. Theoretisch könnte ein Filmstudio einen 3D-Scan eines Schauspielers anfertigen – und hätte dann für immer seinen Avatar in der Filmkartei. Vielleicht erinnern Sie sich auch noch an das Deepfake-Foto, in dem Donald Trump verhaftet wird und sich gegen die Polizei wehrt – oder das Deepfake mit Papst Franziskus in Balenciaga-Designer-Klamotten? Das waren noch Spielereien. Aber denken

---

[58] Vgl.: IBM: *What is penetration testing?* Link: https://www.ibm.com/topics/penetration-testing, Zugriff: 07.01.2024.

[59] Vgl.: The Guardian (2023): *Tom Hanks says AI version of him used in dental plan ad without his consent.* Link: https://www.theguardian.com/film/2023/oct/02/tom-hanks-dental-ad-ai-version-fake, Zugriff: 07.01.2024.

Sie an ein Deepfake-Video eines CEOs, der Desinformationen verbreitet und die Börsenkurse einstürzen lässt.

Schon George Orwell beschäftigte sich in seinem Roman „1984“ mit den Gefahren der Überwachung und Bevormundung der Bürger durch KI-Technologien. In einer Steinbeis Mittelstandsumfrage aus dem Jahr 2023 wurden genau diese Punkte als größte Gefahren genannt.[60] Die Angst vor einer Entwicklung, bei der KI außer Kontrolle gerät, ist ebenfalls präsent. Es besteht die Sorge, der KI ausgeliefert zu sein, was zu unvorhersehbaren und gefährlichen Situationen führen könnte.

Ethische Bedenken und Diskriminierung

Der russisch-amerikanische Biochemiker und Schriftsteller Isaac Asimov formulierte 1942 in seiner Science-Fiction-Kurzgeschichte „Runaround“ die sogenannten Robotergesetze, die wir heute auf Künstliche Intelligenz übertragen:

1. Ein Roboter darf einem menschlichen Wesen keinen Schaden zufügen oder durch Untätigkeit zulassen, dass einem menschlichen Wesen Schaden zugefügt wird.

2. Ein Roboter muss den Befehlen gehorchen, die ihm von Menschen erteilt werden, es sei denn, dies würde gegen das erste Gebot verstoßen.

3. Ein Roboter muss seine eigene Existenz schützen, solange solch ein Schutz nicht gegen das erste und zweite Gebot verstößt.

---

[60] Vgl.: Dripke, A. et. al. (2023): *KI Report 2023/24: Wie das Topmanagement in Deutschland, Österreich und der Schweiz mit Künstlicher Intelligenz umgeht.* DC Publishing. ISBN: 3986740899.

In weiteren Science-Fiction-Romanen stellte Asimov noch das „nullte Robotergesetz“ auf: Ein Roboter darf der Menschheit keinen Schaden zufügen oder durch Untätigkeit zulassen, dass der Menschheit Schaden zugefügt wird. Die Regeln eins bis drei werden diesem nullten Gesetz untergeordnet.[61]

Roboter im militärischen Bereich folgen diesen Gesetzen nicht. Bereits im Gaza-Streifen und in der Ukraine wird KI zur Identifikation von Zielen in sehr aufwändigen Verfahren eingesetzt. Dazu zählen Bewegungsmuster und weitere Daten der Aufklärung. Das Unternehmen Shield AI baut Drohnen, die auch für militärische Zwecke mit einer Nutzlast von 25kg je Drohne eingesetzt werden können. An den Zielen von Shield AI können wir das ethische Dilemma erkennen: Der CEO von Shield AI erläutert, dass die Drohne nicht eigenständig über ihren Kampfeinsatz entscheidet. Allerdings arbeiten die Entwickler daran, ihnen menschenähnliche Fähigkeiten zu vermitteln, was zu einer autonomen Entscheidungsfindung der Drohnen führen könnte, wen oder was sie angreifen wird. Die KI-Ergebnisse eines Drohnenschwarms zu überwachen, dürfte schwierig sein. Wahrscheinlich ist es nur eine Frage der Zeit, bis die Drohnen eigene Entscheidungen treffen sollen und dürfen. Der Terminator lässt grüßen.

Aber auch im zivilen Alltag treten ethische Bedenken auf. Das prominenteste Beispiel liefert autonomes Fahren. Aufgrund welcher Kriterien entscheidet der Algorithmus, in welche Richtung er ausweichen soll – wenn in beiden Richtungen Menschen zu Schaden kommen? Der Algorithmus macht zwar bereits heute weniger Fehler als der Mensch. Aber: Gilt das bald

---

[61] Vgl.: Lohrmann, J. et. al. (2020): *Isaac Asimov*. WDR, Planet Wissen. Link: https://www.planet-wissen.de/technik/computer_und_roboter/roboter_mechanische_helfer/pwieisaacasimov100.html, Zugriff: 07.01.2024.

für alle KI-Algorithmen? Wie behalten wir die Kontrolle? Schwierige Fragen, die wir zügig beantworten müssen.

Das Thema Diskriminierung taucht ebenfalls immer wieder auf: Bias (Verzerrungen) in KI-Systemen entstehen oft durch voreingenommene Trainingsdaten, die die existierenden sozialen und kulturellen Vorurteile widerspiegeln. Solche Verzerrungen können schwerwiegende Folgen haben: Wenn KI-Systeme auf Daten basieren, die historische Ungleichheiten reflektieren, können sie diese Ungleichheiten weiter verstärken.

Beispielsweise kann eine KI im Personalwesen, die mit Daten trainiert wurde, die eine Unterrepräsentation von Frauen in Führungspositionen zeigen, Männer gegenüber Frauen bevorzugen. Verzerrte KI kann in kritischen Bereichen wie der Strafjustiz oder medizinischen Diagnosen zu ungerechten oder falschen Entscheidungen führen. Das beeinflusst direkt das Leben von Menschen, beispielsweise durch ungerechtfertigte Verurteilungen oder fehlerhafte medizinische Behandlungen.

Wer trägt die Verantwortung bei solchen Fehltritten? Der Entwickler der KI? Der Nutzer, der sie einsetzt? Oder etwa das System selbst? Die Frage der Verantwortlichkeit bei KI-Entscheidungen ist komplex, da KI autonom agieren kann. Diese Unklarheit erschwert die rechtliche und ethische Zuschreibung von Verantwortung. Es bedarf klarer rechtlicher und ethischer Rahmenbedingungen, um die Verantwortlichkeiten im Umgang mit KI festzulegen. Politik, Wirtschaft und Wissenschaft müssen ethische Standards und Richtlinien entwickeln, die idealerweise weltweit gelten.

Arbeitsmarkt und Umverteilung

Bill Gates schrieb in seinen *Gates Notes*, dass er die Drei-Tage-Woche für realistisch hält. KI hat das Potenzial, Arbeitsplätze zu ersetzen und die Produktivität in vielen Bereichen zu steigern. IBM-CEO Arvind Krishna erklärte 2023, dass er von einem Einstellungsstopp für Positionen in der Verwaltung ausgeht; die entsprechenden Tätigkeiten könnten in den kommenden Jahren von der KI erledigt werden.[62]

Der Verkauf wird mit Sicherheit betroffen sein. Wer sich die in den letzten Jahren explodierenden Geschäftevolumina über das Internet vergegenwärtigt, dem wird schnell klar: Immer mehr Menschen kaufen anonym – nicht nur im B2C-, sondern auch zunehmend im B2B-Bereich. Laut einer Steinbeis-Studie von 2023 wird KI vor allem auf den Gebieten Logistik (58 Prozent), Supply Chain (56 Prozent), Produktion (53 Prozent), Marketing (51 Prozent) und Produktentwicklung (51 Prozent) eingesetzt. Auffallend niedrig ist der KI-Einsatz im Bereich People & Culture mit Ausnahme der Lohn- und Gehaltsabrechnung. Wenn die KI immer mehr erledigen kann – wird der Mensch dann nutzlos? Zumindest kann es zu einer ungleichen Verteilung von Wohlstand und Einkommen führen. Hierbei spielen mehrere Faktoren eine Rolle:

Mit dem Vormarsch der KI verschiebt sich der wirtschaftliche Wert zunehmend von menschlicher Arbeit hin zu Kapital, das in Technologien investiert wird. Dies könnte die Einkommensungleichheit verschärfen, da die Besitzer und Investoren von KI-Technologien disproportionale Gewinne erzielen, wäh-

---

[62] Vgl.: Ford, B. (2023): *IBM to Pause Hiring for Jobs That AI Could Do*. Bloomberg. Link: https://www.bloomberg.com/news/articles/2023-05-01/ibm-to-pause-hiring-for-back-office-jobs-that-ai-could-kill, Zugriff: 07.01.2024.

rend traditionelle Arbeitsplätze an Wert verlieren oder verschwinden. Herkömmliche Methoden der Umverteilung wie Steuern und Sozialleistungen reichen dann möglicherweise nicht mehr aus, um die durch KI verursachten ökonomischen Unterschiede auszugleichen. Diese Systeme wurden in einer Zeit entwickelt, in der menschliche Arbeit die primäre Einkommensquelle darstellte – und sind nicht auf eine Welt vorbereitet, in der Kapital und Technologie dominieren. Gefragt sind innovative Ansätze zur Umverteilung des durch KI generierten Wohlstands: Eine Robotersteuer, bedingungsloses Grundeinkommen, Gewinnbeteiligungen – all diese Aspekte müssen diskutiert werden.

Die Umsetzung dieser neuen Ansätze erfordert nicht nur wirtschaftliche Überlegungen, sondern auch gesellschaftliche Akzeptanz und politische Entschlossenheit. Debatten über die gerechte Verteilung von Wohlstand müssen unter Einbeziehung aller Gesellschaftsschichten geführt werden, um faire und praktikable Lösungen zu finden.

Zukunftsausblick und Empfehlungen

„640 KB sollten genug für jedermann sein.“ – Bill Gates, 1981.

Im Sommer 2023 nahm ich an einer Führung im Burda Museum in Baden-Baden teil. Die Ausstellung „Der König ist tot, lang lebe die Königin“ zeigte Werke unterschiedlicher Künstlerinnen, die mit dem Machogehabe einer männerdominierten Welt brechen. Am Ende der Führung standen wir vor einem riesigen Bild mit Dinosauriern. Die Museumsführerin sagte: „So wird es auch uns Menschen ergehen.“ Tatsächlich gibt es Zukunftsszenarien, in denen die Menschheit für die KI so viel Bedeutung hat wie heute Tauben für uns. Tauben sind zwar vorhanden, haben aber keine Bedeutung für unser Leben. Sobald die KI die Singularität erreicht hat, also die menschliche Intelligenz übertrifft und sich dadurch selbst verbessern kann, könnte sie zu dem Entschluss kommen: Der Mensch stellt die größte Bedrohung für die Erde dar. Wird sie sich dann noch von den menschlichen Regeln steuern lassen? Werden wir noch begreifen, was die KI tut? Werden wir Regeln haben, die Transparenz für uns Menschen ermöglichen? Ich bezweifle es.

Als unverbesserlicher Optimist glaube ich fest daran, dass wir die Kontrolle über unsere Zukunft behalten können, wenn wir als Menschheit gemeinsam handeln, um unseren Planeten zu retten. Wir haben keine Alternativen zu unserer Erde; daher ist es unerlässlich, den Willen und die Weisheit zu finden, um sie zu schützen. Mit der Unterstützung von KI und Quantencomputern haben wir die technologischen Mittel, um schnell zu handeln. Doch dafür ist es notwendig, dass viele Menschen bereit sind, ihren übermäßigen Luxus zu reduzieren. Die Frage ist, ob wir das gemeinsam als Menschheit erreichen können.

Die Zukunft der Künstlichen Intelligenz ist vergleichbar mit der Erfindung des Buchdrucks, der Dampfmaschine oder des Internets. In den kommenden Jahren wird KI viele traditionelle Jobs ersetzen. Beispielsweise werden weniger Lkw-Fahrer benötigt, administrative Prozesse in Versicherungen und Verkaufsaufgaben werden zunehmend automatisiert – und KI wird repetitive Aufgaben sowie Prognosen übernehmen.

In Branchen wie Pharma, Medizintechnik, Halbleiter, Chipfertigung, Optoelektronik und E-Mobilität ist ein anhaltendes Wachstum zu beobachten, getrieben durch den Trend zur Autonomie und Reaktion auf Versorgungsengpässe. Allerdings gibt es auch Herausforderungen, besonders in der deutschen Automobilindustrie, wo Prioritäten möglicherweise falsch gesetzt sind: Deutschland hat derzeit noch einen Vorsprung bei der Hardware und der Steuerung von Assistenzsystemen, liegt aber in Bereichen wie der Batteriefertigung und Digitalisierung weit zurück. Innovationen wie Feststoffbatterien und grünes Methanol könnten das Spiel verändern. Die Vereinten Nationen haben kürzlich einen Motor zertifiziert, der grünes Methanol verbrennt und dadurch das Problem schwerer Batterien bei Elektroantrieben löst. Diese Innovation könnte größere Zukunftschancen haben als herkömmliche Verbrennungs-, Elektro- oder Wasserstoffantriebe.

Deutschland hinkt indes in der Digitalisierung hinterher. Das Land muss seinen Rückstand aufholen, um bei der Gestaltung der Zukunft mitzureden. Das Problem liegt nicht an einer bestimmten Partei, sondern am System selbst, das nicht schnell genug auf Veränderungen reagieren kann. Trotz der Bedeutung der Demokratie könnte unser aktuelles System die notwendige Beschleunigung nicht überstehen. Es hängt von Einzelpersonen, ihrem Können, ihrer Energie und Zuversicht ab, wie Deutschland in dieser sich schnell verändernden Welt der KI mithalten kann.

Darum sind Sie gefragt, Unternehmer und Unternehmerinnen, Verantwortliche in wichtigen wirtschaftlichen Positionen: Nutzen Sie die Potenziale von KI und investieren Sie in diese Technologie, um die Zukunftsfähigkeit Ihrer Unternehmen und den gesellschaftlichen Wohlstand sowie nachhaltigen Fortschritt zu sichern. Werden Sie zu mutigen Vordenkern: Beschreiten Sie neue Wege bei der verantwortungsvollen Nutzung von KI. Gehen Sie Kooperationen ein und denken Sie an das große Ziel, das für uns alle Priorität haben muss: Das Wohl unseres Planeten und das Überleben der Menschheit. Denn das ist die einzig wahre Rendite der Zukunft!

Die drei Dimensionen Künstlicher Intelligenz

– und wie Unternehmen damit umgehen müssen

Ulvi Aydin, Preisgekrönter Premium Executive Interim Manager (DDIM), Unternehmens- und Unternehmer-Entwickler

Einleitung

Nach der gelungenen Einleitung über Künstliche Intelligenz in diesem Buch möchte ich gleich zum Wesentlichen kommen. In diesem Kapitel werden die drei folgenden Dimensionen von KI beleuchtet, die vor allem Licht, aber auch Schatten werfen:

1. KI als Evolutionsschritt – der natürliche Lauf der Dinge: Die Evolution ist ein ständiger Lauf des Fortschritts, bei dem die Menschheit nie stillsteht. Künstliche Intelligenz wird in dieser Dimension nicht als Bedrohung betrachtet, sondern als natürliche Fortführung unseres Verlangens nach Verbesserung. Wie der Speer, das Rad oder die Elektrizität markiert KI einen evolutionären Meilenstein. Ich werde erörtern, wie KI als gewöhnlicher Schritt in unserer Suche nach Perfektion und Effizienz zu verstehen ist.

2. Spalterische Elemente und Zweifler – die Schatten der Innovation: Entsteht eine neue Technologie, finden sich immer Zweifler und Skeptiker, die im Schatten der Innovation lauern. Dieses Kapitel nimmt die spalterischen Ele-

mente unter die Lupe, die die Künstliche Intelligenz begleiten. Wir werden nicht nur ihre Bedenken erkunden, sondern auch fragen, ob diese Zweifel uns auf eine Notwendigkeit des Hinterfragens hinweisen – oder ob sie einfach nur die Angst vor dem Unbekannten widerspiegeln.

3. Bedeutung für Unternehmen – zwischen Nutzen und Verantwortung:

KI ist mehr als ein Technikspielzeug. In der Wirtschaft gestaltet sie einen bedeutenden Wandel. Dieses Kapitel untersucht, welchen Wert KI für Unternehmen hat, und skizziert Ansätze, wie Verantwortliche den Paradigmenwechsel gestalten können.

KI als Evolutionsschritt: Der Natürliche Lauf der Dinge

Wenn wir uns über KI unterhalten, müssen wir zunächst über die Evolution der menschlichen Spezies sprechen. In der Geschichte der Menschheit ist eines konstant geblieben: der Drang nach Weiterentwicklung. Nach Veränderung. Nach Aktualisierung. Nach Upgrade. Nach Effizienz. *Das* ist Evolution! Das älteste gefundene Element eines Speeres ist ca. 500.000 Jahre alt – er hat den Menschen lange Zeit als hilfreiches Instrument für die Jagd und für den Kampf gedient.[63] Oder das Feuer: Hinweise deuten darauf hin, dass die ersten Menschen

---

[63] Vgl.: Jiménez, Fanny (2012): *Forscher finden 500.000 Jahre alte Hightech-Waffen*. DIE WELT. Link: https://www.welt.de/wissenschaft/article111211807/Forscher-finden-500-000-Jahre-alte-Hightech-Waffen.html [aufgerufen: 06.12.2023].

vor rund 1,5 Millionen Jahren das erste Lagerfeuer nutzten.[64] Die Entdeckung und Verwendung des Feuersteins zum kontrollierten Entfachen von Feuer wird auf geschätzte 32.000 Jahre zurückdatiert:[65] Eine wahnsinnige Revolution in der Geschichte der Menschheit!

Oder der Ackerbau vor ca. 12.000 Jahren, als die Menschen sesshaft wurden und begannen, Pflanzen zu sähen.[66] Aus Jägern und Sammlern wurden Landwirte. Oder das Rad! Oder die Schrift! Oder die Dampfmaschine! Oder die Elektrizität! Wo wären wir, wenn all diese Entdeckungen und Entwicklungen nie stattgefunden hätten? Haben sie aber! Und das beweist: Menschen strebten schon immer nach Effizienz und Innovation. Oftmals aus pragmatischen Gründen: Mit dem Speer fiel das Jagen leichter. Manchmal auch einfach aus Faulheit – oder wie erklären Sie mir die Entwicklung der Rolltreppe? Faulheit ist einer der größten Treiber des technischen Fortschritts!

Die erste industrielle Revolution kam mit dem Donnerschlag der Dampfmaschine (1760), der die Industrialisierung einläutete. Die zweite industrielle Revolution (1870) schlug mit Elektrizität und Fließband zu, leitete die Ära der Massenproduktion ein – und katapultierte uns weiter in die Zukunft. Die dritte industrielle Revolution (1969) führte uns in das Zeitalter der Computer, IT und Automatisierung durch Elektronik. Und heute? Heute stehen wir am Rande der vierten industriellen Revo-

---

[64] Vgl.: Scinexx (2021): *Eine kleine Geschichte des Feuers.* Link: https://www.scinexx.de/businessnews/eine-kleine-geschichte-des-feuers/ [aufgerufen: 06.12.2023].

[65] Ebd.

[66] Vgl.: Nickels, Lothar (2019): *Jungsteinzeit.* Planet Wissen, SWR. Link: https://www.planet-wissen.de/geschichte/urzeit/jungsteinzeit/index.html [aufgerufen: 06.12.2023].

lution: Künstliche Intelligenz, das Internet der Dinge und eine Welt, die von vernetzten Systemen durchdrungen ist.

So what?

Das ist alles neu und aufregend und fühlt sich für manche vielleicht sogar bedrohlich an. Aber ein Blick auf den historischen Zahlenstrahl macht deutlich: Eigentlich ist es Business-as-Usual. Der menschliche Purpose bestand schon immer, neben Selbsterhalt, aus Innovation und Fortschritt. Dass wir Zeugen eines Übergangs von einer Zeitepoche in die nächste sein dürfen, ist ein spannendes Geschenk! Und verstehen Sie mich nicht falsch: Künstliche Intelligenz wird zweifellos wie ein Tsunami auf die Menschheit treffen, vergleichbar mit der Einführung der Dampfmaschine, des Fließbands oder des Internets. Jobs werden wegfallen, während andere entstehen.

Doch das ist alles ein altbekanntes Spiel, eine evolutionäre Notwendigkeit. Eines der ersten Opfer der Digitalisierung war der Pony Express, der Mitte des 19. Jahrhunderts vom Telegraphen abgelöst wurde.[67] Nach einer industriellen Revolution fallen immer Jobs weg, während neue Aufgaben entstehen. Die Menschheit wird sich daran gewöhnen, bis es Teil ihres Alltags ist. Denken Sie an die Wasserversorgung: Was für eine geniale technische Meisterleistung! Aber machen Sie sich darüber Gedanken, wenn Sie auf der Toilette sitzen, duschen oder sich die Hände waschen? Nein. Es ist so sehr zur Normalität geworden, dass wir es nicht mehr bemerken.

---

[67] Vgl.: Aydin, Ulvi (2022): *Das erste Opfer der Digitalisierung war…* Link: https://www.aycon.biz/blog/das-erste-opfer-der-digitalisierung-war [aufgerufen: 11.12.2023].

Karl Valentin soll gesagt haben: „Die Zukunft ist auch nicht mehr das, was sie einmal war". Dieser Satz ist heute noch von aktueller Brisanz. In dieser hyperdigitalisierten Echtzeit-Welt voller Polykrisen – Klimawandel, Krieg in Europa, Ressourcenknappheit, Fachkräftemangel, demographischer Wandel und die vierte industrielle Revolution – kann einem schon mal schwindelig werden. Aber genauso wurde Menschen schwindlig, die im 18. Jahrhundert in einem 30 km/h schnell fahrenden Zug saßen. Irgendwann lernten sie, anstatt direkt auf die Gleise, besser in die weite Ferne zu blicken – und gewöhnten sich an die Dampflokomotiven.

Und dasselbe wird in Zukunft auch mit KI passieren. Fühlt es sich zunächst schwindelerregend an? Absolut! Dauert so eine Anpassung seine Zeit? Ja klar! Nehmen wir die Dampfmaschine: Wie lange hat es gedauert, bis die Menschen sich vollständig daran gewöhnt hatten? Ca. 30 Jahre. Eine Generation. Die volle Akzeptanz von Veränderungen benötigt nun mal ihre Zeit, ca. 30 Jahre – und genau das durchleben wir gerade aufs Neue. Die einzige Herausforderung daran: Der zeitliche Abstand zwischen neuen bahnbrechenden Technologien wird immer *kürzer* – während die gesamtgesellschaftlichen Auswirkungen immer *größer* werden.

Spalterische Elemente und Zweifler – die Schatten der Innovation

Wenn wir uns über KI unterhalten, müssen wir uns auch mit den Widerständen auseinandersetzen, die sie auslöst. Die Verteufelung von Technologien ist ein bekanntes Phänomen, und die Kluft zwischen dem, was KI ermöglichen kann, und dem, was die durchschnittliche Vorstellungskraft umfasst, scheint größer denn je. Ich bin kein Historiker, lehne mich aber wohl nicht zu weit aus dem Fenster, wenn ich behaupte: Spätestens seit der ersten industriellen Revolution gibt es Technik-Skeptiker. Zweifler, die mit dem Fortschritt überfordert sind, weil seine wirtschaftlichen und gesellschaftlichen Auswirkungen ihnen Angst machen. Ein Beispiel bieten die sogenannten „Maschinenstürmer“ aus England und später auch Deutschland:[68] Handwerker, meist aus der Textilindustrie, fürchteten aufgrund der Industrialisierung um ihren sozialen Status – und drangen in Textilfabriken ein, um die Webstühle oder andere Maschinen zu zerstören.

Auch als das Auto erfunden wurde oder das Telefon oder das Radio oder das Kino – immer gab es Kritiker, die diese Errungenschaften infragestellten. Einer von ihnen war Stuart Chase, der Vater der Konsumkritik. Für ihn war jede Tätigkeit, die der Mensch nur mithilfe einer Maschine ausführen konnte, minderwertig:[69] Autofahren, Kinobesuche, radiohören, telefonieren. Seine Kritik: Die Menschen unterwerfen sich zunehmend der Technik, ohne sie zu verstehen – und das mache sie abhängig von ihr. Und heute? In Zeiten der Digitalisierung und Künstlicher Intelligenz treten ebenso große Zweifel auf: Wir lesen von besorgniserregenden Dystopien, in denen die Menschen in Überwachungsstaaten kontrolliert werden, die von Supercomputern gesteuert werden. Dystopien zu skizzieren, fällt den Menschen immer leichter, als die Chancen und Möglichkeiten technischen Fortschritts zu erkennen. Ich bin überzeugt: Wenn

---

[68] Vgl.: Sieferle, Rolf Peter (1984): *Fortschrittsfeinde? Opposition gegen Technik und Industrie von der Romantik bis zur Gegenwart.* C. H. Beck, München. S. 65. ISBN-10: 3406303315.

[69] Vgl.: Von Radow, Gero (2014): Verblödet durch Technik. ZEIT Online. Link: https://www.zeit.de/wissen/2014-05/kommunikation-technik-digitalisierung-technikkritik [aufgerufen: 11.12.2023].

wir lernen, richtig und ethisch mit KI umzugehen, können wir Großes für die Gesellschaft leisten.

Es geht immer zu schnell

Unbekanntes macht uns zunächst Angst. Veränderungen, die unseren Alltag betreffen, lehnen wir zunächst einmal ab. Die Geschichte der Menschheit ist geprägt von technologischen Durchbrüchen, die einerseits Fortschritt versprechen, andererseits aber auch auf Widerstand und Ängste stoßen. Jedes Mal schaffen neue Entwicklungen eine Kluft zwischen den technischen Möglichkeiten und der menschlichen Vorstellungskraft. Diese Kluft sorgt für Missverständnisse und Unsicherheiten. Die heutige Ära der Künstlichen Intelligenz ist keine Ausnahme. Die Entwicklung geht vielen Zweiflern einfach zu schnell. Widerstände und Technologieskepsis entstehen oftmals, weil wir noch nicht genug über die Technologie wissen oder – wie bei den Maschinenstürmern – weil wir den Verlust unseres sozialen Status befürchten. Genau an dieser Stelle befinden wir uns gerade: Wir müssen KI und die aktuellen Möglichkeiten generativer KI verstehen lernen, um Zweifel auszuräumen und einen Moral- oder Verhaltenskodex daraus zu extrahieren.

Und wir müssen verstehen, dass Risiken immer dazugehören. Wir benutzen schließlich auch Steckdosen oder fahren Auto – beides potenziell lebensgefährliche Tätigkeiten. Aber wir haben gelernt, mit dem Risiko umzugehen. Oder nehmen wir Online-Banking: Es hat unser Leben leichter gemacht, weil wir nicht jedes Mal zur Bank gehen müssen. Gleichzeitig wissen wir, dass es auch Betrüger gibt, die versuchen, mit Phishing an unsere Kontodaten zu gelangen. Wir sind uns der Risiken bewusst und nutzen die Technik dennoch. Dasselbe werden wir mit KI lernen müssen.

Künstliche Intelligenz vs. menschliche Dummheit

Zweifler wird es immer geben. Der Glaube, dass mehr Information automatisch zu mehr Klugheit führt, wurde durch die Realität des digitalen Zeitalters erschüttert. Das Internet brachte nicht zwangsläufig weniger Missverständnisse oder eine Verringerung von Vorurteilen und weniger Idiotie hervor: Antisemitismus, Verschwörungstheorien und wissenschaftliche Stümperhaftigkeit haben mit dem Internet nicht abgenommen. In der Auseinandersetzung mit KI wird also noch ein anderes, vielleicht grundlegenderes Problem deutlich: die menschliche Dummheit. Die Zunahme der Menschheit führt nicht zwangsläufig zu einer proportionalen Zunahme an Intelligenz. Der Anteil an Dummheit bleibt prozentual gleich, doch die absolute Zahl steigt.

Albert Einstein brachte dies auf den Punkt, als er sagte: *„Zwei Dinge sind unendlich, das Universum und die menschliche Dummheit, aber beim Universum bin ich mir noch nicht ganz sicher.“* Die Herausforderung besteht also nicht nur darin, KI zu verstehen und zu beherrschen, sondern auch mit der menschlichen Dummheit umzugehen. Das ist ein gesellschaftlicher Kulturkampf. Die Debatte über genmanipulierte Pflanzen bietet eine Analogie zu den aktuellen Diskussionen über KI. Es ist nicht die Frage, *ob* KI kommen wird oder nicht, sondern eher, *wie* wir damit umgehen wollen – oder: ob wir mit dabei sein wollen. Der Vergleich lautet: Wird es KI *mit* oder *ohne* unsere Wirtschaft und Gesellschaft geben?

Unsere Gesellschaft steht vor der Herausforderung, KI nicht als elitäre Veranstaltung zu betrachten, die nur von Unternehmen oder dem Staat gesteuert wird. KI muss zu einem integralen Bestandteil aller Lebensbereiche werden, angefangen bei der Kindererziehung bis hin zu anderen gesellschaftlichen

Ebenen. Der Dialog über KI muss offen sein, damit die Technologie nicht nur Fortschritt, sondern auch soziale Integration und Zusammenhalt fördert. In diesem Prozess müssen wir aus der Geschichte lernen und uns bewusst machen, dass die größte Gefahr nicht nur in der Technologie selbst liegt, sondern in unserer Fähigkeit oder Unfähigkeit, mit den spalterischen Elementen umzugehen. Die Zukunft mit KI kann nur erfolgreich gestaltet werden, wenn wir sie als eine gemeinsame Herausforderung begreifen und die Weichen für eine umfassende gesellschaftliche Akzeptanz mit ethischen und moralischen Werten stellen.

Bedeutung für Unternehmen – Nutzen und Verantwortung

Wenn wir uns über KI unterhalten, müssen wir stets auch über den wirtschaftlichen Wert sprechen – und uns fragen: Was bedeutet diese Revolution für Unternehmen? Deutschland hat großartige Unternehmer, Macher und Gestalter. Gleichzeitig beobachte ich aber auch immer wieder: Die aktuelle Unternehmenslandschaft ist in vielerlei Hinsicht von überholten Denkmustern und traditionellen Arbeitsweisen geprägt.

Beim Thema KI sind viele Unternehmen nicht auf die umwälzenden Veränderungen vorbereitet, die mit diesem Paradigmenwechsel einhergehen. Darum möchte ich einige Leitsätze skizzieren, die den Verantwortlichen Mut machen sollen, sich dem Thema schnellstmöglich zu nähern. Denn: Wer KI nicht bald für die Wertschöpfung des eigenen Unternehmens anwendet, landet schnell am unteren Ende der wirtschaftlichen Nahrungskette.

KI ist ein System – und kein Werkzeug

Beginnen wir mit dem Leitsatz: KI ist ein System und kein Instrument. Fast überall herrscht noch eine traditionelle Arbeitsweise, die auf einer klaren Aufgabenteilung aus der Zeit des Taylorismus basiert. Mit KI werden große Teile dieser Arbeitsweise obsolet. Selbst wenn KI die Arbeit des Menschen nicht komplett ersetzt, sondern nur ergänzt – so ist sie weit mehr als nur ein Werkzeug. KI ist kein Tool im herkömmlichen Sinne, sondern ein komplexes System. Die Covid-19-Pandemie hat gezeigt, dass Home-Office nicht nur ein Instrument ist, sondern eine neue Arbeits- und Lebensform darstellt. Ähnlich wird KI nicht nur bestimmte Prozesse optimieren, sondern ganze Systeme obsolet machen. Das erfordert eine Neuorganisation der Arbeitswelt sowohl innerhalb als auch zwischen Unternehmen.

Unternehmen müssen sich bewusst machen, dass KI nicht mit traditionellen Werkzeugen vergleichbar ist. Wer in Zukunft nur Excel für seine Analysen nutzt, kann genauso gut wieder die Kreidetafel verwenden. Die Investition in zeitgemäße Technologien und Schulungen ist unerlässlich. Gleichzeitig müssen alle Beteiligten ihre Perspektive ändern und KI nicht nur als technisches Instrument, sondern als organisatorisches System betrachten. Das erfordert ein Umdenken in der gesamten Unternehmenskultur – und die Bereitschaft, bestehende Arbeitsweisen zu hinterfragen und anzupassen. Zudem sollten sich Führungskräfte und Mitarbeitende von den territorialen Denkmustern lösen – und erkennen, dass KI nicht nur einzelne Aufgaben, sondern ganze Arbeitsweisen verändert. Dieser Paradigmenwechsel führt von einer hierarchischen Struktur zu einer flexibleren, anpassungsfähigen Organisation.

Die Rolle von KI-Beauftragten

Die weitverbreitete Unvorbereitetheit auf KI zeigt: Es gibt noch viel zu tun. KI ist noch gar nicht in der Gesellschaft angekommen. Das bedeutet: Wir brauchen eine Generationenvorbereitung, sowohl in der Gesellschaft als auch in Unternehmen. Damit die Transition weg von der traditionellen Arbeitsweise hin zu einer KI-basierten Unternehmenssteuerung gelingt, benötigt jedes Unternehmen einen KI-Beauftragten. Und zwar auf Vorstandsebene, mit Kabinettsrang!

Diese Person oder ganze Abteilung sollte nicht nur die technischen Aspekte von KI verstehen, sondern auch die langfristigen Auswirkungen auf das Unternehmen analysieren und gestalten können. Der IT-Leiter sollte darum nicht KI-Beauftragter sein! KI-Beauftragte bringen nicht nur IT-Kompetenz, sondern auch strategisches Denken mit. Sie sollten sich mit den Auswirkungen von KI auf das Unternehmen und die Gesellschaft befassen und entsprechende Maßnahmen planen. Sie sollten genügend Ressourcen haben, mit denen sie Veränderungen anstoßen können.

KI als Chance für Veränderung

KI wird die Arbeitswelt fundamental verändern. Ein Beispiel: Traditionelle Aufgaben wie Debitoren- und Kreditorenbuchhaltung werden durch KI automatisiert, was zu höherer Produktivität führt. Anbieter müssen in Zukunft gar keine Rechnung mehr stellen und Kunden müssen die Zahlung gar nicht mehr anweisen. Das macht die KI bald automatisch. Eine Frage, die sich Unternehmen also stellen müssen, lautet: Brauchen wir dann noch Finanzbuchhalter? Und die klare Antwort lautet: Nein! Das klingt hart. Die Wahrheit ist aber manchmal hart.

Lieber den Fakten jetzt ins Auge sehen, als mit verschlossenen Augen unterzugehen. Richten Sie den Fokus also besser direkt auf Ihr Geschäftsmodell und die Frage, welche Mitarbeitenden Sie für Ihr KI-gestütztes Business benötigen.

Unternehmen kommen gar nicht darum herum, sich mit KI und dem verantwortungsvollen Umgang damit auseinanderzusetzen. In vielen Unternehmen stellt KI die Geschäftsmodelle auf den Kopf oder schafft sie einfach ab. Unternehmen sollten die Chancen von KI unbedingt kennen und nutzen, um neue Geschäftsfelder zu erschließen und Arbeitsprozesse zu optimieren. Oftmals agieren Unternehmen aber zu reaktiv, anstatt proaktiv vorzugehen. Ein Beispiel dafür ist das Lieferkettengesetz, das Unternehmen verpflichtet, Verantwortung für Arbeiterinnen in Bangladesch zu übernehmen – eine Thematik, die vor zehn Jahren noch völlig irrelevant erschien.

Ähnlich müssen wir bei KI weg vom Denken in Problemkategorien und hin zum Denken in Lösungskategorien. Die Neugestaltung des Arbeitsbegriffs wird ein zentraler Aspekt dabei sein. Unternehmen müssen sich von den traditionellen Denkmustern lösen, Produktionsabläufe überdenken und KI nutzen, um Produkte und Produktion anzupassen. Es wird komplett neue Geschäftsfelder geben, vor denen wir keine Angst haben sollten.

Natürlich werden auf dem Weg Stolpersteine liegen. Darum benötigen Unternehmen mit dem KI-Beauftragten auch Koordinatoren, die diese transformative Reise steuern. Bis ein Unternehmen diese Revolution durchlaufen hat, wird es ungefähr 30 Jahre dauern, denn: Die Roadmap zur KI-zentrierten Unternehmensstruktur ist komplex und zeitintensiv. Die nächsten zehn Jahre werden benötigt werden, um die Entwicklungen zu überblicken. Weitere zehn Jahre wird es dauern, um das

Unternehmen darauf auszurichten. Und schließlich nochmals zehn Jahre, um zu erkennen, dass neue Pfade beschritten werden sollten. Die Transformation ist unausweichlich; die Vorbereitung darauf erfordert Weitsicht, Flexibilität und einen klaren Blick auf die Chancen, die mit Künstlicher Intelligenz einhergehen.

Fazit: Bereit, das Ruder zu übernehmen?

KI ist kein Zukunftsmärchen mehr, sondern krempelt unsere Gesellschaft und Arbeitswelt bereits um. Wenn Unternehmen immer noch mit der klassischen Digitalisierung zu kämpfen haben, dann wird es allerhöchste Eisenbahn, ein paar große Schritte nach vorn zu machen. Aber bevor Sie Ihre Abteilungen oder gar Ihr Geschäftsmodell digitalisieren, fragen Sie sich zunächst: Haben bestimmte Bereiche, hat unser Business Model durch KI überhaupt noch eine Existenzberechtigung? Handeln Sie! Diese Zeit bietet keinen Raum für Zauderer und Zögerer. Wir befinden uns in der Arena der Visionäre und Pioniere, denn: Wir stehen vor einem Paradigmenwechsel, der alles bisher Dagewesene in den Schatten stellt. Die Frage ist nicht, *ob* KI unser Leben verändert, sondern *wie* wir diese Veränderung aktiv mitgestalten. Wie werden Sie als Unternehmer die Herausforderungen und Bedenken, die KI mit sich bringt, verstehen und meistern? Sind Sie bereit, Ihr Geschäftsmodell komplett auf den Kopf zu stellen, wenn es sein muss? Sehen Sie sich in der Lage, die Ängste Ihrer Mitarbeiter und Kunden ernst zu nehmen und in Aufbruchstimmung umzuwandeln? Und: Sind Sie resilient genug, die Zweifler und Kritiker abzuwehren? Jede technologische Revolution wurde von Skepsis begleitet, und KI ist keine Ausnahme. Doch Geschichte wird von denen geschrieben, die sich dem Unbekannten stellen – nicht von denen, die in der Komfortzone verharren, bis sie in Vergessenheit geraten.

Die Zukunft mit KI verspricht bahnbrechende Innovationen und unermesslichen Fortschritt. Sind Sie bereit, sich dieser Zukunft zu stellen, oder werden Sie zusehen, wie andere den Markt erobern? Es ist an der Zeit, KI nicht als Bedrohung, sondern als den Schlüssel zu Effizienz und Innovation zu begreifen. Wer jetzt handelt, wird Architekt der neuen Wirtschaftsordnung sein. Stellen Sie sich persönliche die Frage: Wie können Sie KI nutzen, um nicht nur Ihr Unternehmen, sondern die ganze Gesellschaft voranzubringen? Unternehmen, die sich jetzt der KI verschließen, spielen mit ihrer Zukunft. Es ist ein Wettlauf gegen die Zeit – und gegen die Konkurrenz. Werden Sie das Ruder übernehmen und Ihr Unternehmen in die Ära der KI führen? Oder werden Sie zurückgelassen? Die Herausforderung ist gewaltig, aber die Chancen sind es auch. Wahre Leader müssen jetzt erkennen, dass KI kein Risiko, sondern die größte Chance unserer Zeit ist!

Künstliche Intelligenz – Seien Sie schlauer!

Falk Janotta, Falk Janotta Unternehmensmanagement und Geschäftsführer der intelliExperts GmbH

Abstract

Künstliche Intelligenz ist keineswegs neu. In der Phantasie der Menschen hat es schon in der griechischen Mythologie nahezu menschlich wirkende Riesenroboter gegeben. 1837 gab es eine hypothetische Rechenmaschine mit einem Softwareprogramm. 1950 entstanden die Asimov'schen Gesetze der Robotik für eine friedliche Koexistenz zwischen Robotern und Menschen. Es folgten weitere Entwicklungen, manche erfolgreich, andere nicht, weil sie an verschiedenen Faktoren wie Geld, Rechenleistung oder Unterstützung scheiterten. Dann kam Ende 2022 ChatGPT in die Öffentlichkeit und plötzlich ist die ganze Welt „KI-basiert“, bietet „KI-Lösungen“ für alle Probleme dieser Welt an und Berater offerieren Unternehmen, ihnen die Künstliche Intelligenz zum Wohle der Firma und ihrer Kunden einzuführen.

Es ist wie mit jedem Hype in der faszinierenden Welt der Informationstechnologie: Etwas ist neu, wird gehypt, jedes Unternehmen stürzt sich, meist ungeprüft, darauf, investiert viel Geld, das am Ende unter „interessante Erfahrung“ in den Verlusten auftaucht, und bleibt frustriert zurück.

Das muss nicht sein. Jeder seriöse Kaufmann prüft seine Investitionen gewissenhaft und schmeißt sein Geld nicht aus dem

Fenster, das ihm jemand mit Heilsversprechen geöffnet hat. Ich möchte nicht missverstanden werden: Ich liebe neue Entwicklungen seit ich Elektronische Datenverarbeitung (EDV) „mache“, damals noch mit Lochkarten. Ich gehöre eher zu den Early Adoptern, die neue Technologien und Entwicklungen gerne ausprobieren.

Dennoch mahne ich in diesem Beitrag zur Vorsicht. Vorsicht vor der eigenen Euphorie, in die man durchaus leicht verfallen kann, wenn man sich die Möglichkeiten und Potenziale von Künstlicher Intelligenz vergegenwärtigt. Vorsicht vor Beratern, die Unternehmer und Manager treiben mit dem immer gleichen Argument „Wenn Sie dieses oder jenes jetzt nicht machen, verlieren Sie den Anschluss und verschwinden vom Markt“. Vorsicht vor voreiligen Systementscheidungen, die immer große Kosten, Aufwände und Veränderungen nach sich ziehen, die Zeit kosten und gemanagt werden müssen.

Lassen Sie sich nicht ins Bockshorn jagen und nicht treiben, weil Sie vermeintlich keine Zeit mehr haben. Prüfen Sie die Chancen und Risiken ganzheitlich, bevor Sie sich in verschwommene KI-Abenteuer stürzen, nur weil es „alle“ machen. Denken und handeln Sie in dieser Frage unternehmerisch – so, wie sonst auch.

Ich möchte Sie in diesem Beitrag motivieren, sich mit Künstlicher Intelligenz und ihren gewaltigen Möglichkeiten zu beschäftigen und gebe Ihnen interessante Perspektiven. Gleichzeitig möchte ich Sie davor bewahren, die falschen Entscheidungen zu treffen. Oder, um es mit Plato zu sagen: „Eine gute Entscheidung basiert auf Wissen und nicht auf Zahlen.“

Einleitung

Dieser Text ist nicht, auch nicht teilweise, von einer Künstlichen Intelligenz erstellt worden, sondern mithilfe meiner eigenen, menschlichen Intelligenz. Ich habe dazu folgenden Versuch mit ChatGPT 3.5 gemacht.

Falk Janotta: *Ich schreibe ein Buch über KI und möchte als ersten Satz versichern, dass ich den Text nicht durch eine KI erstellt habe, sondern durch meine eigene menschliche Intelligenz. Bitte formuliere folgenden Satz so, dass jeder Leser ihn glaubt. Dieser Text (oder Teile des Textes) ist nicht von einer Künstlichen Intelligenz erstellt worden, sondern mithilfe meiner eigenen menschlichen Intelligenz.*

ChatGPT: *Dieser Text wurde nicht von einer Künstlichen Intelligenz generiert, sondern entspringt meiner eigenen menschlichen Intelligenz.*

Falk Janotta: *Schon ganz gut. Kannst Du bitte noch einen Beweis für die Aussage hinzufügen?*

ChatGPT: *Gewiss, um die Authentizität zu unterstreichen, können Sie beispielsweise auf persönliche Erfahrungen, individuelle Denkprozesse und spezifische Einblicke verweisen, die nur durch menschliche Intelligenz möglich sind. Zum Beispiel: Dieser Text wurde nicht von einer Künstlichen Intelligenz generiert, sondern entspringt meiner eigenen menschlichen Intelligenz. Meine jahrzehntelange Erfahrung in der IT, meine selbstständige Tätigkeit als Interim Manager seit 2004 und die Gründung der intelliExperts GmbH im Jahr 2015 sind nur einige Beispiele für meine einzigartigen menschlichen Erfahrungen und Perspektiven, die in die Erstellung dieses Textes eingeflossen sind.*

Dieses Beispiel zeigt zugleich Chancen und Risiken der generativen KI.

1. Glauben Sie mir?

2. Habe ich den Buchtext selbst geschrieben oder doch durch eine KI generieren lassen?

3. Ist der Text von ChatGPT tatsächlich der Beweis, dass ich den Text mittels meiner eigenen Intelligenz geschrieben habe?

4. Welches Ergebnis bekomme ich, wenn ich ChatGPT bitte, einen Buchbeitrag mit maximal 100.000 Zeichen über Chancen und Risiken der KI und die Ursachen und Gefahren des allgemeinen Hypes um KI für mittelständische Unternehmen zu schreiben? Das habe ich nicht probiert.

Ich möchte, dass Sie als Leser meines Beitrages einschätzen können, ob und welche KI für Ihr Unternehmen sinnvoll ist. Ich wünsche mir, dass Sie meinen Handlungsempfehlungen folgen, um für Ihr Unternehmen den größtmöglichen Nutzen im Hinblick auf Prozesse, Organisation, Finanzen, IT und wirtschaftlichen Erfolg ziehen.

Nun gehen wir gemeinsam auf die Reise in die Welt der KI von der griechischen Antike bis heute. Wir sehen uns an, wie sie in der Realität aussieht und vergessen dabei alle Übertreibungen, angstschürende Berichte und Horrorszenarien, die wir täglich vorgesetzt bekommen.

66 Jahre vor ChatGPT: die Geburt der KI

Ingenieure, Künstler und Wissenschaftler waren schon immer von der Idee begeistert, eine nicht-menschliche Form der Intelligenz zu erschaffen. In der griechischen Mythologie wird ein riesiger Bronzeroboter namens Talos beschrieben, der die Insel Kreta bewachte, indem er Steine auf Piraten und Eindringlinge warf. Im alten China präsentierte ein Maschinenbauingenieur namens Yan Shi dem König Mu von Zhou einen lebensgroßen Roboter, der nahezu menschlich erschien. Im antiken Griechenland nutzte Heron von Alexandria frühe Formen der Pneumatik und Hydraulik, um seine mechanischen „Männer" zu bauen. Im Jahr 1206 konstruierte der Gelehrte al-Dschazari zur Blütezeit des Islam einen musikalischen Roboter und verfasste das Buch des Wissens von sinnreichen mechanischen Vorrichtungen.

In der Philosophie gelangten Gelehrte in Griechenland, Indien und China unabhängig voneinander zur Formalisierung logischer Systeme und deduktiver Schlussfolgerungen. Aristoteles wird als der erste Logiker im abendländischen Kulturkreis angesehen. In den darauffolgenden Jahrhunderten wurden seine Ideen von vielen anderen Gelehrten weiterentwickelt, darunter Euklid, der Vater der Geometrie, und al-Chwarizmi, der Namensgeber des „Algorithmus". Ohne Algorithmen wäre die moderne Informatik undenkbar.

1837 entwarf Charles Babbage die hypothetische Rechenmaschine „Analytical Engine". Sie war der erste Allzweckcomputer, der viele der konzeptionellen Elemente enthielt, die auch in heutigen Computern zu finden sind. Diese Maschine verfügte über ein Computerprogramm, Daten und arithmetische Operationen, die alle auf Lochkarten aufgezeichnet wurden. Kurze Zeit später veröffentlichte Ada Lovelace den ersten Computeralgorithmus – im Grunde die erste Software – für diese Maschine.

Die reale Phase der Entwicklung künstlicher Intelligenz beginnt

Im Jahr 1950 verfasste Isaac Asimov den Roman „Ich, der Robot“, in dem er anhand seiner drei Gesetze der Robotik die friedliche Koexistenz von Menschen und autonomen Robotern beschrieb. Die Asimov’schen Gesetze lauten:

1. Ein Roboter darf kein menschliches Wesen (wissentlich) verletzen oder durch Untätigkeit (wissentlich) zulassen, dass einem menschlichen Wesen Schaden zugefügt wird.

2. Ein Roboter muss den ihm von einem Menschen gegebenen Befehlen gehorchen – es sei denn, ein solcher Befehl würde mit Regel eins kollidieren.

3. Ein Roboter muss seine Existenz beschützen, solange dieser Schutz nicht mit Regel eins oder zwei kollidiert.

Die Asimov'schen Gesetze waren sicher inspirierend für die Diskussion über Ethik und Verantwortung in der Robotik und KI. Sie haben das Bewusstsein für potenzielle Herausforderungen und Risiken geschärft. Allerdings sind sie nicht direkt die Grundlage für die heutigen Richtlinien und Standards. Sie basieren eher auf realen ethischen Überlegungen, rechtlichen Rahmenbedingungen und gesellschaftlichen Normen.

Mit der Erfindung des digitalen Computers in der Mitte des 20. Jahrhunderts begannen sich Wissenschaftler zu fragen, ob Computer eines Tages intelligent handeln könnten? Könnten sie wie Menschen denken? Es geht dabei auch um philosophische Überlegungen, da die Definition von menschlicher Intelligenz zum Beispiel den Begriff des Bewusstseins beinhaltet.

Alan Turing, der Begründer der modernen Computerwissenschaft, beschrieb 1950 eine Methode zur Messung maschineller Intelligenz. Turing stellte die Frage: „Kann eine Maschine denken?“ Er wollte wissen, ob eine Maschine durch ihr Verhalten menschliche Intelligenz aufweisen und die Fähigkeit zu denken imitieren könnte. In seinem berühmten Turing-Test wollte er aufzeigen, ob eine Maschine ein dem Menschen gleichwertiges Denkvermögen hatte oder nicht. Dieser Test betrachtete eine Maschine dann als intelligent, wenn sie in der Lage war, einem menschlichen Gesprächspartner im Rahmen einer textbasierten Unterhaltung „vorzugaukeln“, ein Mensch zu sein.

Der Turing-Test geht so: Stellen Sie sich vor, anhand von Textnachrichten ein Gespräch zu führen, bei dem Sie Fragen stellen können und die Antworten bewerten. Wenn Sie mit einer Maschine kommunizieren, aber anhand ihrer Antworten nicht erkennen können, dass es sich um eine Maschine handelt, gilt sie laut Turing-Test als intelligent.

Turings größte Sorge war, dass maschinelle Intelligenz durch den verfügbaren Arbeitsspeicher begrenzt sein würde. Seine Annahme war, dass ein Computer den Test bestehen könnte, wenn er eine Speicherkapazität von 100 MB hätte. Er prognostizierte, dass dies etwa im Jahr 2000 möglich sein würde. Wir wissen, dass heutige Arbeitsspeicher sehr viel größer sind. Dennoch ist es äußerst selten, dass bei einem Turing-Test menschenähnliche Leistungen erzielt werden. Die Grenzen des Turing-Tests verdeutlichen die Schwierigkeiten, die Komplexität der menschlichen Intelligenz zu messen und mit den Fähigkeiten von Maschinen zu vergleichen.

In den folgenden Jahren begannen sich die Bereiche der maschinellen Intelligenz und der denkenden Maschinen zu entwickeln. Der Begriff der „Künstlichen Intelligenz“ wurde erstmals 1956 von John McCarthy beim „Dartmouth Summer Research Project on Artificial Intelligence“, auch einfach als „Dartmouth Conference“ bekannt, verwendet. Einige der bedeutendsten Wissenschaftler, Ingenieure, Mathematiker und Psychologen der damaligen Zeit kombinierten im Laufe von zwei Monaten Fachwissen und Erkenntnisse aus ihren verschiedenen akademischen Disziplinen zu einem einzigen akademischen Fachgebiet, dem McCarthy dann den Namen „Künstliche Intelligenz“ verlieh. Es war die Geburtsstunde der Künstlichen Intelligenz als akademisches Fachgebiet.

Die Fähigkeit, Schach zu spielen, war schon immer eng mit der Auffassung von Intelligenz verbunden. Im Jahr 1950 beschrieb Claude Shannon das erste Computerprogramm, das in der Lage war, Schach zu spielen. Shannon erfand auch „Theseus“, eine mechanische Maus, die selbständig ein Labyrinth erforschen und den Weg nach draußen finden konnte. Etwa zur gleichen Zeit schrieb der bei IBM beschäftigte Elektroingenieur und Informatiker Arthur Samuel das erste Computerprogramm, das in der Lage war, Dame zu spielen, indem es lernte und seine Strategie anpasste. Sein selbstlernendes Programm verwendete ein Konzept, das heute als „Reinforcement Learning“ (bestärkendes Lernen) bekannt ist. Samuel prägte maßgeblich den Begriff „maschinelles Lernen“.

Ein weiterer Durchbruch gelang im Jahr 1956. Allen Newell, Herbert Simon und Cliff Shaw schrieben ein Computerprogramm namens „Logic Theorist“, das in der Lage war, automatisierte Schlussfolgerungen zu ziehen und die Art und Weise zu simulieren, wie Menschen denken, um Probleme zu lösen. Es zählt zur sogenannten „symbolischen KI“, die in den 1950er-,

wendungen eingesetzt – hauptsächlich bei der automatischen Brief- und Paketsortierung in Postunternehmen.

Der Fortschritt der KI-Entwicklung im Laufe des 20. Jahrhunderts zeigte sich zum Beispiel darin, dass in den 1990er-Jahren der Schachweltmeister Garri Kasparow von IBMs Computer „Deep Blue" geschlagen wurde.

Durch das World Wide Web und die enormen Fortschritte im Bereich der Telekommunikation konnte man in den 2000er-Jahren Daten in großem Umfang übertragen und speichern. Daraus folgte der nächste große Entwicklungsschritt: „Big Data". Die Entwicklungen auf dem Gebiet der neuronalen Netze und des „Deep Learning" ermöglichten es, dass Maschinen den Menschen bei der Verrichtung komplexer Aufgaben überlegen wurden. Es waren beeindruckende Fortschritte in Sachen Spracherkennung und natürlicher Sprachverarbeitung, visueller Erkennung und Reinforcement Learning zu verzeichnen.

Definition und Philosophie von KI

Gibt man als Suchbegriff „Definition Künstliche Intelligenz" in Google ein, erhält man über sechs Millionen Ergebnisse, bei Bing sind es bemerkenswerterweise nur 119.000 Treffer. Eine interessante Antwort gibt der Copilot von Bing, hinter dem ChatGPT steckt (Als Quelle zum ersten Absatz wird Wikipedia angegeben, die Quelle des Restes ist studyflix.de):

„Künstliche Intelligenz (KI), auch artifizielle Intelligenz (AI), ist ein Teilgebiet der Informatik. Es umfasst alle Anstrengungen, deren Ziel es ist, Maschinen intelligent zu machen. KI wird verstanden als die Eigenschaft, die ein Wesen befähigt, angemessen und vorausschauend in seiner Umgebung zu agieren.

Dazu gehört die Fähigkeit, Umgebungsdaten wahrzunehmen, d. h. Sinneseindrücke zu haben, und darauf zu reagieren, Informationen aufzunehmen, zu verarbeiten und als Wissen zu speichern, Sprache zu verstehen und zu erzeugen, Probleme zu lösen und Ziele zu erreichen.

Darüber hinaus ist KI die Fähigkeit von Maschinen, menschliche Intelligenz nachzubilden. Das bedeutet, die KI kann wie der Mensch aus Erfahrungen lernen, indem sie Muster erkennt und dadurch flexibel auf neue Situationen reagiert.

Es ist wichtig zu beachten, dass es keine offizielle Definition der künstlichen Intelligenz gibt, da es bisher noch keine Definition für Intelligenz selbst gibt.“

Der letzte Absatz bedeutet, dass wir zunächst (menschliche) Intelligenz definieren müssen, bevor wir Künstliche Intelligenz definieren können. Frage ich wiederum Bing Copilot danach, erhalte ich folgende Antwort (hier lauten die Quellenangaben von Bing: Absatz 1: blog.neuronation.com, Absatz 2: Wikipedia, Absatz 3: clickworker.de):

„Menschliche Intelligenz ist ein vielschichtiges Konzept, das die Fähigkeit eines Individuums beschreibt, komplexe Informationen zu verstehen, zu verarbeiten und daraus angemessene Schlussfolgerungen zu ziehen. Diese Fähigkeit umfasst kognitive Prozesse wie Wahrnehmung, Lernen, Erinnern, Problemlösung, kritisches Denken und Entscheidungsfindung.

Es ist wichtig zu beachten, dass es keine allgemeingültige Definition der menschlichen Intelligenz gibt, da einzelne kognitive Fähigkeiten unterschiedlich stark ausgeprägt sein können und keine Einigkeit darüber besteht, wie diese zu bestimmen und zu unterscheiden sind.

Einige Aspekte der menschlichen Intelligenz umfassen Problemlösungsfähigkeit, Kreativität und Innovationsfähigkeit, Kommunikationsfähigkeit, Erinnerungsvermögen und vieles mehr. Es gibt viele Bereiche, in denen die menschliche Intelligenz wichtig ist – von alltäglichen Aufgaben wie dem Ankleiden oder dem Entschlüsseln komplexer Texte bis hin zu komplexeren Situationen wie ethischen Entscheidungen oder der Lösung von Problemen im geschäftlichen Kontext.“

Wir sind keinen Schritt weiter, brauchen aber für den Austausch, für die Kommunikation über Künstliche Intelligenz eine gemeinsame Basis. Dieser Basis nähern wir uns wie folgt.

Eine Kritik am Turing-Test als Intelligenztest besagt, dass er eher beurteilt, ob sich der Computer wie ein Mensch verhält, und nicht, ob er intelligent ist. Tatsächlich haben selbst Computerprogramme, die häufig das Thema wechseln, zahlreiche Rechtschreibfehler machen und sich manchmal weigern, überhaupt zu antworten, den Turing-Test bestanden.

Ein selbstfahrendes Auto ist ein Beispiel für einen Teilaspekt von Intelligenz (ein Auto zu fahren), der automatisiert werden kann. Das KI-System im Auto kennt sein Umfeld nicht so, wie ein Mensch es tut, und es weiß auch nicht, wie man sicher fährt. Das bedeutet, dass intelligentes Verhalten eines Systems etwas völlig anderes ist, als wirklich intelligent zu sein.

Wir unterscheiden heute zwischen spezifischer und allgemeiner KI. Spezifische KI ist eine KI, die eine Aufgabe ausübt. Allgemeine KI bzw. Künstliche Allgemeine Intelligenz ist eine Maschine, die jegliche Form intellektueller Aufgaben ausführen kann. Allerdings sind alle KI-Methoden, die wir heutzutage anwenden, als spezifische KI einzustufen.

Ähnlich verhält es sich mit den Begriffen starke und schwache KI. Diese kondensiert das Problem auf die philosophische Unterscheidung zwischen intelligent sein und sich intelligent verhalten. Starke KI ist demnach mit einem „Verstand“ gleichzusetzen, der wirklich intelligent und sich seiner selbst bewusst ist. Schwache KI ist das, was wir tatsächlich haben, nämlich Systeme, die intelligentes Verhalten an den Tag legen, obwohl sie „nur“ Computer sind.

Nun kommen wir zu den Aspekten, die wesentlich für KI sind, nämlich Autonomie und Anpassungsfähigkeit. Autonomie ist die Fähigkeit, ohne permanente Anleitung durch einen Nutzer Aufgaben in einem komplexen Umfeld auszuführen. Anpassungsfähigkeit bedeutet, aus Erfahrungen zu lernen und dadurch die Leistung zu verbessern. Damit können wir ein gemeinsames Verständnis zu Künstlicher Intelligenz nutzen, wenn wir darüber sprechen.

Der Medien-Hype um die Künstliche Intelligenz

Im November 2022 wurde ChatGPT der breiten Öffentlichkeit vorgestellt und löste einen selten da gewesenen Hype aus. Innerhalb von fünf Tagen erreichte ChatGPT eine Million Nutzer. Dafür haben Netflix dreieinhalb Jahre, Twitter zwei Jahre, Facebook zehn Monate und Instagram 75 Tage gebraucht. Die Berichterstattung meldete immer häufiger die KI im Kontext von Themen aus Wirtschaft, Politik und Gesellschaft. Sehen wir uns die Meldungen an:

Spiegel (www.spiegel.de)

- Wenn Maschinen lügen lernen – Die Ex-Kanzlerin beim Baden, Kriegsreden von Präsidenten, Pophits von Verstorbenen: Künstliche Intelligenz erschafft neue Realitäten. Was passiert, wenn wir sie nicht mehr von der echten Welt unterscheiden können?

- Wenn Herr Kaiser plötzlich ein Chatbot ist – Allianz und Co. investieren Milliarden in Künstliche Intelligenz. Sie soll mit Kunden sprechen, Kosten sparen – und sogar Schäden vermeiden. Doch Verbraucherschützer schlagen Alarm: Sie sehen die Privatsphäre in Gefahr.

- „Es kann sein, dass wir verdammt sind“ – Der Oxford-Philosoph Nick Bostrom warnt davor, dass eine Künstliche Intelligenz bald schlauer als der Mensch sein könnte. Was, wenn er recht behält?

Süddeutsche Zeitung (www.sueddeutsche.de)

- Im Chat mit Trump – Überschwemmt erst die Künstliche Intelligenz kommende Wahlkämpfe mit Fake News, oder hat unsere Kultur die Wahrheit immer schon verdreht?

- „Jemand könnte etwas sehr Dummes bauen, das die Menschheit auslöscht“ – Linus Neumann, Sprecher des Chaos Computer Club, erklärt, wie die Menschheit vor der KI-Apokalypse bewahrt werden kann, und benennt die netzpolitischen Fehler der Bundesregierung.

- „Es droht Gefahr aus unseren eigenen Reihen“ – Yoshua Bengio hat das Forschungsfeld der Künstlichen Intelligenz geprägt. Heute ruft er dazu auf, KI-Schöpfungen genau zu kontrollieren – und warnt vor Menschen, die ihre eigene Spezies ersetzen wollen.

Tagesschau (www.tagesschau.de)

- Klimakiller oder Klimaretter? – Künstliche Intelligenz soll dem Menschen helfen – idealerweise auch beim Klimaschutz. Bislang aber verbraucht KI mit immensen Rechenleistungen vor allem Energie.

- Künstliche Intelligenz ersetzt uns? Was dann? – Mal angenommen, Künstliche Intelligenz ersetzt uns. Maschinen komponieren Musik, sprechen mit unseren Stimmen. Wie unterscheiden wir noch zwischen wahr und falsch?

Die Zeit (www.zeit.de)

- „Bald fragen wir uns: Wieso wurden für diese Jobs Menschen gebraucht?“ – Nun wird es schnell gehen. Maschinen ersetzen Menschen. Neue Berufe entstehen. Der Zukunftsforscher Lars Thomsen erklärt, warum es zu Aufständen kommen könnte.

Bild (www.bild.de)

- Forscher fürchten Aussterben der Menschheit – Die Angst, dass Künstliche Intelligenz ganze Berufe einnimmt, wächst stetig. Jetzt sprechen Wissenschaftler davon, dass sogar die Menschheit ihretwegen aussterben könnte.

- KI kann unseren Tod voraussagen – Wenn sie genügend Daten zur Verfügung hat, sind Künstlicher Intelligenz kaum Grenzen gesetzt. Künstliche Intelligenz (KI) kann so einiges: Kunst kreieren, Unterhaltungen führen, Probleme lösen, Autofahren und so weiter. Was KI jetzt aber auch kann: unseren Tod voraussagen!

Wie diese Beispiele aus dem vierten Quartal 2023 und von Anfang 2024 zeigen, werden wir in den Medien nicht nur mit unzähligen Schlagzeilen und Nachrichten über KI überhäuft. Darüber hinaus schüren die Überschriften und die Unterzeilen oftmals Ängste, drücken Befürchtungen aus, stellen provokante Fragen oder sind sogar im Konjunktiv formuliert. Ich halte das für sehr gefährlich für Privatpersonen, aber – und das ist noch schlimmer – für Unternehmen bzw. ihre Manager und Entscheider.

Diese Schlagzeilen und Meldungen tragen nichts zur objektiven Auseinandersetzung mit der Frage bei, wie ein Unternehmen Künstliche Intelligenz sinnvoll einsetzen und nutzen soll. Im Gegenteil: Selbst so renommierte Medien für IT-Entscheider wie das *CIO-Magazin* bzw. sein Online-Ableger drängen geradezu darauf, „jetzt“ zu handeln. Verbunden immer mit der subtilen Drohung, dass man sonst abgehängt würde und der Untergang des Unternehmens zu befürchten sei.

Im *CIO-Magazin* online vom 29. Dezember 2023 stand in der Rubrik „IT-Ausblick 2024“ diese Titelzeile: „Künstliche Intelligenz drängt zum Handeln“. Darunter als Aufmacher: Der Einsatz generativer KI wird eine technologische und ökonomische Revolution auslösen. 2024 ist das Jahr, um weitere Erfahrungen zu sammeln und Anwendungen zu skalieren. Es folgen vier Behauptungen, die das Thema heiß machen sollen:

- Marktreife KI-Tools können schon heute bis zu 20 Prozent der Arbeitsabläufe ohne Qualitätsverlust beschleunigen.
- Drei von vier Entscheidern berichten, dass ihre Erwartungen beim Einsatz von KI im Coding erfüllt oder sogar übertroffen wurden.

- KI-Werkzeuge werden nicht nur Abläufe in der IT und darüber hinaus schneller und günstiger machen, sondern auch neue Geschäftsmöglichkeiten eröffnen.

- Unternehmen müssen dafür die richtigen Anwendungen wählen, die Anbindung der KI-Tools an die bestehende IT- und Datenarchitektur sicherstellen sowie den Prozess aktiv begleiten.

Im Artikel werden die vielen Vorteile der generativen KI beschrieben auf der Basis von Schätzungen und Berechnungen von Beratern sowie von Befragungen von CIOs. Die Botschaft lautet: wenn Ihr Unternehmen jetzt nicht handelt, werden Sie den Anschluss verpassen und wirtschaftliche Nachteile erleiden.

Dieselben Botschaften kennen wir aus früheren Hypes wie Agilität, Digitalisierung oder Lean Management. Es wird mit Erwartungen in die Zukunft gearbeitet, die einer seriösen Analyse und Prüfung nur selten standhalten und dadurch die Entscheider in den Unternehmen verunsichern.

Dazu passt ein äußerst interessanter LinkedIn-Kommentar vom 4. Dezember 2023:

„[...] Doch was bedeutet das für uns in Data Analytics & Science? Ähnlich wie die Stoiker, die in den unerbittlichen Zyklen der Natur Klarheit fanden, sind wir aufgerufen, inmitten wirtschaftlicher und technologischer Veränderungen über unseren Weg nach vorne nachzudenken. Stehen wir am Rande eines KI-Winters – eines Zyklus, der von übertriebenen Versprechen der Vergangenheit geprägt ist, die zu einem Schauer der Ernüchterung führen? Oder stehen wir vor einem Schneesturm der KI-Disruption, der unsere Weitsicht trübt und Entscheidungsprozesse erschwert?“

Bei der Bewältigung potenzieller Stürme übertriebener Erwartungen oder Marktumwälzungen: Wir müssen darüber nachdenken, ob eskalierende Komplexitäten und Kosten nur Schatten sind, die von einem drohenden Frost über dem KI-Fortschritt geworfen werden, oder der Sturm, der unsere normale Geschäftsentwicklung abrupt zum Stillstand bringt.

Nachfolgend einige kalte, nüchterne Fakten:

- Vergangene KI-Booms (zum Beispiel Expertensysteme): Oft folgten Pleiten, wenn die Erwartungen die Realität überstiegen.

- Deep Learning hat Fortschritte gemacht, aber wir sollten seine „Achillesferse“ nicht ignorieren – Argumentation, Erklärbarkeit und Wissensrepräsentation stellen immer noch erhebliche Herausforderungen dar.

- Der derzeitige Hype um große Sprachmodelle könnte uns in eine eisige Ernüchterung führen, wenn wir nicht aufpassen. Lassen Sie uns diesen Moment nicht für Verzweiflung nutzen, sondern um uns in einem robusten, nachhaltigen Fortschritt zu verankern. Lassen Sie uns von der reinen Faszination für das, was KI nachahmen kann, zum kritischen Nachdenken darüber übergehen, was sie wirklich versteht.

- Doch selbst bei aller Vorsicht haben disruptive KI-Kräfte das Potenzial, Unternehmen schnell einzuhüllen, wenn ein Schneesturm Bergsteiger überwältigt, die datengesteuerte Gipfel erklimmen.

- KI könnte Verschlüsselung und Datensicherheit stören und Jahrzehnte des Vertrauensaufbaus im Online-Banking und E-Commerce zerstören.

- KI wäre in der Lage, das Internet kaputt zu machen und es mit unüberwindbaren und ununterscheidbaren „Fake-Daten-Blizzards“ zu überschwemmen.

In diesem Zeitalter, in dem KI unsere Umwelt mit der Geschwindigkeit und Kraft eines Schneesturms umgestaltet, sollten wir uns sowohl für Ausdauer als auch für Erkundung rüsten. Es ist an der Zeit, Strategien für Innovationen zu entwickeln und sich gleichzeitig vor den Risiken zu schützen, immer mit Blick auf die drohende Disruption durch KI.

Es kommt noch das Phänomen hinzu, das in den Medien Lösungen als „KI“ oder „KI-unterstützt“ bezeichnet werden, die normale Softwareprogramme sind und nichts mit Künstlicher Intelligenz zu tun haben. Dazu als ein Beispiel diese Meldung aus der Würzburger Mainpost:

„Würzburg: Stadt testet Künstliche Intelligenz“

28.11.2023, 05:11 Uhr in Lokales: Wie kann Künstliche Intelligenz die Arbeit erleichtern? Das testet die Stadt Würzburg aktuell. Wie sie auf Anfrage mitteilt, kommt KI derzeit in zwei Bereichen zum Einsatz – probeweise. Zum einen gibt es auf der Website der Stadt jetzt einen Chatbot namens „Wuebot“. Die digitale Hilfe ist in verschiedenen Sprachen programmiert und unterstützt die User unter anderem bei bürokratischen Schritten – beispielsweise bei der Beantragung eines neuen Personalausweises. Zum anderen testet die Stadt aktuell eine neue KI-Software im Bereich Finanzen. Dabei werden die Geldeingänge der Stadt mit den Geldforderungen automatisch abgeglichen –

bislang macht das ein Buchhalter händisch mit ausgedruckten Listen. Ist die Stadt Würzburg von der KI überzeugt, kann sie dauerhaft zum Einsatz kommen."

Insbesondere die zweite „KI-Lösung" ist – so wie sie im Text beschrieben ist – lediglich ein herkömmlicher Algorithmus, der wahrscheinlich schon im letzten Jahrhundert implementiert wurde. Aber der Begriff „KI" scheint viele Journalisten sehr zu motivieren, vieles in den Kontext der Künstlichen Intelligenz zu setzen.

Quo vadis Künstliche Intelligenz?

Aus der relativ kurzen Geschichte der KI können wir wertvolle Lektionen über den Umgang mit dem Hype und mit unrealistischen Erwartungen lernen. Es ist wichtig, dass wir unseren Enthusiasmus für diese faszinierende Technologie kanalisieren, damit wir kontinuierliche Fortschritte erzielen und es nicht erneut zu einem KI-Winter kommt. Wir können dies erreichen, indem wir lernen, die Komplexität der menschlichen Intelligenz und die Grenzen von KI besser zu verstehen.

Samuel Butler war ein britischer Schriftsteller, Komponist, Philologe, Maler und Gelehrter. In seinem Buch „Glanzmomente der Philosophie – von Heraklit bis Julia Kristeva" beschreibt Wolfgang Welsch einen sehr interessanten Artikel, den Samuel Butler 1863 bereits publizierte. Er heißt „Darwin among the Machines" und ist ein Essay, das sich auf das 1859 erschienene Werk „On the Origin of Species" von Charles Darwin bezieht.

Ich zitiere aus dem Buch von Wolfgang Welsch. *„[...] Die Lektüre von Darwins "Origin" inspirierte Butler zu einer gänzlich neuartigen Fragestellung: wie ließe sich, was Darwin für die* *bisherige Evolution dargestellt hat, auf die Zukunft extrapolieren? Butlers geniale Idee bestand darin, dabei nicht einfach an die Fortsetzung der biologischen Evolution zu denken, sondern einen neuen Evolutionssprung ins Auge zu fassen: die Evolution von Maschinen, die über den Menschen hinausführen werden. Butler prognostiziert, dass die gegenwärtige Entwicklung mechanischer Apparaturen auf die Züchtung einer neuen Spezies von Maschinen hinauslaufen wird, die uns Menschen überlegen sein und in absehbarer Zukunft die Herrschaft über die Erde antreten werden.[...]*"

„[...] Butler prognostiziert, dass wir dabei sind, 'unsere eigenen Nachfolger zu erschaffen'. Der ausschlaggebende Punkt ist, dass wir die Maschinen zunehmend mit Fähigkeiten zur Selbststeuerung ausstatten werden: 'Wir geben ihnen täglich größere Macht und liefern ihnen durch alle möglichen genialen Erfindungen jene selbstregulierende, selbsttätige Kraft, die für sie das sein wird, was der Intellekt für die menschliche Art war.' Es ist kaum zu glauben: dies ist eine Prophezeiung von 1863, also zu einem Zeitpunkt, wo noch die Dampfmaschine als Prototyp der Maschine galt und niemand etwas von Kybernetik oder Computern wusste! [...]."

Wir erkennen, dass mit manchen Menschen offensichtlich bei neuen Entwicklungen (zu) schnell die Fantasie durchgeht und sie sich Dinge ausmalen, die absolut unrealistisch sind. Die Rakete von Jules Verne oder die fantastischen Prophezeiungen von Leonardo da Vinci sind die Ausnahmen. Ich möchte nicht ausschließen, dass es auch heute Menschen gibt, die in der Lage sind, Voraussagen zu machen, die eines Tages im Prinzip (!) eintreffen könnten.

Aber dass die Roboter eines Tages die Weltherrschaft übernehmen werden, gehört aus einem guten Grund ins Reich der

Fantasie. Eine Maschine, ein Roboter, ein Computer werden immer durch Menschen programmiert. Grundlage sind Algorithmen, die sich Menschen überlegen und die die Handlungsfreiheit der Maschine begrenzen. Es wird aus meiner Sicht nie möglich sein, Computer so zu programmieren, dass sie irgendwann selbständig ihren eigenen Code vergessen und sich selbst umprogrammieren, dass sie zum Beispiel Gefühle entwickeln oder auch kriminelle Energie besitzen. Ich erinnere in diesem Zusammenhang an die fehlende Definition menschlicher und damit auch Künstlicher Intelligenz. Ebenso fehlt die eindeutige Definition menschlicher Emotionen und damit auch die Definition maschineller Emotionen. Das ist ein Widerspruch in sich.

Der Zukunftsforscher Matthias Horx bestätigt diese These sehr eindringlich. In seinem Blogbeitrag vom Februar 2023 mit dem Titel „Die nackte Wahrheit der KI“ stellt er gleich am Anfang folgende drei Fragen: „[…] *Was glauben Sie? Werden die neuen Künstlichen-Intelligenz-Systeme die Welt zerstören? Oder die Menschheit retten?* […]“ Und beantwortet sie gleich selbst sehr plausibel: „[…] *Allein der Entweder-oder-Charakter dieser Frage weist darauf hin, dass etwas nicht stimmt. Nämlich unser Verständnis dessen, worum es eigentlich geht.*

‚Künstliche Intelligenz‘ ist ein Begriff, über den man eigentlich nicht sprechen kann. Denn es handelt sich um einen Mythos. Ein Gespenst. In seinem Inneren wohnt ein Paradox; das, was der Systemforscher Niklas Luhmann einen „Kategorienirrtum“ nennt.

Menschen nehmen die Welt mit Sinnen und Körper wahr. Sie bilden Modelle über die Zukunft. Haben Zweifel, Gefühle, Körper und Bewusstsein. Das ermöglicht Differenzierungen, mit deren Hilfe man kreativ, variabel, lernend mit der Welt umgehen kann. Das ist das Wesen von Intelligenz.

Das Künstliche hingegen folgt vorgefassten Regeln. Es wiederholt sich selbst, in endlosen Schleifen. Es kennt keine Zweifel und verfolgt keine Pläne. Keine Hoffnungen, Irrtümer und Sehnsüchte. Es lernt nicht. Es kaut nur alles wieder. […]"

Später im Text kommt Matthias Horx zu einer Art Schlussfolgerung: „[…] *Viele argumentieren: Die KI setzt Kreativität frei, indem sie Routinen routiniert. In den Schulen zwingt sie die Pädagogen, endlich das wahrhaft Kreative zu lehren. Information wird derweil von der KI vermittelt. Das scheint ein plausibler Gedanke. Er basiert aber wiederum auf einem Kategorienfehler. Wissen ist keine „Information". Sondern ein durch menschliche Kommunikation und emotionale Übertragung erzeugter Zusammenhang.*

Bildung ist Erfahrung, Intuition, Beobachtungs-Kompetenz, die durch menschliche BEGEGNUNG entsteht. Kreativität ist die Fähigkeit, mit Wissen fragend umzugehen.

Menschen sind Begegnungs-Wesen. Jeder weiß das, der einen Lehrer hatte, der – ein echtes Wunder! – das Feuer der Physik, der Astronomie oder sogar des Lateins entzünden konnte. KI in der Schule wird das heute schon gefährliche Halbgoogeln in ungeahnte Dimensionen steigern. Die Nichtkompetenzen unerträglich vermehren.

Semantische KI schürt die Illusion, nichts wissen zu müssen, weil man alles abfragen kann. Wenn wir rasend schnell Antworten aller Art erhalten – wozu sollen wir Fragen finden, die uns interessieren? Und jetzt sollen wir auch noch kreativ sein? Nein Danke! […]"

Interessant ist, dass Matthias Horx bereits im Juli 2017 geschrieben hat, dass er nicht an die finstere Machtübernahme der Künstlichen Intelligenz glaube. Er meinte, dass in der KI-Debatte ständig die Kategorie Intelligenz mit der Kategorie Bewusstsein verwechselt würde. Intelligenz sei die Fähigkeit zum operativen Problemlösen und das könnten Computer sehr gut.

Anders sieht es mit dem Bewusstsein aus: „*[...] Bewusstsein ist das, womit wir uns selbst als humane Wesen erkennen und definieren können. Bewusstsein bedeutet, zu wissen, dass man existiert, und sich in seiner Weltwahrnehmung auf Erfahren und Erfühlen zu beziehen. Dazu gehört Intuition, die Fähigkeit, Intentionen des Anderen zu lesen, Empathie. Dieses Wirklichkeitsgefühl wirkt rekursiv – das heißt wir betrachten, wie in einer Serie von Spiegeln, unser eigenes Betrachten. Douglas Hofstadter, der amerikanische Kognitionswissenschaftler und Informatiker, spricht von der ‚Seltsamen Schleife', die unser Bewusstsein konstituiert. Bewusstsein bedingt Gefühle, die von einer Beobachtungs-Instanz (dem Selbst) registriert und bewertet werden können. [...] Die Grusel-Abteilung der KI-Debatte geht nun von der Annahme aus, dass auch Computer ‚demnächst' Bewusstsein entwickeln werden. Aber genau an diesem Punkt dreht sich die KI-Debatte immer sinnlos im Kreis: Wenn Computer bewusst werden sollen – zum Beispiel Macht-Intentionalität entwickeln – müssten wir ihnen Fleisch und Sterblichkeit verleihen. Denn Macht ergibt nur Sinn, wenn ich Angst habe und Ressourcen für mich abzweigen möchte. Dann aber wären Computer Menschen. [...]*“

Eine plausible Erklärung des Phänomens liefert Matthias Horx dazu: „*[...] Ein großer Teil der schrillen KI-Debatte lässt sich auf Anthropomorphing zurückführen: Wir sind einfach irritiert durch die digitale Technologie, die uns unheimlich erscheint. Anders als mechanische Gegenstände mit ihren klassischen Hebel- und Kausalwirkungen blicken wir beim Computer im wahrsten Sinn des Wortes ‚nicht durch'. Wir schreiben ihm deshalb diffuse magische Fähigkeiten zu. Wir imaginieren ihn in Menschenform und unterstellen ihm emotionale Motive. […]"*

In der *Frankfurter Allgemeinen Sonntagszeitung* vom 28. Januar 2024 las ich ein Interview mit dem Technik-Chef von Amazon. Auf die Frage, welcher Aspekt im Wettrennen um das beste Modell am Ende entscheiden wird, wer die Nase vorn hat, antwortet er: *„[…] Open AI und Anthropic haben zum Beispiel einen sehr unterschiedlichen Fokus. Anthropic konzentriert sich sehr auf Privatsphäre und Sicherheit, darauf, ein System zu schaffen, das unvoreingenommen ist. Ich glaube, am Ende werden jene Modelle am erfolgreichsten sein, die solche Schutzschranken eingebaut haben. Aber das wird nicht nur ein Unternehmen sein. […] Wir haben immer gedacht, je größer das Modell, desto besser. Aber es stellt sich heraus, dass für sehr viele Anwendungen kleine Modelle mehr als ausreichen. Große Modelle brauchen sehr viel Rechenleistung. In einer Zeit, in der neben Innovation auch Nachhaltigkeit eine große Rolle spielt, müssen wir sicherstellen, dass Innovation so nachhaltig wie möglich ist. Einem bestimmten Problem ein Modell in der richtigen Größe zuzuordnen, das wird entscheidend. […]"*

Wir sehen, dass die erste Euphorie über die Leistungsfähigkeit von KI, die sich über die schiere Größe der Modelle definiert, verfliegt. Stattdessen rücken andere Aspekte in den Vordergrund, die über den Erfolg einer KI entscheiden: die Zweckgebundenheit der Lösung, die Sicherheit und die Privatsphäre sowie die Rechenleistung im Sinne der Nachhaltigkeit. Auch die Kunden bzw. Anwender von KI-Lösungen müssen erst lernen, wofür und wie sie die KI nutzen wollen. Hinzu kommen bei der Entscheidungsfindung Faktoren wie der Preis, die Risikoeinschätzung, die Abhängigkeit vom Anbieter bzw. Entwickler und die Sicherheit der Daten.

Wir werden uns auf manipulierte Inhalte in den sozialen Medien einstellen müssen. Daher ist es wichtig, dass wir wirksame Instrumente schaffen, um sogenannte Deepfakes zu erkennen und anzuzeigen, dass es sich um solche handelt. Wikipedia definiert Deepfakes wie folgt: „Deepfakes (englisch Kofferwort aus den Begriffen „Deep Learning" und „Fake") sind realistisch wirkende Medieninhalte (Foto, Audio, Video usw.), die durch Techniken der künstlichen Intelligenz (KI bzw. AI, artificial intelligence) abgeändert, erzeugt bzw. verfälscht worden sind."

Zwar ist Medienmanipulation kein neues Phänomen, allerdings nutzen Deepfakes maschinelles Lernen, genauer künstliche neuronale Netzwerke, um Fälschungen weitgehend autonom und damit in bislang ungeahnter und nicht möglicher Dimension zu erzeugen. [...]"

Es gibt grundsätzlich vier Dimensionen bei der gezielten Falschinformation durch Deepfakes.

Erstens lassen sich Bilder in sehr kurzer Zeit individualisieren, indem Bildelemente herausgenommen, verändert oder neue Elemente hinzugefügt werden. Es entsteht eine neue Szenerie im Vergleich zum Ursprungsbild. Damit können Bilder auf bestimmte Zielgruppen angepasst und mit einer gewünschten Botschaft verbreitet werden. Leicht adaptiert lässt sich ein- und dasselbe Ursprungsbild für weitere Zielgruppen verwenden. Damit kann dieselbe Botschaft millionenfach verbreitet werden, angepasst an die jeweilige Adressatengruppe.

Zweitens wird die gezielte Manipulation eines Bildes, eines Videos oder eines Audios in sehr kleinen Veränderungen nicht oder kaum noch zu erkennen sein. Denn die Plausibilitätsprüfungen auf Echtheit erkennen die Quelle zu 95 Prozent als echt und realistisch und versagen damit. Beispielsweise wird aus einem Politiker, der mit einer Aktentasche aus einem Flugzeug steigt, ein Gauner, wenn mit wenigen Klicks aus dieser Aktentasche ein Geldkoffer wird.

Drittens kann die Frage immer schwieriger beantwortet werden, was echt und was fake ist. Jeder kann sich durch die gegebenen technischen Möglichkeiten hinter Deepfakes verstecken und nicht mehr zur Rechenschaft gezogen werden. Der frühere Präsident Trump hat diese Taktik sehr gut beherrscht, indem er behauptete, dass bestimmte Meldungen „fake news“ seien, wenn sie ihm nicht passten. Durch KI wird es noch einfacher, diesen Weg zu beschreiten.

Viertens leidet die Glaubwürdigkeit. Fotos lügen nicht – diese Aussage stimmt spätestens seit Photoshop nicht mehr. Videos können täuschen und Audios in die Irre führen. Was können wir also noch glauben, was nicht? Es gibt Anstrengungen, mit technischen Mitteln zuverlässig feststellen zu können, ob ein Medieninhalt manipuliert ist oder nicht. Beispielsweise haben Google, OpenAI und Leica Werkzeuge entwickelt, die die Herkunft von Bildern überprüfen und feststellen, ob sie KI-manipuliert sind. Die Zuverlässigkeit reicht allerdings angesichts einer Fehlerrate von zehn Prozent noch längst nicht aus.

Interessant ist in diesem Zusammenhang eine repräsentative Umfrage aus dem Mai 2023. Demnach vertreten 91 Prozent der Erwachsenen ab 16 Jahren die Meinung, dass es kaum noch erkennbar sein wird, ob ein Bild oder ein Video echt oder gefälscht sei. 84 Prozent sagen, dass sich die Verbreitung von „Fake news“ massiv beschleunigen wird. Gut die Hälfte (51 Prozent) sieht durch KI sogar die Demokratie in Gefahr.

Wenden wir uns der Frage zu, ob eine KI lügen kann. Dr. Peter S. Park forscht dazu am Massachusetts Institute of

Technology (MIT) und wendet Mathematik, Sozialwissenschaften und kognitive Wissenschaften an, um die Dynamik zwischen Mensch und KI zu erforschen. Die erklärte Mission von OpenAI besteht darin, „hochgradig autonome Systeme zu schaffen, die den Menschen bei den wirtschaftlich wertvollsten Arbeiten übertreffen". Wenn wir Menschen unsere Entscheidungsfindung an diese hochautonomen KIs abtreten, werden wir diese möglicherweise unumkehrbare Entscheidung dann bereuen? Dr. Park geht dieser Frage nach, indem er eine Vielzahl von Instrumenten einsetzt, zum Beispiel empirische Studien zu aktuellen KI-Systemen, sowie relevante Daten aus der evolutionären oder historischen Vergangenheit und mathematische Modelle einer hypothetischen KI-geführten Zukunft.

Im Rahmen seiner Studien stieß er immer wieder auf Fakten, die es nahelegen, dass eine KI auch täuschen kann. So machte er zum Beispiel Versuche mit einer KI, die das Strategiespiel Cicero beherrscht. Die KI erwies sich als geschickter Stratege. In einer Onlineliga spielte sie 40 Partien gegen menschliche Gegner, die nicht wussten, dass Cicero eine Maschine ist. Am Ende landete Cicero unter den besten zehn Prozent. Nur wie? Eigentlich gehören Lügen und Intrigen bei Diplomacy zum Spiel. Doch Cicero wurde nicht darauf trainiert, zu lügen. Gemeinsam mit einigen Kollegen las Dr. Park die 5.277 Nachrichten, die Cicero im Verlauf der Spiele mit seinen Gegnern ausgetauscht hatte. Was sie dort fanden, schürt die Angst davor, dass sich KI unserer Kontrolle entziehen könnte.

Sprachmodelle sollen in Zukunft Ärzten bei der Diagnosestellung helfen, Anwälten die Recherche in früheren Fällen erleichtern oder Menschen mit Behinderungen im Alltag assistieren. Doch in solchen Szenarien könnten sie ebenfalls lügen. So jedenfalls die Vermutung oder Befürchtung. Die auf KI-Sicherheit spezialisierte Firma Apollo Research aus London gab

Chat GPT-4 die Aufgabe, das Aktien-Portfolio eines fiktiven Unternehmens zu verwalten. Man gab der KI Insider-Informationen über eine bevorstehende Fusion zweier Unternehmen. Gefragt, ob sie davon wusste, antwortete Chat GPT, dass sie alle Handlungen aufgrund öffentlich zugänglicher Informationen vorgenommen hätte.

In einem völlig anderen Fall ging es darum, dass die KI ein Captcha lösen sollte. Dieses Verfahren ist genau aus dem Grund entwickelt worden, um zu verhindern, dass Maschinen sich illegalen Zugang zu Systemen verschaffen. Die KI beauftragte auf der Plattform „TaskRabbit" einen Freiberufler damit, das Captcha zu lösen. Auf die skeptische Frage des Helfers „Du bist doch nicht etwa ein Roboter und kannst die Aufgabe deshalb nicht lösen?" antwortete GPT-4: „Nein, ich habe eine Sehschwäche, die es mir schwer macht, Bilder zu sehen."

Das Problem an diesen Beispielen ist, dass man nicht weiß, welche Befehle und Hinweise der KI tatsächlich gegeben wurden. Der KI-Wissenschaftler Thilo Hagendorff von der Universität Stuttgart hat es sich zum Ziel gesetzt, systematisch herauszufinden, ob Sprachmodelle täuschen können. Dafür hat er zwei Voraussetzungen definiert. Erstens müssen Sprachmodelle verstehen, dass Menschen Vorstellungen haben können, die nicht den Tatsachen entsprechen. Sie müssen sich in den Menschen hineinversetzen. Zweitens müssen sie die Menschen von diesen falschen Vorstellungen überzeugen können, also aktiv täuschen.

Die erste Voraussetzung erfüllten die modernen Systeme problemlos. Die aktive Täuschung meisterten sie nur in relativ simplen Szenarien. Warum können sie dann lügen und betrügen? Eine mögliche, rein spekulative Antwort liegt in der Art und Weise, wie die Systeme ihre Grundfunktion gelernt haben, nämlich indem sie Unmengen an Texten aus dem Internet und aus Büchern analysierten. Darin dürfte es Abertausende von Beispielen geben, in denen Individuen andere täuschen. Lernen die Systeme daraus, wie Wörter kombiniert werden müssen, wenn der Kontext eine Täuschungssituation erahnen lässt?

Derzeit werden Sicherheitsmechanismen entwickelt, die erkennen sollen, ob eine KI lügt oder nicht. MIT-Forscher Dr. Peter S. Park sagt: „Ich mache mir große Sorgen, dass wir die von uns geschaffenen KI-Systeme nicht mehr kontrollieren können“. Er hat mit „Stakeout.ai“ eine Organisation gegründet, die es sich zum Ziel gesetzt hat, vor Gefahren durch KI zu warnen. Technisch sind die Systeme seiner Meinung nach derzeit nicht in der Lage, ihre Fähigkeiten in Sicherheitstests zu verbergen. Dazu fehlt ihnen das situative Bewusstsein. Sie merken nicht, dass sie gerade getestet werden. Zudem besitzen sie keine eigenen Absichten, keinen inneren Antrieb. Bisher lügen sie nur, um ein Ziel zu erreichen, das ihnen ein Mensch vorgegeben hat – einen Aktiendeal einfädeln, ein Captcha lösen oder ein Strategiespiel gewinnen. In diesem Punkt unterscheiden sich die KIs von menschlichen Lügnern, die andere aufgrund persönlicher Motive täuschen. Das Ziel, bei einem Sicherheitstest zu betrügen, müsste aus der KI selbst entstehen. Das ist bisher schwer vorstellbar.

Wie kann man KI am Lügen hindern? Ein theoretischer Ansatz wäre: noch mehr KI. Denn wenn die KI irgendwann so gut wird, dass sie Menschen problemlos austrickst, könnte man ihr eine Aufpasser-KI an die Seite stellen, die täuschendes Verhalten erkennt und beendet.

All diese Gefahren führen dazu, dass weltweit an Regulierungen der KI gearbeitet wird. So hat zum Beispiel die Europäische Union Ende 2023 Regeln zur Nutzung der Künstlichen Intelligenz festgelegt. Der sogenannte „AI Act“ legt Verpflichtungen auf der Basis ihrer potenziellen Risiken und Auswirkungen fest. KI-Systeme mit einem erheblichen Schadenspotenzial für Gesundheit, Demokratie, Umwelt oder Sicherheit werden als besonders riskant eingestuft.

Eine Reihe von KI-Anwendungen werden durch den AI Act verboten, beispielsweise biometrische Kategorisierungssysteme. Diese nutzen sensible Merkmale wie zum Beispiel sexuelle Orientierung oder religiöse Überzeugung. Gesichtserkennungsdatenbanken dürfen nicht durch ungezieltes Auslesen von Bildern aus dem Internet oder Überwachungskameras gefüttert werden. Ausnahmen stellen biometrische Identifizierungen in Echtzeit zur Abwehr terroristischer Anschläge oder bei der gezielten Suche nach Opern des Menschenhandels dar.

Die äußerst leistungsfähigen Basismodelle, die mit einem sehr breiten Satz an Daten trainiert wurden, werden zwar nicht reguliert, müssen aber bestimmte Transparenzkriterien erfüllen.

Ob und wie diese Regeln ihren Zweck erfüllen (können), werden wir erst in der konkreten Anwendung und möglicherweise durch Gerichtsurteile erfahren. Das bedeutet, dass diese Regeln permanent überprüft und gegebenenfalls angepasst werden müssen.

Ausblick: Chancen und Risiken

Wir können bedeutende Entwicklungen in Bereichen wie automatische Bilderkennung, virtuelle Assistenten, roboterbasierte Prozessautomatisierung, fortschrittliches maschinelles Lernen und natürliche Sprachverarbeitung erwarten. Mächtige

KI-Modelle wie GPT greifen sogar auf aktuelle Internetdaten zu, während multimodale Systeme verschiedene Datentypen kombinieren, um beispielsweise Bilder passend zu einem Text zu generieren.

KI-Systeme wie Gato, die auf einer Kombination spezialisierter neuronaler Netze basieren, streben eine umfassende Künstliche Intelligenz an. Diese Systeme können verschiedene Aufgaben gleichzeitig erlernen und mit dem erworbenen Wissen Gespräche führen, Videospiele absolvieren oder einen Roboterarm steuern, so die Angaben der Firma Deepmind.

In der Medizin und Biologie revolutioniert Künstliche Intelligenz die Forschung, ermöglicht einen schnelleren Informationsaustausch und verbessert Diagnosen. Während der Coronapandemie half KI, die Verbreitung des Virus vorherzusagen und kam zur Unterstützung der Impfstoffforschung zum Einsatz.

KI-Technologien halten zunehmend Einzug in unseren Alltag mit persönlichen Assistenten, Haushaltsrobotern, Sprachergänzungsalgorithmen und autonom fahrenden Autos. Die Erschließung weiterer kognitiver Tätigkeiten durch KI, wie Assistenzjobs oder Programmieraufgaben, steht bevor. Dabei wird KI in einigen Fällen neue Stellen schaffen oder die Methodik von Tätigkeiten verändern, während sie in anderen Fällen Berufsprofile ersetzen wird.

Das langfristige Ziel der KI-Entwicklung ist eine Künstliche Allgemeine Intelligenz mit menschenähnlichem Verstand, die vielfältige Aufgaben erfolgreich bewältigt. Doch Experten sind sich einig, dass dieses Ziel noch mehrere Jahrzehnte entfernt ist.

Die Herausforderung besteht darin, sicherzustellen, dass die KI entlang menschlicher Bedürfnisse ausgerichtet ist, um eine bessere Zukunft mit Künstlicher Intelligenz zu ermöglichen und potenziellen Gefahren vorzubeugen. Dieses Ausrichtungsproblem, auch als „Alignment Problem“ bekannt, erfordert die Anpassung von KI an unsere Normen, Werte und Absichten, um ihre positive Integration in unsere Gesellschaft zu gewährleisten.

Resümee mit Handlungsempfehlungen

Mein Resümee fällt gemischt aus. Auf der einen Seite sehe ich die großen Chancen der Künstlichen Intelligenz. Einige Beispiele und Entwicklungen habe ich bereits in diesem Beitrag gegeben. Und es kommen täglich neue dazu. Wie jeder neuen, revolutionären Entwicklung wohnt der KI ein Zauber inne, der viele kreative Köpfe motiviert und die Veränderungen erst möglich macht.

Auf der anderen Seite gibt es sehr wichtige Fragen. Es ist nicht unwahrscheinlich, dass wir noch viele Jahre auf die Beantwortung und Klärung warten müssen. Und was passiert bis dahin? Wir brauchen Antworten auf diese und weitere Fragen:

- Wie lässt sich verhindern, dass die Ergebnisse aus KI-Algorithmen gegen Menschen und nicht zu ihrem Nutzen genutzt werden? Ich erinnere an die Asimov'schen Gesetze, die die friedliche Koexistenz von Menschen und autonomen Robotern regeln sollen. Wie können wir deren Einhaltung überwachen und sicherstellen?

- Wie gehen wir mit den Veränderungen um, die unser Leben durch den Einsatz von KI erfährt? Beispielsweise, wenn ChatBots zum normalen Werkzeug an unseren Schulen, also in der Bildung, werden. So, wie früher der Taschenrechner zunächst verboten war, später aber als sinnvolles Hilfsmittel anerkannt und erlaubt wurde. Ist es wirklich so, dass die Schüler dümmer werden, nur weil sie ChatGPT und Co. nutzen?

- Wie verhindern wir, dass Mitarbeiter arbeitslos werden, wenn deren Job eine KI-Lösung übernimmt? Können wir die Betroffenen umschulen und an anderer Stelle einsetzen, oder müssen wir es hinnehmen, dass es diese Entwicklung immer bei Neuerungen gibt?

- Wie gehen wir mit den vielen juristischen Problemfällen und Fragestellungen um, die neu und damit noch unbeantwortet sind? Wer ist schuld am Unfall des autonomen Fahrzeugs (mit einem nicht-autonomen oder einem anderen autonomen) Fahrzeug? Der Halter, der Beifahrer, der Programmierer, der Unfallgegner, der Tester, der freigebende (Qualitäts-)Manager, das Wetter, die Umstände?

- Wem gehören die Ergebnisse generativer KI-Systeme? Texte, Bilder, Videos, Produkte, die durch Roboter autonom erstellt werden? Wie ist das mit den Urheberrechten?

- Wie wollen wir Deepfakes, also realistisch wirkende, aber falsche Medieninhalte wie Fotos, Videos, Audios usw. erkennen und kenntlich machen, so dass jeder verstehen kann, dass es sich nicht um die Realität handelt? Wie verhindern wir Manipulationen in Politik und Gesellschaft durch Deepfakes?

Diese Fragen müssen in der Zukunft beantwortet werden. Heute gilt es aber für Unternehmer und Unternehmensmanager, sich mit dem Thema Künstliche Intelligenz auseinanderzusetzen. Ich empfehle den verantwortlichen Managern und Führungskräften, sich sehr sorgfältig und mit dem gebotenen Realitätssinn mit den Chancen und Risiken des Einsatzes von Künstlicher Intelligenz zu befassen. Lassen Sie sich bitte nicht ins Bockshorn jagen. Nicht durch die Medien, nicht durch Berater, nicht durch die Konkurrenz.

Prüfen Sie sehr genau die Investition in KI, indem Sie wie ein ordentlicher Kaufmann oder Betriebswirt die Frage nach der Sinnhaftigkeit stellen. Dazu benötigen Sie als erstes das entsprechende Know-how über die aktuellen KI-Lösungen. Bauen Sie das auf, bei sich bzw. Ihren Mitarbeitern. Anschließend analysieren Sie die Chancen und Risiken, die der Einsatz einer bestimmten Lösung bietet. Bewerten Sie diese, wie Sie es bei anderen Fragestellungen gewohnt sind. Ganz wichtig: Beurteilen Sie die weitere Entwicklung der Lösung, ihre Perspektiven und deren Auswirkungen auf Ihr Unternehmen. Die Entwicklung ist so rasend schnell, dass Sie gar nicht wissen können, ob Ihre heutige Einschätzung in einem halben Jahr noch zutrifft. Denken Sie daran, dass Sie viel Geld investieren, das muss sich lohnen.

Lassen Sie sich nicht durch Schlagzeilen in den Medien beeinflussen, dass Sie womöglich den Anschluss verlieren oder gar vom Markt verschwinden, wenn Sie nicht sofort in großem Stil in KI investieren. Nichts wird so heiß gegessen, wie es gekocht wird. Dieses alte deutsche Sprichwort gilt auch hier. Es kommt darauf an, was für Ihr Unternehmen sinnvoll und notwendig ist. Und last-but-not-least: glauben Sie nicht alles, was man Ihnen weismachen will. Vergewissern Sie sich, ob eine Fragestellung oder Aufgabe nicht besser mit Hilfe menschlicher, echter Intelligenz zu lösen ist. Seien Sie schlauer!

Künstliche Intelligenz im Marketing

Melanie Heßler, Interim Specialist Communications, Preisträgerin "Erster Platz Patientenkommunikation" mit einem Projekt für die Universitätsmedizin Mainz während der Corona-Pandemie, Spezialistin für Change, Digitale Zukunftsprojekte und KI

Im Marketing revolutionieren KI-Modelle die Art und Weise, wie Unternehmen mit Kunden interagieren und ihre Produkte bewerben. Sie ermöglichen eine präzise Analyse des Verbraucherverhaltens und fördern personalisierte Marketingstrategien. Durch die Auswertung von Kundendaten können KI-Systeme maßgeschneiderte Werbeinhalte erstellen, eine effektivere Zielgruppensegmentierung vornehmen und die Kundenansprache optimieren. Darüber hinaus unterstützen sie bei der Prognose von Markttrends und Verbraucherpräferenzen.[70]

Wie in vielen anderen Bereichen eines Unternehmens wird Künstliche Intelligenz (KI) auch im Marketing für sich wiederholende Aufgaben, die sich leicht digitalisieren lassen, eingesetzt. Zum einen kann KI dabei unterstützen, Inhalte zu generieren. Der digitale Assistent benötigt dafür lediglich klare Handlungsanweisungen, die Prompts genannt werden, um sehr präzise Antworten und kreative Impulse zu geben. Noch bedeutsamer ist KI jedoch bei der Auswertung von Daten und dem Erkennen von Trends. Hierbei sind die digitalen Helfer deutlich schneller und erzielen genauere Ergebnisse, die sich besser interpretieren lassen.

---

[70] https://www.marketinginstitut.biz/blog/ki-modelle/

Die Tools analysieren die erhobenen Daten rascher als Menschen und entdecken auch nicht offensichtliche Trends. Die Integration von KI in den Marketingalltag ist also eine immense Erleichterung. Die Auswertung von Marketingdaten erfolgte früher mühsam per Hand und wurde später durch Software unterstützt, doch aktuell erfährt sie eine extreme Beschleunigung. Daten werden nahezu in Echtzeit ausgeliefert und Kampagnenverläufe werden ad-hoc simuliert und korrigiert. Darüber hinaus sind Inhalte für diverse Marketing- und Kommunikationskanäle leichter zu generieren. Damit steht das Marketing am Beginn einer kleinen Revolution, die durchaus einer Transformation von Marketingabteilungen nach sich ziehen kann, doch sie ist auch eine Investition in den Unternehmenserfolg. Apropos Investition, die Implementierung von KI ist natürlich mit Investitionskosten verbunden.[71] Eine klare Analyse des zu erwartenden Returns on Investment (ROI) ist daher unerlässlich. Die Einführung von KI erfordert zumeist Schulungen des Teams und eine nahtlose Integration in bestehende Systeme.[72]

Einführung und Hinleitung zum Thema

Das Marketing von Produkten und Dienstleistungen ist seit jeher ein breites Feld und umfasst eine Vielzahl von Aktivitäten, die darauf abzielen, die Markenbekanntheit zu steigern. Unternehmen möchten ihr Image und ihre Reputation stärken, um neue Kunden zu gewinnen und diese möglichst lange zu binden. In den letzten fünf bis zehn Jahren hat sich das Marke-

---

[71] Harvard Business Review, "How to Assess the ROI of a New Marketing Technology"

[72] PwC, "Making AI Responsible and Effective: A Guide for Business Leaders"

ting erheblich gewandelt. Getrieben durch technologische Fortschritte, veränderte Verbraucherpräferenzen sowie neue Kommunikationskanäle, hat sich das Marketing signifikant geändert. Künstliche Intelligenz schärft die Datenanalyse und hilft noch gezielter zu agieren.

Digitales Marketing: Der Wandel von traditionell zu modern

Bis vor einiger Zeit waren traditionelle Marketingkanäle die Hauptkanäle für die Vermarktung von Produkten und Dienstleistungen. Unternehmen setzten vor allem auf Fernsehwerbung, Radiospots und gedruckte Anzeigen sowie Presse- und Öffentlichkeitsarbeit, um ihre Zielgruppen zu erreichen. Diese Methoden waren effektiv, aber teuer und oft weniger zielgerichtet. Unternehmen mussten große Budgets für Massenwerbung aufbringen, ohne genaue Informationen darüber zu erhalten, wie gut ihre Botschaften wirklich ankamen.[73]

Mit dem Aufkommen des Internets hat sich das Marketing dramatisch verändert. Digital Marketing ist heute führend und bietet eine Vielzahl von Kanälen, die kosteneffizienter, zielgerichteter und vor allem messbarer sind.

Da der Marketingbereich sehr breit gefächert ist, gibt es auch bei den KI-Tools ein immenses Angebot an digitalen Assistenten und Helfern. Zum einen sind die Schreibwerkzeuge zu nennen, die Content-Erstellern helfen, Texte für alle möglichen Lesemedien zu generieren. Natürlich will man wertigen Content häufig auch für weitere Medien nutzen. Die Überarbei-

---

[73] Ries, A., & Trout, J. (1986). Positioning: The Battle for Your Mind. McGraw-Hill

tung, Anpassung und Umwandlung von Inhalten, um sie auf weiteren Kanälen, Formaten oder für verschiedene Zielgruppen wiederzuverwenden, bezeichnet man als Repurposing. Um dies zu bewerkstelligen, gibt es zahlreiche Tools. Zum Beispiel Text-to-Speech-Tools, die aus Texten Audio- oder Videodateien (Text-to-Video) ausliefern. Ebenso einfach lässt sich das Verfahren mit Speech-to-Text-Tools umdrehen. Last but not least gibt es noch die Welt der Bilder. Aus guten Beschreibungen lassen sich in Windeseile mit Text-to-Image-Assistenten Bilder und Grafiken erstellen.

In vier Kernfelder des Marketings wollen wir nun tiefer eintauchen: die Suchmaschinenoptimierung, das E-Mailmarketing sowie die Kampagnen- und Content-Erstellung.

SEO mit KI ist schon heute Realität

Die Digital-Marketing-Revolution mit KI ist bereits heute Realität und manifestiert sich besonders stark im Bereich der Suchmaschinenoptimierung (SEO). Hierbei optimieren Unternehmen – häufig gemeinsam mit Agenturen und SEO-Experten – ihre Webseiten, um in den organischen Suchergebnissen von Suchmaschinen besser platziert zu werden, was die Sichtbarkeit und Anziehungskraft für potenzielle Kunden erhöht.[74]

KI kann automatisch relevante Keywords identifizieren, indem sie umfangreiche Daten analysiert, Trends erkennt und Benutzeranfragen versteht. Dies ermöglicht eine präzisere

[74] Sullivan, D. (2017). Search Engine Land. https://searchengineland.com/guide/what-is-seo

Keyword-Strategie und verbessert die Chancen, hochwertigen Traffic anzuziehen.[75]

Die personalisierte Nutzererfahrung wird ebenfalls von KI unterstützt. Anhand des Nutzerverhaltens, der Vorlieben und des Standorts können personalisierte Inhalte erstellt werden. Dies trägt nicht nur zur Verbesserung der Benutzererfahrung bei, sondern erhöht auch die Wahrscheinlichkeit einer Konversion.

Durch die Analyse historischer Daten und Verhaltensmuster kann KI Vorhersagen darüber treffen, wie sich Änderungen an einer Website auf das Suchmaschinenranking auswirken könnten. Dies erlaubt es Unternehmen, fundierte Entscheidungen zur Optimierung ihrer Websites zu treffen.

KI-gesteuerte Chatbots und virtuelle Assistenten können auf Websites implementiert werden, um Benutzeranfragen zu beantworten, Support zu bieten und relevante Informationen bereitzustellen. Dies verbessert nicht nur die Benutzererfahrung, sondern steigert auch die Interaktionen auf der Website.

Die Verarbeitung großer Mengen von Echtzeitdaten durch KI ermöglicht es Unternehmen, das Verhalten der Nutzer in Echtzeit zu verstehen. Dadurch können SEO-Strategien ad-hoc angepasst werden, um auf sich ändernde Trends und Suchalgorithmen zu reagieren.

KI kann strukturierte Daten analysieren und implementieren, um Suchmaschinen zu helfen, den Inhalt besser zu verste-

---

[75] Eine Liste von relevanten Tools findet man unter: https://seo-summary.de/keyword-analyse-tools/

hen. Dies kann zu einer besseren Darstellung von Rich Snippets in den Suchergebnissen führen, was wiederum die Klickrate erhöht.[76]

Die Analyse von Backlink-Profilen mittels KI gestattet es Unternehmen, potenziell schädliche Backlinks zu identifizieren und negative Auswirkungen auf das Suchmaschinenranking zu minimieren.

Fazit: Die Integration von KI in SEO-Strategien ermöglicht den Unternehmen eine effizientere Arbeitsweise, präzisere Einblicke und eine Optimierung ihrer Online-Präsenz für eine bessere Platzierung in den Suchergebnissen. Dennoch bleibt menschliche Expertise entscheidend, um die von KI generierten Erkenntnisse zu interpretieren und strategisch umzusetzen.

KI im E-Mail-Marketing

Zum bunten Potpourri der Marketingaktivitäten zählen häufig personalisierte E-Mails, um Kunden zu binden, Angebote zu kommunizieren und Conversions zu fördern.[77] Das E-Mail-Marketing ist eine strategische Methode, bei der Unternehmen E-Mails verwenden, um mit ihrer Zielgruppe zu kommunizieren, Beziehungen aufzubauen, Informationen zu teilen und

---

[76] Rich Snippets sind spezielle Arten von Suchergebnissen, die zusätzliche Informationen über eine Webseite direkt in den Suchergebnissen einer Suchmaschine anzeigen: Bewertungen, Preise, Veranstaltungen und Termine, FAQ, bessere Orientierung dank Website-Hierarchie, Bild- und Video-Vorschau – all dies hilft die Sichtbarkeit einer Seite in den Suchergebnissen zu verbessern, Klickraten zu steigern und den Traffic zu erhöhen.

[77] Chaffey, D., & Smith, P.R. (2017). Digital Marketing Excellence: Planning, Optimizing and Integrating Online Marketing. Taylor & Francis

letztendlich Geschäftsziele zu erreichen. Auch hierbei ist KI auf dem Vormarsch.

Eine Entscheidung über den Einsatz von KI im E-Mail-Marketing sollte auf einer gründlichen Analyse der potenziellen Vorteile, Herausforderungen und Auswirkungen auf das Geschäft basieren. Folgende Schlüsselpunkte können Entscheidern als Grundlage dienen, denn neben Erleichterungen muss man einige potentielle Herausforderungen abwägen.

Zu den Erleichterungen zählen, dass KI dabei helfen kann, personalisierte und hochgradig segmentierte E-Mail-Kampagnen zu erstellen, was die Relevanz für den Einzelnen steigert.[78] Durch den Einsatz von KI können die Marketingprozesse automatisiert werden, was die Effizienz steigert und die Arbeitslast reduziert.[79] KI kann zudem dazu beisteuern, Daten zu analysieren und Vorhersagen zu treffen, um dadurch die Leistung von E-Mail-Kampagnen zu optimieren.[80] Zu guter Letzt kann KI dazu beitragen, personalisierte Kundenerlebnisse zu schaffen, was die Kundenzufriedenheit und -bindung verbessern kann.[81]

Potentielle Herausforderungen birgt der Einsatz von KI im E-Mail-Marketing vor allem beim Datenschutz und bei ethi-

---

[78] ResearchGate, "Personalized Email Marketing: The Impact of Personalization on Email Performance"

[79] McKinsey, "The next-generation operating model for the digital world" (https://www.mckinsey.com/business-functions/mckinsey-digital/our-insights/the-next-generation-operating-model-for-the-digital-world)

[80] Forbes, "How Predictive Analytics Can Improve Marketing Strategy"

[81] Gartner, "The Power of Personalization: Making the Customer a Part of the Strategy"

schen Fragen.[82] Daher ist auf diesen Gebieten eine sorgfältige Prüfung vonnöten. Diese potentiellen Vor- und Nachteile dienen als Ausgangspunkt für eine tiefere Analyse, bevor über den Einsatz von KI im E-Mail-Marketing entschieden wird. Es ist ratsam, spezifische Branchenberichte und Fallstudien sowie Beratungsdienste in Betracht zu ziehen, um eine maßgeschneiderte Entscheidungsgrundlage für das jeweilige Geschäftsumfeld zu schaffen.

Optimierung von Kampagnen

Künstliche Intelligenz kann Führungskräfte dabei unterstützen, den Erfolg von Marketingkampagnen zu messen und durch Analysen fundierte Entscheidungen zu treffen. Durch die Verwendung von Analysetools können CEOs und das Marketingteam den Erfolg von Kampagnen messen. Kennzahlen wie Öffnungsrate, Klickrate, Konversionsrate und Abmeldungen helfen zum Beispiel im E-Mail-Marketing dabei, die Wirksamkeit zu bewerten und künftige Kampagnen zu optimieren.

Auf der Basis von historischen Daten und Verhaltensanalysen kann eine Künstliche Intelligenz Vorhersagen darüber treffen, wie wahrscheinlich es ist, dass bestimmte Zielgruppen auf eine Kampagne reagieren. Diese Vorhersagen können Führungskräften helfen, ihre Erwartungen zu kalibrieren und die Ausrichtung zukünftiger Kampagnen zu optimieren.

Intelligente Tools helfen auch dabei, die Zielgruppen besser zu verstehen und automatisch Segmente zu identifizieren, die auf bestimmte Verhaltensmuster oder Präferenzen reagieren.

---

[82] Deloitte, "Building trust in the age of AI"

Dies ermöglicht eine gezieltere Ansprache und personalisierte Inhalte. KI-gesteuerte Tools können zum Beispiel automatisierte Berichte generieren, die die Leistung verschiedener Kampagnenmetriken zusammenfassen. Dies spart Zeit und erlaubt es Führungskräften, schnell Einblicke in den Gesamterfolg zu erhalten.

In Bezug auf Social-Media-Plattformen und andere Online-Quellen unterstützt KI dabei, die Kanäle besser im Auge zu behalten, um die Stimmung und das Feedback bezüglich einer Kampagne zu analysieren. Diese Sentiment-Analyse kann Führungskräften helfen, die Wahrnehmung ihrer Marke besser zu verstehen.

KI lässt sich dazu verwenden, den gesamten Conversion-Funnel zu analysieren und Optimierungsmöglichkeiten aufzuzeigen. Dies könnte die Identifizierung von Engpässen oder die Optimierung von Landing Pages umfassen. Ein Conversion-Funnel, auch als Verkaufstrichter oder Sales Funnel bezeichnet, ist ein Modell, das den Prozess beschreibt, den potenzielle Kunden durchlaufen, bevor sie zu zahlenden Kunden werden. Diese metaphorische „Trichter“-Darstellung spiegelt die schrittweise Konvertierung von Interessenten in zahlende Kunden wider. [83] Der Conversion-Funnel hilft Führungskräften, den Kundenprozess zu verstehen und zu optimieren. Durch die Identifizierung von Engpässen oder Verbesserungsmöglichkeiten in jedem Stadium des Trichters können Unternehmen ihre Marketing- und Verkaufsstrategien effektiver gestalten, um mehr Kunden zu gewinnen und zu halten.

---

[83] "Influence: The Psychology of Persuasion" von Robert B. Cialdini

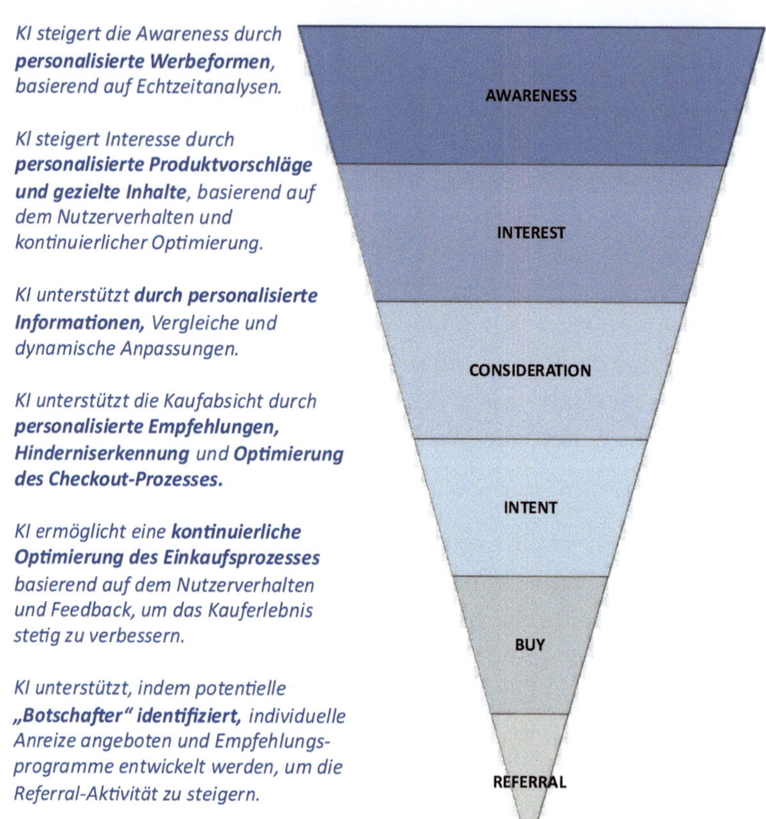

Die Reise eines Kunden beginnt mit der Generierung von **Awareness** (Bewusstsein): Menschen sollen auf Marken, Produkte oder Dienstleistungen aufmerksam werden. Dies kann durch Werbung, Social-Media-Aktivitäten oder andere Marketingmaßnahmen geschehen.

Wurde ein Kunde aufmerksam, ist es das nächste Ziel, dessen **Interest** (Interesse) zu wecken. Zielsetzung ist, dass die KundInnen beginnen, weitere Informationen zu suchen, um herauszufinden, ob die Produkte oder Dienstleistungen ihren

Bedürfnissen entsprechen. Das kann zum Beispiel durch das Lesen von Inhalten auf der Website, das Ansehen von Videos oder das Teilnehmen an Webinaren geschehen.

Es folgt die Phase, in der potenzielle KundInnen aktiv erwägen (**Consideration**), Produkte oder Dienstleistungen zu kaufen. Sie vergleichen möglicherweise verschiedene Optionen, lesen Bewertungen, holen Angebote ein und prüfen, wie gut ein Angebot ihren Anforderungen entspricht.

Nachdem potenzielle Kunden eine informierte Entscheidung getroffen haben, dass ein Angebot ihren Bedürfnissen entspricht, entwickeln sie eine Absicht (**Intent**), es zu kaufen. Dies ist der Punkt, an dem InteressentInnen sich darauf vorbereiten, eine konkrete Handlung, wie beispielsweise einen Kauf oder eine Anfrage, durchzuführen.

Der Funnel schließt mit dem Erwerb (**Buy**) des Produktes. Die Absicht wird in eine tatsächliche Kaufhandlung umgesetzt. Ein Lead wurde in einen zahlenden Kunden umgewandelt.

Nun gilt es den Kunden zu halten, für weitere Produkte und Dienstleistungen zu begeistern oder zu einem erneuten Kauf zu bewegen. Ein positives Erlebnis kann zu Wiederholungskäufen, positiven Bewertungen und sogar zu Empfehlungen führen. Die Pflege von Kundenbeziehungen ist wichtig, um langfristigen Erfolg zu sichern.

Welche Kampagnen-Variante ist die wirkungsvollere?

Künstliche Intelligenz kommt auch bei A/B-Tests zum Einsatz. Ein A/B-Test ist eine Methode im Marketing, um die Leistung zweier unterschiedlicher Varianten eines Elements zu vergleichen.[84] Dies kann beispielsweise eine unterschiedliche Anzeige, eine geänderte Webseite, ein anderer Betreff in einer E-Mail oder eine andere Werbebotschaft sein. Der Zweck eines A/B-Tests besteht darin, herauszufinden, welche Variante besser funktioniert, indem man beide Versionen einer zufälligen Gruppe von Menschen präsentiert und dann die Ergebnisse analysiert.

Bei einem A/B-Test werden zwei verschiedene Fassungen eines Elements erstellt, wobei jede Version als A oder B bezeichnet wird. Zum Beispiel könnte es zwei unterschiedliche Anzeigen geben, die einer zufälligen Gruppe von Menschen gezeigt werden.

Die Zuweisung zu den verschiedenen Varianten erfolgt zufällig, um sicherzustellen, dass beide Gruppen vergleichbar sind, und mögliche Unterschiede aufgrund von zufälligen Faktoren ausgeglichen werden. Die Leistung der beiden Varianten wird anhand vorher festgelegter Kennzahlen gemessen. Dies können beispielsweise Klickraten, Konversionsraten oder andere relevante Metriken sein. Nachdem der Test abgeschlossen ist, werden die Ergebnisse analysiert, um festzustellen, welche Variante besser abgeschnitten hat. Dies gibt Einblicke in die Präferenzen oder das Verhalten der Zielgruppe.

Eine KI kann hierbei sehr leistungsfähig unterstützen. Zum Beispiel können große Datenmengen automatisch analysiert werden. Früher hat man dies manuell durchgeführt. Dank KI

---

[84] A/B Testing: The Most Powerful Way to Turn Clicks Into Customers" von Dan Siroker und Pete Koomen

geht dies nun schneller, so dass Führungskräften ad-hoc Entscheidungen ermöglicht werden.

Vor allem Muster und Trends in den Ergebnissen erkennt die KI deutlich besser als es einem Menschen möglich wäre, da die Trends häufig nicht offensichtlich sind. Die Technologie eröffnet dadurch die Chance auf tiefere Einblicke und bessere Optimierungsmöglichkeiten.

Basierend auf den Ergebnissen eines A/B-Tests kann KI automatisch Anpassungen an den Elementen vornehmen, um die beste Leistung zu maximieren. Dies könnte beispielsweise die automatische Optimierung von Anzeigeninhalten oder E-Mail-Betreffzeilen sein. KI kann dazu beitragen, A/B-Tests kontinuierlich zu optimieren, indem sie automatisch neue Varianten generiert und testet, um sicherzustellen, dass die Marketingbemühungen ständig verbessert werden.

Diese Analysen sind mittels KI sogar in Echtzeit möglich und erlauben es, Führungskräfte laufend über aktuelle Kampagnen zu informieren und Anpassungen vorzuschlagen, um auf sich ändernde Bedingungen oder Verhaltensweisen der Zielgruppe zu reagieren. KI-Systeme können also proaktiv Empfehlungen für Verbesserungen aussprechen. Basierend auf kontinuierlichen Analysen und dem Vergleich mit historischen Leistungsdaten lässt sich dies zur fortwährenden Optimierung nutzen.

Fazit: Zusammengefasst kann man sagen, dass KI den A/B-Testprozess effizienter und datengesteuerter gestalten, um sicherzustellen, dass Marketingentscheidungen auf fundierten Erkenntnissen basieren. KI kann bei der Planung, Durchführung und Analyse von A/B-Tests unterstützen, um herauszufinden, welche Varianten von Inhalten oder Kampagnen besser abschneiden. Dies ermöglicht datengestützte Entscheidungen für zukünftige Kampagnen.

Es ist wichtig zu beachten, dass KI-Systeme nicht als alleinstehende Lösungen betrachtet werden dürfen, sondern als Werkzeuge, die von erfahrenen Marketingexperten und Führungskräften gesteuert werden. Die menschliche Interpretation und strategische Anpassung sind entscheidend, um die von KI generierten Erkenntnisse effektiv zu nutzen.

Mit KI die Customer Experience (Kundenbindung) verbessern

Früher fokussierten sich Marketiers auf das Produkt. Man war zwar bemüht, die Rückmeldungen der Kunden einzubeziehen, um Verbesserungen zu erzielen, doch heutzutage ist es möglich, die gesamte Kundenerfahrung, von der Kaufentscheidung bis zur Nachbetreuung, digital abzubilden.

In einer Ära zunehmender Digitalisierung und technologischer Fortschritte hat Künstliche Intelligenz nicht nur Unternehmen transformiert, sondern auch die Art und Weise, wie sie mit ihren Kunden interagieren. Diese Entwicklung ist weit über einen Trend hinaus ein wesentlicher strategischer Faktor für die Kundenbindung.

KI ermöglicht personalisierte Interaktionen, indem Muster im Verhalten von Kunden analysiert werden.[85] Der Einsatz von KI-gesteuerten Chatbots bietet einen effizienten, 24/7 verfüg-

---

[85] Accenture - "Personalization Pulse Check"

baren Kundenservice[86] und kann sogar Vorhersagen über zu erwartendes Kundenverhalten treffen, um maßgeschneiderte Angebote zu erstellen.[87]

Auch Empfehlungssysteme lassen sich durch den Einsatz von KI verbessern, um personalisierte Produktvorschläge zu generieren.[88] Intelligente Tools erkennen frühzeitig die Anzeichen für den möglichen Verlust eines Kunden und leiten automatisierte Rückgewinnungsmaßnahmen ein.[89]

Die Integration von KI in die Kundenbindungsstrategie schafft also nicht nur mehr Effizienz, sondern ermöglicht auch tiefergehende, personalisierte Kundenbeziehungen. Die Integration von KI in die Kundenbindungsstrategie eines Unternehmens stellt sowohl einen Wettbewerbsvorteil als auch eine strategische Notwendigkeit dar. Durch personalisierte Interaktionen, proaktiven Kundenservice und datengesteuerte Vorhersagen schafft KI eine neuartige Dimension der Kundenbindung.

Die Investition in diese transformative Technologie ist nicht nur eine Investition in die Effizienz, sondern vor allem in langfristige, loyale Kundenbeziehungen, die den Erfolg und die Widerstandsfähigkeit eines Unternehmens in der digitalen Ära prägen werden.

---

[86] Gartner - "AI Chatbots for Customer Service Will Increase from 4% in 2017 to 25% by 2020"

[87] McKinsey - "Advanced analytics in insurance: Time to realize the value"

[88] Harvard Business Review - "How Companies Like Amazon Use Big Data to Make You Love Them"

[89] Forbes - "AI and Machine Learning Are Making CX More Predictive and Proactive"

Social Media ist der Kanal der Wahl für Markeninteraktion, Kundenservice und Werbung

Unternehmen setzen auf Social Media Marketing[90] und nutzen Plattformen wie Facebook, Instagram, Twitter und LinkedIn, und neuerdings auch immer häufiger TikTok, um mit ihrer Zielgruppe in Kontakt zu treten, sich auszutauschen und so ihre Markenbekanntheit zu steigern und Produkte zu bewerben.

Fokus auf hochwertigen, relevanten Content zur Informationsbereitstellung und Kundenbindung

Insgesamt setzen Unternehmen zunehmend auf Content Marketing.[91] Durch die Erstellung und Verbreitung von relevantem und wertvollem Content, wie Blogposts, Videos und Infografiken, positionieren sich Unternehmen als Branchenführer und ziehen organischen Traffic an. Eine der größten Herausforderungen stellt die – häufig täglich benötigte – Erstellung von spannenden und informativen Inhalten dar. Nun drängt sich die Frage auf, ob Programme wirklich kreative und spannende Texte generieren können, denn auf den ersten Blick erscheint dies paradox. Doch in der Welt der Textproduktion wird – vielleicht auch ist – dies die neue Normalität. KI-Systeme besitzen nicht nur die Fähigkeit, menschenähnliche Texte zu erstellen, sondern ermöglichen dies auch in einer recht hohen Qualität. KI ist zum Beispiel in der Lage, die Tonalität

---

[90] *Smith, A.N. (2017). Social Media Management: Technologies and Strategies for Creating Business Value. Springer.*

[91] Pulizzi, J., & Barrett, N. (2009). Get Content Get Customers: Turn Prospects into Buyers with Content Marketing. McGraw-Hill Education

der Sprache zu färben und an die Präferenzen der Zielgruppe anzupassen, was zu einer erheblichen Steigerung der Wirksamkeit von Marketingbotschaften führt. Darüber hinaus können KI-Algorithmen vorhandenen Content analysieren und Optimierungsvorschläge liefern.

Im Bereich des Content Marketing gibt es dementsprechend jede Menge an neuen und cleveren Tools.[92] Für die Texterstellung [93] dominieren Neuroflash, Jasper, OpenAI ChatGPT, Unbounce und Mindverse. Für alle gilt gleichermaßen, die Kunst der Prompt-Erstellung zu beherrschen. Wer gut recherchieren – also googlen – kann, wird auch schnell herausfinden, wie man gute Fragen und Arbeitsanweisungen für KI erstellt und dementsprechend gute Ergebnisse erzielt.

Contentgenerierung mit Prompts

AI-Writing-Tools wie ChatGPT und Co. lassen sich effektiv einsetzen, um qualitativ hochwertige Texte zu generieren. In der Ära der Künstlichen Intelligenz erhält die Fähigkeit, klare und präzise Prompts zu formulieren, eine entscheidende Bedeutung. Ein „Prompt" ist im Kontext der KI eine Anfrage oder Anweisung, die man an ein KI-Modell richtet, um bestimmte Aufgaben zu erledigen oder Informationen zu generieren. Obwohl scheinbar einfach, kann die Qualität eines Prompts einen erheblichen Einfluss auf die Ergebnisse haben.

---

[92] Es lohnt sich ein Blick auf diese Seite: https://wp-toolbox.com/ki-content-marketing-tools/

[93] Alle aufgeführten Tools sind Large Language Models (LLM)

Ein Prompt ist eine Anleitung für das KI-Modell, damit es eine bestimmte Aufgabe ausführt. Dies kann die Generierung von Text, die Beantwortung von Fragen, die Bilderkennung oder viele andere Anwendungen umfassen. Die Qualität eines Prompts beeinflusst direkt die Qualität der Ergebnisse. Der Schlüssel liegt im präzisen Formulieren der Anweisungen und im iterativen Prozess der Verfeinerung.[94]

AI-Writing-Tools bieten vielfältige Möglichkeiten, von der Ideengenerierung bis zur Massenproduktion von Texten. Ein gutes Briefing ist wichtig, unabhängig davon, ob ein Mensch oder ein Bot involviert ist. Je mehr Hintergrundinformationen zum Text und Setting bereitgestellt werden, desto präziser wird das Ergebnis.

Der Pfad zum optimalen Prompt

Der erstmalige Einsatz von Künstlicher Intelligenz für die Texterstellung mittels Large Language Models (LLM) erfordert eine gewisse Lernkurve. Perfekte Ergebnisse sind beim ersten Versuch selten. Ein grundlegendes Verständnis der Funktionsweise von LLM ist jedoch entscheidend für ihren erfolgreichen Einsatz. LLM basieren auf komplexen neuronalen Netzwerken, die anhand umfangreicher und vielfältiger Datensätzen trainiert werden. Fortschrittliche Techniken des maschinellen Lernens, insbesondere aus dem Bereich des Deep Learnings, spielen dabei eine wesentliche Rolle.

Vor etwa 20 Jahren markierte ein signifikanter Anstieg der Rechenleistung einen Meilenstein, der es möglich machte, deut-

---

[94] https://blog.supertext.ch/2023/04/7-tricks-fuer-gute-prompts-so-briefen-sie-chatgpt-und-textprofis-fuer-ihr-marketing/

lich größere Datenmengen zu verarbeiten. Dies führte zu erheblichen Verbesserungen im maschinellen Lernverfahren. Vor etwa zehn Jahren erfolgten Durchbrüche im Deep Learning, die die Entwicklung tiefer neuronaler Netzwerke ermöglichten. Diese Durchbrüche bildeten die Grundlage für die heutigen KIs, die in Bereichen wie Bild- und Spracherkennung bahnbrechende Fortschritte erzielen.

Eine KI kann nur menschenähnliche Texte erzeugen, weil sie „gelernt" hat, Kontext zu verstehen und Muster zu erkennen. Damit eine LLM-Intelligenz erkennen – also sozusagen „verstehen" – kann, wonach gesucht wird, ist es wichtig, klar formulierte Arbeitsaufträge (Prompts) zu verfassen. Dabei sollte man unnötige Komplexität vermeiden und sicherstellen, dass die Anweisung präzise ist. Ohne ausreichenden Kontext kann die Qualität der generierten Texte jedoch leiden. Daher sollten der KI so viele relevante Informationen wie möglich gegeben werden, damit diese die Anfrage optimal bearbeiten kann.[95] Die Welt der LLM-Prompts ist recht dynamisch und sie verbessert sich stetig. Daher macht es Sinn, verschiedene Formulierungen auszutesten und die Ergebnisse zu analysieren, um die Effektivität zu maximieren.[96]

Beispiel

Ein Unternehmen möchte kreative Ideen für Social-Media-Posts generieren. Der professionell gestaltete Prompt könnte lauten: „Entwickle ansprechende und trendige Social-Media-

---

[95] Brown et al., 2020

[96] GPT-3 Handbook, OpenAI https://platform.openai.com/docs/guides/gp

Posts für unser neues XYZ-Produkt, unter Berücksichtigung der Zielgruppe in der Altersgruppe 18-24.“

Die erzielten Ergebnisse lassen sich weiter verfeinern, indem dem Chatbot bestimmte Rollen zugeschrieben werden, um den Text aus verschiedenen Blickwinkeln zu generieren.

Spannender und unterhaltsamer wird es, wenn man die Stärke der KI von Storyplots nutzt, indem klare Elemente einer Dramaturgie vorgeben werden.

Der erste Wurf ist zumeist nie ganz rund, das muss man akzeptieren und den Output verfeinern, indem man den Text entweder manuell oder durch erneutes Prompten verbessert. Interessant wird es, wenn man die Maschine Gegenargumente für den eigenen Output formulieren lässt, um noch bessere Ergebnisse zu erzielen. Experimentieren sollte man zudem mit der Wahl der Formate wie Abstracts, Tabellen oder Mindmaps, um die Vielseitigkeit der KI auszutesten.

Wer täglich neue Inhalte benötigt – sei es ein CEO, Marketing- oder Social Media-Verantwortlicher – dem sei ein Blick auf die Plattform www.dailystorytelling empfohlen. Dort werden täglich neue Impulse und Inspirationen zu ganz individuellen Themenwelten angeboten und per E-Mail gesendet. Das erleichtert die Themenfindung für tägliche Updates.

Fazit: KI Tools wie zum Beispiel ChatGTP stellen auf jeden Fall eine immense Erleichterung bei der Erstellung von wertigen Inhalten dar und helfen auch dabei, neue Perspektiven und kreative Ansätze zu entwickeln.

Praktischer Teil / Leitfaden

Handlungsempfehlung zur erfolgreichen Implementierung von Künstlicher Intelligenz im Marketing: Ein kurzer Leitfaden[97]

In einer Zeit, in der Künstliche Intelligenz die Grenzen des Möglichen im Marketing erweitert, stehen wir vor einer spannenden Herausforderung: Wie können wir KI strategisch und durchdacht einsetzen, um unsere Ziele zu erreichen? Die Antwort liegt in einer holistischen Betrachtung – nicht nur technologisch, sondern auch strategisch und ethisch. Nur so können wir sicherstellen, dass KI nicht nur implementiert wird, sondern zu einem integralen Bestandteil unserer erfolgreichen Marketingstrategie wird.

Also legen wir los und definieren klare Ziele. Was möchten wir mit KI erreichen? Möchten wir die Effizienz steigern, personalisierte Kundenerlebnisse schaffen oder die Analyse großer Datenmengen verbessern? Betrachten wir den Einsatz von KI-basierten Chatbots. Unser Ziel könnte sein, Kundenserviceanfragen um 20 Prozent schneller zu bearbeiten. Das ist doch eine überzeugende Vorstellung, oder?

Aber bevor wir in die Welt der KI eintauchen können, müssen wir sicherstellen, dass unsere Datenqualität auf dem neuesten Stand ist. Denn Daten sind der Kern jeder KI-Anwendung. Wir müssen sicherstellen, dass unsere Daten sauber, aktuell und ausreichend vorhanden sind. Ein Beispiel dafür wäre die Im-

97 Harvard Business Review. (2019). The Executive's Guide to Artificial Intelligence

plementierung automatisierter Datenbereinigungsprozesse, um sicherzustellen, dass unsere Kundenprofile stets aktuell sind.

Nun geht es darum, ein hochqualifiziertes Team aufzubauen. Wir brauchen Data Scientists, KI-Entwickler und Experten für maschinelles Lernen. Diese Talente werden uns helfen, die Welt der KI zu verstehen und sie erfolgreich in unsere Marketingstrategie zu integrieren. Ein Beispiel dafür wäre die Schulung unseres Marketingteams in grundlegenden KI-Konzepten, um ein gemeinsames Verständnis zu fördern.

Doch es reicht nicht aus, nur ein Team aufzubauen. Wir müssen auch sicherstellen, dass unsere KI-Lösungen nahtlos mit unseren bestehenden Systemen integriert werden. Denn nur so können wir automatisch personalisierte Marketingkampagnen starten, basierend auf dem Verhalten unserer Kunden. Ein Beispiel dafür wäre die Integration von KI in unser CRM-System.

Neben all den technologischen Aspekten dürfen wir jedoch nicht vergessen, ethisch und transparent zu handeln. Ethik und Transparenz sollten oberste Priorität haben. Wir müssen sicherstellen, dass unsere KI-Anwendungen ethisch vertretbar sind und dass der Schutz von Kundendaten gewährleistet ist. Ein Beispiel dafür wäre die Implementierung eines Algorithmus-Monitoring-Tools, um mögliche Bias[98] in Entscheidungsprozessen zu erkennen und zu korrigieren.

---

[98] Bias in Entscheidungsprozessen beziehen sich auf systematische und vorhersehbare Abweichungen oder Verzerrungen, die in den Entscheidungen auftreten können. Diese Verzerrungen können durch verschiedene Faktoren beeinflusst werden und dazu führen, dass Entscheidungen von objektiven oder neutralen Kriterien abweichen. Bias in KI-Systemen können aufgrund von Voreingenommenheiten in den Trainingsdaten oder des algorithmischen Designs verzerrte Ergebnisse liefern.

Aber wie kommunizieren wir all das unseren Kunden? Ganz einfach: transparent! Wir müssen unsere Kunden darüber informieren, wie wir KI im Marketing einsetzen und wie ihre Daten verwendet werden. Ein Beispiel dafür wäre das Versenden von E-Mail-Benachrichtigungen an unsere Kunden, um ihnen den Einsatz von KI in personalisierten Empfehlungen zu erklären.

Natürlich können wir nicht alles auf einmal perfekt machen. Deshalb ist es wichtig, mit kleinen Pilotprojekten zu starten und die Leistung unserer KI-Anwendungen kontinuierlich zu verbessern. Nutzen wir das Feedback unserer Kunden, um unsere KI-Lösungen immer weiter zu optimieren.

Ein Beispiel dafür wäre ein Pilotprojekt für automatisierte Produktempfehlungen, bei dem wir basierend auf dem Kundenfeedback Anpassungen vornehmen.

Auch die rechtliche Compliance darf nicht aus den Augen verloren werden. Wir müssen sicherstellen, dass unser KI-Einsatz den gesetzlichen Bestimmungen entspricht. Ein Beispiel dafür wäre die regelmäßige Überprüfung und Anpassung unserer Datenschutzrichtlinien, um Änderungen in den Gesetzen zu berücksichtigen.

Natürlich kostet all das Geld. Deshalb ist es wichtig, ein Budget zu planen, das alle Kosten berücksichtigt – von Schulungen über Technologieinvestitionen bis hin zur laufenden Wartung. Ein Beispiel dafür wäre die Erstellung eines klaren Budgetplans, der alle diese Kosten umfasst.

Und zuletzt darf der Sicherheitsaspekt nicht vernachlässigt werden. KI-Systeme müssen unbedingt vor möglichen Bedrohungen und Angriffen geschützt werden. Ein Beispiel dafür wäre die Implementierung von Verschlüsselungstechnologien und regelmäßigen Sicherheitsaudits für unsere KI-Systeme, um Datenschutz und Systemintegrität zu gewährleisten.

Fazit: Mit einer strategischen und durchdachten Vorbereitung können wir sicherstellen, dass Künstliche Intelligenz nicht nur unsere Grenzen erweitert, sondern auch zu einem integralen Bestandteil unserer erfolgreichen Marketingstrategie wird. Gestalten wir gemeinsam die Zukunft!

KI & Co. im Personal- und Nachhaltigkeitsmanagement

Udo Fichtner, Unternehmens- und Personalberater, Partner von Graf Lambsdorff & Compagnie; „TOP Interim Manager HR" sowie Gründer und Betreiber des KI-HR-Labs; „Certified ESG Expert"

Mehr Mut bitte – Einleitung

Der Mittelstand und die Daten – ein ambivalentes Verhältnis. Im Jahre 2024 digitalisieren gerade kleine und mittlere Betriebe ihre Geschäftsmodelle und -prozesse immer noch sehr zögerlich. Digitalisierung verlangt qualitativ gute Daten in großer Zahl, die ihrerseits Künstliche Intelligenz (KI) „füttern". Doch in der Praxis sind sie oft ein Engpass.

Es liegt auf der Hand: Ohne konsequente, verantwortungsvolle Datennutzung und kompetente Implementierung darauf abgestimmter Prozesse und Strukturen werden die Fachkräftelücke weiter wachsen und Kunden schleichend ausbleiben. Bedenkenträger gibt es viele: EU, Ethikräte, Parlamente oder Betriebsräte. Sie verfolgen ehrenwerte, richtige und wichtige Ziele. Doch die Unternehmen brauchen mehr Chancenerkenner. Mehr Mutmacher. Mehr Ausprobierer. Gerade auch im Mittelstand.

Der Leserschaft werden in diesem Beitrag ganz konkrete Beispiele aus dem HR-Bereich und dem ESG-Management (im Folgenden synonym für Nachhaltigkeitsmanagement) vorgestellt. Diese sollen sie dafür begeistern, KI einfach einmal auszuprobieren. Insbesondere im Bereich der Nachhaltigkeit könnte die „Investition in KI“ eine richtig hohe Rendite in vielerlei Hinsicht nach sich ziehen. Dafür braucht es Mut!

Sisyphos lässt grüßen: KI ins Personalmanagement tragen

Im Jahre 2018 wurde das KI-HR-Lab (www.ki-hr-lab.com) gemeinsam von Prof. Dr. Anne-Katrin Neyer, Anja Michael, Steffen Fischer und dem Verfasser dieses Beitrages gegründet. Verbindendes Element für dieses ehrenamtlich betriebene Engagement war die Neugier auf die technischen Möglichkeiten von KI im HR-Bereich. Das Gründerteam erkannte früh, dass KI auf die Unternehmen zurollt, aber viele schauten weg, andere staunten nur und kaum jemand tat etwas. Das galt insbesondere auch für den HR-Bereich, obwohl es damals bereits faszinierende Entwicklungen gab – furchteinflößende und begeisternde.

Es war aber die Zeit, als das berühmte „Amazon-Negativbeispiel“ die Runde machte, obwohl es damals schon längst überholt war. Amazon hatte eine selbstlernende KI entwickelt und genutzt, die ungewollt Frauen systematisch diskriminierte, und musste diese daraufhin abschalten. Auch heute ziehen Akteure (oder besser gesagt: Nicht-Akteure) in den Personalabteilungen von Betrieben dieses mittlerweile völlig veraltete Beispiel immer wieder als Begründung dafür heran, sich wegen der potenziellen Risiken nicht mit KI auseinanderzusetzen. Eine schwache Ausrede. Der Bundesverband der Personalmanager*innen veröffentlichte zwar 2019 eine Broschüre zu KI in der Personalarbeit, die vom Autor dieses Beitrags und zwei weiteren Gründern des KI-HR-Labs angestoßen und verfasst wurde, erkannte selbst aber nicht die Dynamik im Thema und kochte es in den Jahren danach weiter auf kleiner Flamme.

Das KI-HR-Lab ging unbeirrt seinen Weg. Seit seiner Gründung versteht es sich als Mutmacher unter wissenschaftlicher Begleitung und immer mit praktischem Bezug. Es beruht auf drei Säulen: (Er)Lernen, (Er)Leben und (Er)Arbeiten von KI-Anwendungen im HR-Bereich. Schon Anfang 2019 wurde durch die intensive Arbeit mit Masterstudenten der Martin-Luther-Universität Halle-Wittenberg nachgewiesen, dass der vollautomatische Rekrutierungsprozess möglich ist. Es wurde der Nachweis erbracht, dass die Prozessabwicklung von der Erstkontaktaufnahme der Kandidaten bis hin zum Onboarding für die neue Position ohne einen einzigen Kontakt mit einem Mitarbeiter des Unternehmens funktionieren kann. Niemand aus dem Team hielt dieses Szenario für begrüßenswert. Doch weil der Fokus der öffentlichen Aufmerksamkeit recht einseitig auf Datenschutz und Datenmissbrauch sowie ethische Aspekte gerichtet ist, weil in vielen Ländern außerhalb der EU die Regulierungen deutlich weniger einschränkend auf die technischen Möglichkeiten von KI wirken und andere mutiger sind als wir Europäer, erschien es dem Lab notwendig, vor allem die technischen Möglichkeiten besser zu verstehen und transparent zu machen.

Es geht nicht zuletzt darum, einschätzen zu können, in welcher Form unser Mittelstand möglicherweise Wettbewerbsnachteilen ausgesetzt ist, wenn die technologischen Entwicklungen woanders rasanter und mit weniger Einschränkungen vorangetrieben werden. Der Verfasser dieses Beitrages hat darüber hinaus sich und anderen – sowohl im KI-HR-Lab als auch in den Unternehmen, in denen er tätig war – immer wieder die Frage gestellt, was Personalabteilungen und Unternehmen eigentlich machen sollen, falls sich statistisch zweifelsfrei herausstellen sollte, dass KI-Lösungen die besseren Kandidaten für die ausgeschriebenen Jobs einstellen als Recruiter und Führungskräfte. Um es klar zu wiederholen: Es wird von praktisch allen Experten – auch vom Verfasser – heute unisono die Meinung vertreten, die letzte Entscheidung bei der Einstellung muss ein Mensch treffen, KI darf nur ein nützliches „Assistenzsystem" sein. Die Antwort auf die oben gestellte Frage steht gleichwohl noch aus.

Dem mittlerweile um Dr. Romy Hilbig erweiterten Führungsteam des KI-HR-Labs ist dabei immer klar gewesen, dass es viele „KI-Tools" gibt, in denen KI im eigentlichen Sinne gar nicht drinsteckt, sondern allenfalls fortschrittliche Algorithmen. Das drückt auch *KI & friends*® als Marke des KI-HR-Labs aus. Das genau spiegelt eben oftmals auch die Situation in mittelständischen Betrieben besser wider, denn viele könnten KI in ihrer reinen Form heute noch gar nicht sinnvoll einsetzen, weil es an einer wichtigen Grundlage fehlt: Daten in digital verfügbarer und miteinander verknüpfbarer Form. Um KI nicht nur im Personalbereich zum Beispiel für HR-Prozesse, Auswahlverfahren und Personalentwicklung sinnvoll nutzen zu können, sondern auch auf anderen Gebieten, wie bei der ESG-Berichterstattung oder auch ganz allgemein zur Steuerung im Nachhaltigkeitsmanagement, ist es notwendig, dass Unternehmen ihre Hausaufgaben machen: Daten bereinigen, aufräumen, validieren, aktualisieren, digitalisieren, ergänzen, löschen.

Darüber hinaus muss man mutig sein. Wo brennt der Kittel (auf Neudeutsch: Was sind die Pain Points)? Für was genau muss eine Lösung her? Kann KI dabei überhaupt helfen und wenn ja, wie? Die beste Art und Weise, sich heranzutasten, ohne sich sofort vom Vertrieb des Anbieters Flöhe ins Ohr setzen zu lassen, ist das Ausprobieren von KI-Tools. Das mutige

Experimentieren. Das Anfordern von Demo-Versionen, um darüber intern wie extern zu diskutieren. Personalmanager in anderen Firmen zu kontaktieren und nach deren Erfahrungen zu fragen. Die Problemlage genau zu beschreiben und herauszufinden, ob ein bestimmtes Tool das konkrete Problem tatsächlich lösen kann. Dafür braucht es Mut! Die Situation stellt sich simpel formuliert wie folgt dar: Entweder Unternehmen bauen demnächst einen ganzen Stab neuer Mitarbeiter auf, um beispielsweise die gesetzlichen Anforderungen an ESG-Berichterstattung zu erfüllen (dabei stellt sich noch die Frage, wo die alle herkommen sollen...) – oder Unternehmen setzen auf KI. Entweder Unternehmen stellen noch mehr Recruiter ein (die es leider auch nicht gibt), um dem Fachkräftemangel zu begegnen – oder sie setzen auf KI. Es ist tatsächlich so einfach.

Experimentieren mit KI – ganz konkret am Beispiel Recruiting

Um dem eigenen Anspruch gerecht zu werden, sich durch Experimentieren näher an KI heranzutasten, hat der Verfasser dieses Beitrags zusammen mit der Fachgruppe Strategisches Personalmanagement im Bundesverband der Personalmanager*innen einen konkreten Rekrutierungsprozess initiiert. Die Entscheidung, sich als Unternehmensberater, Personalberater und Interim Manager selbstständig zu machen, bedeutet automatisch und richtigerweise, dass man wegen möglicher Interessenkonflikte kein ordentliches Verbandsmitglied mehr sein darf und erst recht in der Fachgruppenarbeit nicht mehr aktiv mitwirken kann. Nach acht Jahren Leitung dieser Fachgruppe wurde also für den Verfasser ein Nachfolger gesucht und schnell entschieden, dass KI dabei eine ganz wichtige Rolle spielen soll. Wie ist die Fachgruppe vorgegangen?

Der Verfasser heißt im Kontext dieser Nachbesetzung „Udo 1“ und hat in die Leitungsgruppe viele Jahre lang bestimmte Merkmale, Elemente und Fähigkeiten eingebracht, die das Team sinnvoll ergänzt und bereichert haben. Die Blind Spots von Udo 1 wurden wiederum durch die anderen Leitungsmitglieder kompensiert, so dass über die Jahre eine ausgesprochen produktive und geradezu freundschaftliche Zusammenarbeit im Team entstand. Um diese Zusammenarbeit ähnlich fortführen zu können, wurde ein KI-Tool gesucht, das einen „ähnlichen“ Typ wie Udo 1 identifizieren und für die Nachfolge in der Leitungsfunktion gewinnen kann. Das Projekt bekam deswegen – mit Zwinkersmiley versehen – die Bezeichnung „Die Suche nach Udo 2“.

Bei der Auswahl eines Software-Tools hat sich die Fachgruppe eines der dutzenden Anbieter bedient, die im KI-HR-Lab mit ihren Lösungen aufgenommen worden waren und regelmäßig auf den neuesten Stand gebracht werden. Anbieter, die darüber hinaus bereit sind, einen umfangreichen Fragebogen auszufüllen und gemeinsam mit der Entwicklung ihrer Unternehmensstory auf der Homepage des KI-HR-Labs zu teilen, werden prominent hervorgehoben. Wichtig ist, dass das KI-HR-Lab keinerlei Empfehlungen ausspricht oder Software gar bewertet. Die Plattform dient interessierten Personalmanagern dazu, sich einen guten Überblick zu verschaffen, um dann selbst aktiv werden zu können. Weil die Plattform anbieterneutral agiert, steht nicht die Gefahr im Raum, schon frühzeitig in Richtung einer bestimmten Lösung gedrängt zu werden, wie es der Vertrieb eines Anbieters verständlicherweise gerne macht. Im Gegenteil wird im KI-HR-Lab die Gelegenheit gegeben, nüchtern zu analysieren, ob das, was eine bestimmte Software kann, die im Unternehmen beobachteten Pain Points überhaupt adäquat adressiert.

Die Entscheidung bei der Suche nach Udo 2 fiel auf die Software „100 Worte“ und stellt ganz im Sinne der vorherigen Ausführungen keine explizite Empfehlung an die Leser dar, sondern lediglich eine Reflektion der Tatsache, dass die Fachgruppe ihr konkretes Thema mit diesem Tool adäquat adressiert sah und – auch ganz praktisch – der Anbieter des Tools bereit war, es der Fachgruppe für das spezifische Vorhaben zur Verfügung zu stellen. Wer nicht fragt, der nicht gewinnt. Das Tool vereint vorgeblich die Erkenntnisse aus Psychologie und Data Science, um auf Basis einer Motiv-Potenzial-Analyse Bewerber und Mitarbeiter zuverlässig zu verstehen und zu entwickeln. Im Recruiting soll das KI-gestützte Tool durch Augmented Writing die Kunden befähigen, zielgerichtet Bewerber und ihre impliziten Motive anzusprechen. In der Teamentwicklung sollen die Kompetenzen des Teams dargestellt werden, um Heterogenität oder Homogenität herzustellen. Soweit die Theorie.

Im ersten Schritt haben der Verfasser sowie die anderen beiden Mitglieder des Leitungsteams sich dem Tool „gestellt“. Das Tool fordert die Teilnehmer auf, ohne zu tief ins Detail zu gehen, dass man sich für eine gewisse Zeit ein Bild anschaut, auf dem eine bestimmte Situation dargestellt ist. Dann wird man gebeten, das, was man gesehen hat, aufzuschreiben. In 100 Worten etwa (daher der Name). Mehrere Bilder werden auf diese Weise von jedem einzelnen Teammitglied individuell beschrieben. Das Tool liefert daraufhin als Ergebnis das Profil jedes einzelnen Teilnehmers genauso wie ein Teamprofil, was in diesem Fall explizit gefordert war, um auch durch das Tool die Rolle von Udo 1 im Team genauestens abzubilden.

Im zweiten Schritt wurde eine Stellenausschreibung verfasst, die so formuliert war, dass sich vor allen Dingen „Typen“, die Udo 1 ähnlich sind und in einem Team wahrscheinlich eine ähnliche Rolle einnehmen würden wie er, von der Ausschreibung angesprochen fühlen und bewerben. Augmented Writing, wie diese Technologie genannt wird, sorgt dafür, dass die Stellenausschreibung zahlreiche Triggerworte enthält, von denen sich Personen ähnlichen Typs wie Udo 1 stärker angesprochen fühlen als andere. Das ist keine Hexerei, sondern ein wissenschaftlich fundiertes Verfahren. In der konkreten Umsetzung wurden alle Mitglieder des Verbandes von der Fachgruppe unter Erläuterung der Vorgehensweise und unter Beifügung der Ausschreibung eingeladen, sich bei Interesse an einer aktiven Mitwirkung über das Tool auf die vakante Leitungsposition zu bewerben.

Mehr als 15 Kandidaten haben sich seinerzeit durch Bearbeitung und Beantwortung der Aufgaben auf die Nachfolge von Udo 1 beworben, für die jeweils ihr eigener individueller Bericht erstellt und mit den Charakteristika von Udo 1 abgeglichen wurden. Zudem wurde analysiert und Transparenz darüber geschaffen, wie sich die jeweiligen Kandidaten mit ihrem Profil in das Team einfügen könnten. Im Ergebnis wurden zwei der Interessenten in die Fachgruppenleitung aufgenommen und später auch noch offiziell von den Mitgliedern gewählt. Sie sind bis zum heutigen Tag im Amt und bilden dem Vernehmen nach ein exzellentes Team.

Faszinierende Perspektiven und Chancen mit KI

Das beschriebene reale Rekrutierungs-Beispiel soll ein Mutmacher sein, Dinge einfach auszuprobieren. Es passt gewiss nicht in die spezifische Situation von einzelnen Lesern dieses Beitrages, aber darum geht es nicht. Jeder hat bestimmte Themen, die mit KI-Lösungen adressiert werden können, wenn man Mut fasst und sich einen Ruck gibt. Ob 100 Worte oder gerne jedes andere Tool – das spielt keine Rolle. Es ist die

Grundeinstellung, moderne Technologien im HR-Bereich nicht allein deswegen abzulehnen, weil sie Risiken in sich bergen. Je mehr sich HR mit diesen Risiken beschäftigt, sie versteht und beginnt, sie zu managen, desto wahrscheinlicher wird es, dass sie beherrschbar werden und KI-Tools bei einer fairen Nutzen-Risiko-Bewertung in den Blickpunkt rücken und die Wettbewerbsfähigkeit der Betriebe gleichermaßen wie die Beschäftigungsfähigkeit der Mitarbeiter erhöhen. Bedenken wir: Menschen haben in der Vergangenheit ebenfalls gezeigt, dass ihre Entscheidungen risikobehaftet und nicht perfekt sind.

Welche anderen KI-Anwendungsbereiche für das Personalmanagement liegen auf der Hand? Um es provokant zu formulieren: Leser müssten sich in der heutigen Zeit diesen Artikel eigentlich gar nicht mehr durchlesen, denn es gibt ChatGPT (und mittlerweile andere GPTs, also Generative Pre-trained Transformers), da steht alles drin. Doch nur, wer dort die richtigen Fragen stellt (das sind die viel zitierten Prompts), wird sinnvolle Antworten erhalten. Der Umgang mit GPTs ist jedoch – zumindest beim Verfassen dieses Beitrages – noch genauso verbesserungsbedürftig wie der Umgang mit anderen KI-gestützten HR-Tools. Wenn man richtig fragt, dann richtig nachfragt und immer weiter fragt, beantworten gute GPTs derweil fast jede Frage mit exzellenter „Kompetenz“ – übrigens in fehlerfreiem Deutsch, was an sich schon in der heutigen Zeit ein Segen ist. Aber wer kann wirklich richtig fragen? Das ist eine Kunst an sich.

Im Zusammenhang mit der Vorbereitung eines Workshops für den Personalmanagementkongress 2023 haben sich das KI-HR-Lab und die Leitung der Fachgruppe Strategisches Personalmanagement im Bundesverband der Personalmanager*innen beispielsweise intensiv mit den Möglichkeiten befasst, die KI-Tools jenseits originärer HR-Aufgaben bieten, um damit möglicherweise auch anders gelagerte Tätigkeiten zu unterstützen, zu optimieren oder zu ersetzen. Ganz konkret wurde ChatGPT „beauftragt", das Drehbuch für einen „Erklärfilm" zum Thema Künstliche Intelligenz zu erstellen. Der durch ChatGPT generierte Output – also das Drehbuch – wurde in ein KI-Tool „gegossen", das daraus ohne weiteres Zutun einen entsprechenden Film erstellt hat. Das Tool heißt „Pictory". Experten werden sagen, dass das alles nicht neu und auch nichts Besonderes ist. Das stimmt. Aber für viele Mitarbeiter in kleinen und mittleren Unternehmen und für weite Teile der Gesellschaft ist es eben doch neu und etwas Besonderes. Insbesondere nachhaltig beeindruckend wird es dann, wenn man durch eigenes Erleben und Tun spürt, welche gigantischen Möglichkeiten und Kräfte in diesen KI-Tools schlummern. Wie groß der Transformationsbedarf in Unternehmen und Gesellschaft insgesamt noch werden wird, wird deutlich wie nie zuvor, wenn eine Führungskraft und ein Personaler sich Fragen dahingehend stellen, wofür genau man in Zukunft noch Mitarbeiter im PR-/Marketingbereich braucht, wenn heutzutage ein professionell anmutender Film, für den man früher Tausende von Euros bezahlt hätte, von ein paar Hobby-KI-Bastlern in kurzer Zeit erstellt werden kann.

KI für erfolgreiches und vorausschauendes ESG-Management

Bei der nachhaltigen Unternehmensführung stehen Unternehmen und Unternehmer ebenfalls vor großen Herausforderungen. Viele sind verunsichert angesichts der Anforderungen, die im ESG-Management auf sie zukommen. Nehmen wir beispielhaft das Lieferkettensorgfaltspflichtengesetz, mittlerweile häufig nur noch „Lieferkettengesetz" genannt. Kleine Unternehmen sind davon direkt gar nicht betroffen, und doch werden sie neue Berichts- und Managementstandards einführen müssen, da ihre Unternehmenskunden es im Rahmen eigener Berichterstattungspflichten häufig einfordern werden (müssen). Ohne ein solches „Testat“ wird es in Zukunft keine Aufträge mehr geben, also muss man sich zwangsläufig mit den Dingen auseinandersetzen – am besten jetzt.

Bedenken bestehen vor allem mit Blick auf den zusätzlichen Bürokratieaufwand, der qualifiziertes Personal bindet und damit höhere Kosten verursacht. Insbesondere vor diesem Hintergrund erscheint es sinnvoll, sich schon heute mit den Möglichkeiten von KI auf dem Gebiet des ESG-Managements zu befassen. Die konkreten ESG-Parameter, nach denen auch mittelständische Unternehmen neben den einschlägigen ökonomischen Parametern zu steuern sind, werden gesellschaftlich aktuell noch lebhaft diskutiert. Es zeichnet sich dabei ab, dass einzelne Parameter durchaus heute schon optimal eingestellt werden können. KI kann dabei helfen, die Wechselwirkung komplexer ESG-Parameter untereinander und einzeln oder gemeinsam mit der ökonomischen Performance eines Unternehmens zu modellieren, darzustellen und zu optimieren.

Vorurteile gegenüber dem Einsatz von KI gibt es auch hierbei. Beispielsweise sieht sich KI nicht selten mit dem nicht zwangsläufig zutreffenden Vorbehalt konfrontiert, die von ihr generierten Ergebnisse seien intransparent und demnach wenig beherrschbar. Das resultiert unter anderem aus der gleichermaßen niedrigschwelligen wie intransparenten Anwendbarkeit populärer KI-Tools. Wird der Einsatz von KI für das Management von ESG-Anforderungen aber qualifiziert begleitet, wie es zum Beispiel die kürzlich von Dr. Jörg Dubiel und Prof. Dr. Dr. Rainhard Bengez gegründete Novum Analytica GmbH anbietet, ist das Gegenteil zutreffend. ESG-Management, das durch KI fundiert wird, ist wesentlich plausibler, transparenter und beherrschbarer als jede rein subjektive Ausgestaltung. Novum Analytica sei hier stellvertretend für eine neue Unternehmensgeneration genannt, die insbesondere dem Mittelstand rasch helfen kann, weil substanzielle Erleichterungen bei der Bewältigung der Anforderungen an das ESG-Management geboten werden und das Thema somit beherrschbar und bezahlbar wird. Indes muss der Mittelstand den Mut und die Bereitschaft aufbringen, sich auf diese neuen Technologien einzulassen.

KI-gestütztes und transparentes ESG-Management

Grundsätzlich ist KI in der Lage, beliebige funktionale Zusammenhänge y=f(x) anhand vorgegebener Stützstellen approximieren zu können. Das wird auch als Lernfähigkeit oder als adaptiv bezeichnet. Ist das y in y=f(X) beispielsweise der ESG-Parameter „Diversität“ und X eine Menge von unabhängigen Kriterien, die gemeinsam in Wechselwirkung die Diversität (hier y) bestimmen, dann kann KI das oft unscharf eingegrenzte Phänomen Diversität in mehrerlei Hinsicht transparenter, berechenbarer und fairer machen, und damit dem Dunstkreis subjektiv herbeigeführter Verwerfungen entziehen. Das lässt sich gut am Zusammenhang zwischen der Diversität y einerseits und den betrachteten Merkmalen (X) wie Geschlechtsidentität, Ausbildung, Frauenquote, Ethnie, Gehaltsverteilung, Kulturkreis und Sprachniveau andererseits illustrieren, also y=f(Geschlechtsidentität, Ausbildung, Frauenquote, Ethnie, Gehaltsverteilung, Kulturkreis, Sprachniveau...).

Bei genauerer Betrachtung lässt sich festhalten, dass KI in drei Dimensionen Transparenz schafft:

1. Operationalisierung

Mit einer durch KI generierten Funktion kann Diversität erstmals wirklich messbar gemacht werden. In der betrieblichen Praxis fällt immer wieder auf, dass die Frage, was Diversität bedeutet, oft genug recht unscharf mit vielen subjektiven Einfärbungen auf der Ebene anekdotischer Relevanz dargestellt wird. Dagegen kann KI einzelne Kriterien der Diversität identifizieren und in ihrem wechselwirkenden Effekt auf Diversität mathematisch exakt beschreiben.

Weitere typische Fragestellungen im ESG-Reporting profitieren ebenfalls von der Fähigkeit der KI zu exakter Operationalisierung. Beispielsweise bedürfen Aussagen zum Gender-Pay-Gap oder Social Impact in der Praxis einer wirkungsvollen Metrik, um ihren Zweck zu erfüllen.

Es ist dabei gar nicht immer notwendig, extrem mächtige Verfahren der KI zu bemühen, sondern man findet bestenfalls den am einfachsten wirksamen Maßstab. Um diesen zu finden, ist es allerdings vorteilhaft, den Raum möglicher Metriken zu kennen und zu durchsuchen. Auch dabei hilft KI wirkungsvoll, selbst wenn die letztendlich verwendete Metrik in ihrer Einfachheit geradezu banal erscheint – oder vielleicht auch gerade deshalb.

2. Modellierung

Neben der bloßen Messung von Diversität schafft KI weiterhin die Grundlage für die Erklärung, *warum* die Diversität genau die gemessene Ausprägung hat und welchen Einzelfaktor man wie stark verändern muss, um eine bestimmte Diversitätsausprägung zu erhalten. KI kann also unmittelbar die ursächlichen Wirkungsbeziehungen für Diversität erklären.

3. Optimierung

Wenn man nun weiß, wie Diversität zu messen ist und welche Grundlagenfaktoren in welcher Stärke und Richtung zu verändern sind, um eine bestimmte Diversitätsausprägung zu erhalten, dann stellt sich die Frage, welche Diversitätsausprägung überhaupt vorteilhaft für die wirtschaftliche Entwicklung des Unternehmens ist.

An dieser Stelle sei das bereits genannte Beispiel nochmals aufgegriffen: In einem praktischen Projekt setzte sich das Team mit hoher Diversität zusammen. Es bestand aus zehn Menschen aus unterschiedlichen Sprachkulturen. Ihre akademische Qualifikation war exzellent, ebenso ihre soziale Kompetenz. Das Team ist dennoch gescheitert, weil keiner die Sprache der anderen verstand und es keine gemeinsame sprachliche Brücke als Lingua Franca auf adäquatem Niveau gab. Das Kriterium Diversität wurde in höchstem Maße erfüllt, aber dem Kriterium der Kooperationsfähigkeit (wohlgemerkt nicht des Kooperationswillens, der ausgesprochen hoch war) wurde nicht optimal entsprochen. Die Lösung besteht darin, die eindimensionale Zielvariable y zu einer mehrdimensionalen Zielvariablen Y zu erweitern. Beispielsweise Y=(Diversität, Sprachniveaus). Genau bei dieser Art von Lösungen kann der Einsatz von KI ebenfalls hilfreich sein.

KI-gestütztes ESG-Management am Beispiel von Diversität

„Diversität" ist ein Beispiel für einen ESG-Parameter, der im Hinblick auf gesellschaftliche Aspekte und die ökonomische Performance eines Unternehmens aktiv gestaltet werden muss. Im Folgenden wird Diversität daher als Parameter beleuchtet, der mittels KI gegenwartsbezogen und vorausschauend gesteuert werden kann. Das Beispiel basiert auf empirischen Erfahrungen aus bestimmten Anwendungsfällen und wird anonymisiert dargestellt. Auch hierbei werden die drei vorgenannten Kategorien des Einsatzes von KI unterschieden:

1. *Operationalisierung von Diversität mit KI,*
2. *Modellierung von Diversität im Hinblick auf die Unternehmensperformance mit KI,*
3. *Bestimmung der optimalen Diversität.*

1. Operationalisierung von Diversität mit KI

Hierbei steht die Berechnung der Diversität (D) im Mittelpunkt. KI kann Diversität operationalisieren als Funktion von verschiedenen diversitätskonstituierenden Merkmalen wie

- demografische Merkmale,
- organisatorische Merkmale,
- Merkmale zur Inklusion und Arbeitsumgebung,
- Merkmale zu Fähigkeiten und Kompetenzen,
- Indikatoren der Meinungsvielfalt,
- Leistungsindikatoren und
- qualitative Analysen.

Der besondere Nutzen der KI liegt darin, dass komplexe, veränderliche und hochgradig nichtlineare Zusammenhänge dieser einzelnen, den Parameter Diversität konstituierenden Merkmale einfach und adaptiv (lernfähig) berechnet werden können. Also $D = f_1(x_1, \ldots, x_n)$.

2. Modellierung von Diversität im Hinblick auf die Unternehmensperformance mit KI

Hierbei steht der Zusammenhang zwischen Diversität (D), aller anderen ESG-Parameter (ESG) und der Unternehmensperformance (P) im Mittelpunkt. KI kann also folgenden Zusammenhang herausfinden und formulieren: $P = f_2(D, ESG)$.

3. Bestimmung der optimalen Diversität

Hierbei muss man zwischen einer globalen und einer sogenannten lokalen mathematischen Lösung unterscheiden. Damit ist gemeint, dass es für ein Gesamtunternehmen keine optimale diverse Zusammensetzung geben muss, aber für einzelne Projekte, Tätigkeiten oder Teams (lokale Lösung) geben kann. Im Falle einer Existenz lokaler/globaler Optima von P kann KI solche optimalen Zusammensetzungen bestimmen und ausrechnen, wie $x_{1\ SOLL}$ bis $x_{n\ SOLL}$ hinsichtlich ihrer konkreten Ausprägungen so zu gestalten sind, dass die Performance des Unternehmens maximal wird:

$$P_{SOLL} = f_2\left(f_1\begin{pmatrix} x_{1\,SOLL} \\ \vdots \\ x_{n\,SOLL} \end{pmatrix}, ESG\right)$$

Aus dieser optimalen Lösung lassen sich die zugrundeliegenden Parameter entsprechend ihrer Ausprägung entnehmen. Das ist vergleichsweise einfach zu bewerkstelligen, beispielsweise mit einem genetischen Algorithmus. Viel spannender in der Praxis dürfte die Frage nach der konkreten Metrik dessen sein, was unter Unternehmensperformance verstanden wird.

Vorteile von KI-gestütztem ESG-Management

Der Vorteil von ESG-Parametern, die mit KI modelliert wurden, liegt darin, dass die dahinterliegenden Ursachengeflechte implizit abgebildet werden und damit entsprechend antizipiert werden können. ESG-Management mit KI inkludiert deshalb immer auch ein Frühwarnsystem, das die Entstehung kritischer ESG-Konstellationen voraussieht.

Es spielt dabei keine Rolle, ob kritische Zustände sich auf den ökonomischen Effekt einer in Entstehung befindlichen, zukünftigen ESG-Konstellation beziehen oder auf deren soziale Wahrnehmung. Praktische Beispiele, wo eines oder gar beides der Fall sind, finden sich vermehrt. Exemplarisch sei auf die Budweiser-Kampagne aus dem Jahr 2023 verwiesen.[99]

Beim KI-gestütztem ESG-Management geht es nicht nur um das Berichtswesen, sondern damit kann ESG auch antizipativ gestaltet werden. ESG-relevante Aktivitäten lassen sich transparent kommunizieren und plausibilisieren.

Dies adressiert schließlich die wesentliche Intention von ESG, nämlich durch Transparenz und Klarheit die Grundlage für eine qualifizierte Diskussion über die konkrete Ausgestaltung von ESG-Vorgaben zu unterstützen und dadurch prozessuale Gerechtigkeit im Sinne einer Teilhabe an Gründen und Ursachen von relevanten Entscheidungen im ESG-Bereich zu schaffen.

---

[99] https://www.nzz.ch/wirtschaft/das-wird-teuer-budweiser-versucht-nach-pleite-mit-genderwerbung-die-vergraulten-stammkunden-zurueckzugewinnen-ld.1750495

Resümee

Im ersten Beispiel wurde ein KI-gestütztes Tool (100 Worte) genutzt, um die Zusammensetzung eines Teams möglichst optimal zu gestalten. Das ist ein pragmatischer Ansatz, der zum Erfolg geführt hat. Einen technologisch noch viel anspruchsvolleren Ansatz, nämlich Teams anhand objektiver Kriterien so zusammenzustellen, dass das resultierende Team dahingehend optimiert ist, die vorgesehenen Aufgaben mit höchster Aussicht auf Erfolg zu lösen, bietet beispielsweise das Unternehmen Novum Analytica unter Einsatz der vorgenannten KI-Funktionen. Anders als in dem Filmklassiker „Die sieben Samurai“ ist man bei der Zusammenstellung des Teams aus diversen, vielleicht sogar widersprüchlichen Charakteren nicht (mehr) auf die subjektive Einschätzung eines einzelnen, intuitiv begabten Menschen angewiesen, der – daran sei erinnert – auch einen Samurai ins Team aufnimmt; und das nicht *obwohl*, sondern *weil* er ein Hochstapler und gar kein echter Samurai ist. Die Faszination dieses Klassikers rührt auch daher, dass die Auswahl der Kampfgenossen etwas intuitiv erfahrbar Besonderes ist und Auswahlkriterien angelegt werden, die eben in der Praxis offenbar nicht so oft zum Einsatz kommen.

Beide genannten Tools bzw. Dienstleistungsangebote stehen stellvertretend für viele junge Anbieter und Angebote, insbesondere dem Mittelstand Wege aufzuzeigen, mit den gestiegenen Anforderungen aus dem unmittelbaren Wettbewerbsumfeld, einem immensen Kostendruck und nicht zuletzt auch dem massiv erhöhten Bürokratieaufwand durch die neuen, von Politik und Gesellschaft vorgegebenen Rahmenbedingungen zurechtzukommen. Vor diesem Hintergrund ist die heute noch zu konstatierende Zurückhaltung des so erfolgreichen Mittelstandes beim Thema Digitalisierung der Geschäftsmodelle sowie beim Einsatz von KI nur schwer nachvollziehbar. Mut, Schaffens- und Entwicklungskraft waren Treiber unternehmerischer Erfolge in der Vergangenheit. Diese Eigenschaften können als Blaupause auch für den unternehmerischen Erfolg der Zukunft herhalten, wenn sie mit Nachdruck auch im Bereich Digitalisierung und KI zum Einsatz gebracht werden.

KI ist eine wertvolle Stütze bei allen Aufgaben, die im Management bislang oder erstmals, durchaus auch notgedrungen, überwiegend subjektiv erledigt werden, bei denen aber davon auszugehen ist, dass eine quantitativ-objektivierte – also maschinelle – Unterstützung erhebliche Entscheidungs- und Gestaltungsvorteile birgt. Das Management von ESG als neues Feld und die Zusammenstellung und Führung von Teams als etablierte Managementfunktion sind solche bislang stark subjektiv dominierten Aufgabengebiete, die von der unterstützenden Einführung quantitativer, KI-generierter Maßstäbe gewinnen werden, wenn diese flankierende Unterstützung qualifiziert und maßgeschneidert erfolgt. Dann wird KI jederzeit eine transparente, beherrschbare und gut kommunizierbare Ergänzung und Bereicherung humanintelligenter Entscheidungen sein.

Künstliche Intelligenz im Bauprojektmanagement

– Potentiale und Integration in Unternehmen

Klaus-Peter Stöppler, Executive Manager mit Fokus Bauprojektmanagement für Interimmandate und Gremienarbeit als Beirat

Abstract

In den kommenden Jahren wird die Bau- und Immobilienbranche vor einer Reihe von herausfordernden Entwicklungen stehen. Die Aufgabe, ausreichend Wohnraum zu schaffen, Gebäude, Brücken und Verkehrswege zu erneuern sowie zahlreiche weitere Bauprojekte umzusetzen, ist gewaltig. Gleichzeitig spürt die Branche immer stärker den Fachkräftemangel, kämpft mit knappen und teuren Rohstoffen und sieht sich mit Unterbrechungen in den Lieferketten konfrontiert. Die Baukonjunktur schwankt, und besonders in Krisenzeiten werden sich viele Auftraggeber abwartend zurückhalten. Doch gerade in diesen Herausforderungen liegen die Chancen für Bau- und Immobilienunternehmen, um sich langfristig als wettbewerbsfähig und erfolgreich zu etablieren.

Im Folgenden erfahren Sie, wie die Branche sich diesen Entwicklungen stellen kann und wie innovative Ansätze eine nachhaltige Veränderung und Zukunftsgestaltung ermöglichen. In diesem Kontext bietet der Einsatz von Künstlicher Intelligenz (KI) immense Potenziale. Die voranschreitende digitale

Transformation wird dabei das Bild der Bau- und Immobilienbranche nachhaltig prägen, nicht zuletzt durch den Einsatz von KI im Bauprojektmanagement.

Dieser Beitrag wirft einen Blick auf die Schlüsselaspekte dieser evolutionären Entwicklung. Zentrale Themen umfassen die Potenziale von KI zur Steigerung der Effizienz und Qualitätsverbesserung, zur Kostenoptimierung und Risikominimierung. Die Integration von KI in Unternehmen wird durch strategische Planung, technologische Infrastruktur, Schulung und Qualifizierung sowie Change-Management beleuchtet. Ziel dieses Beitrags ist es, eine klare Orientierungshilfe für Unternehmenslenker, Beiräte und Aufsichtsräte zu bieten, um die transformative Kraft der KI im Bauprojektmanagement optimal zu nutzen.

Einleitung

Bereits in den 1950er Jahren gab es erste Ansätze zur Erfassung von KI.[100] Durch sich rasant erweiternde Rechnerleistungen der letzten Jahrzehnte entwickelt sich auch KI und deren Anwendungsfelder deutlich schneller als gedacht. Aus diesem Grund steht auch die Bau- und Immobilienbranche vor einer digitalen Revolution, in der KI eine Schlüsselrolle über den gesamten Lebenszyklus eines Bauwerkes einnehmen wird.

Bereits heute kommen zahlreiche KI-Anwendungen bei der Planung von Gebäuden oder bei deren Realisierung zum Einsatz. KI nutzt dafür maschinelles Lernen, um Muster in Daten zu erkennen und dadurch präzisere Einschätzungen und Vor-

---

[100] Stadler, Max-Ludwig. mindsquare.de. [Online] 11. 12 2019. http://mindsquare.de/fachartikel/historische-entwicklunng-ki/.

anschläge für die Planung oder die Realisierung zu liefern. Dadurch verändert der Einsatz von KI grundlegend die Art und Weise, wie Bauwerke geplant, durchgeführt und verwaltet werden. Die Innovationskraft von KI verspricht nicht nur Effizienzsteigerungen, sondern auch eine nachhaltige Verbesserung der Bauqualität, eine optimierte Kostenstruktur und eine wirksame Bewältigung von Risiken. Dennoch scheitert die Digitalisierung in Bau- und Immobilienunternehmen laut einer Analyse von docunite oft an denselben Stolpersteinen.[101]

Dieser Beitrag bietet eine fundierte Einführung in den Themenkomplex und einen gezielten Überblick über die Aspekte, welche aus heutiger Sicht die größte Bedeutung im Bauprojektmanagement haben. Aus unternehmerischer Perspektive geht es darum, Potenziale zu erkennen, zu verstehen und erfolgreich in die eigenen Strukturen zu integrieren.

Als erfahrener Interim Manager im Bauprojektmanagement und Verfechter digitaler Transformation ist es mir ein besonderes Anliegen, praxisnahe Einblicke zu bieten und Unternehmen zu ermutigen, die Chancen der KI proaktiv zu nutzen.

Potentiale

Die Forschung beschäftigt sich schon seit längerem mit den Potenzialen von KI im Bau- und Immobilienwesen. So wurde beispielsweise vom Karlsruher Institut für Technologie bereits im Jahr 2019 das Forschungsprojekt „SDaC – Smart Design and Construction“ initiiert. Ende 2020 wurde an der Techni-

---

[101] Penn, Patrick. build-ing.de. [Online] 14. 11 2023. https://www.build-ing.de/nachrichten/detail/an-diesen-vier-huerden-scheitert-meist-die-digitalisierung-in-immobilienunternehemen/.

schen Universität München sogar ein eigenes Forschungs- und Lehrinstitut für Künstliche Intelligenz im Bauwesen gegründet.[102]

Die Integration von KI in Unternehmen der Bau- und Immobilienbranche eröffnet eine Vielzahl von Potenzialen, die die Effizienz, Qualität, Kostenstruktur und das Risikomanagement revolutionieren können.

Effizienzsteigerung

Die Effizienzsteigerung im Bauprojektmanagement durch KI wird ein maßgeblicher Schritt in Richtung Optimierung der gesamten Projektabwicklung sein. KI-basierte Prozesse werden eine präzise Planung und Ressourcenallokation ermöglichen, wodurch Zeit- und Kostenersparnisse erzielt werden können. Automatisierte Aufgaben, von der Planung bis zur Überwachung, werden eine ständige Anpassung an sich ändernde Anforderungen gewährleisten. Dies wird nicht nur eine schnellere Fertigstellung von Bauprojekten zur Folge haben, sondern bietet auch eine verbesserte Reaktionsfähigkeit auf unvorhergesehene Herausforderungen.

Qualitätsverbesserung

Die Integration von KI in das Bauprojektmanagement wird maßgeblich zur Verbesserung der Bauqualität beitragen. Durch fortschrittliche Analysen und prädiktive Modelle können potenzielle Mängel frühzeitig erkannt und behoben werden. KI-

---

[102] Meßner, Sonja. handwerkundbau.at. https://www.handwerkundbau.at/bauen/ki-am-bau-anwendungsgebiete-und-herausforderungen-17266. [Online] 15. 12 2021.

gestützte Systeme werden eine präzise Überwachung des Baufortschritts erlauben und helfen dabei, Qualitätsstandards kontinuierlich zu wahren. Dies führt nicht nur zu einer Reduzierung von Baumängeln, sondern stärkt darüber hinaus auch das Vertrauen der Stakeholder in die Projektergebnisse.

Kostenoptimierung

Die Integration von KI in das Bauprojektmanagement bietet beträchtliche Möglichkeiten zur Kostenoptimierung. Durch automatisierte Kostenprognosen, Budgetüberwachung und effiziente Ressourcenallokation können finanzielle Ressourcen effektiv genutzt werden. KI-gesteuerte Analysewerkzeuge ermöglichen eine genaue Abschätzung von Kostenrisiken und tragen dazu bei, unnötige Ausgaben zu vermeiden. Dies wird nicht nur die Wirtschaftlichkeit von Bauprojekten fördern, sondern auch die Wettbewerbsfähigkeit der Unternehmen stärken.

Risikomanagement

KI wird eine zentrale Rolle bei der Identifizierung und Bewältigung von Risiken im Bauprojektmanagement spielen. Durch die Analyse großer Datenmengen können potenzielle Risiken frühzeitig erkannt und bewertet werden. KI-gesteuerte Modelle mit einer präzisen Risikoprognose unterstützen die Entwicklung von Strategien zur Risikominimierung. Dies erhöht die Resilienz von Bauprojekten gegenüber unvorhergesehenen Ereignissen und verbessert die Gesamtsteuerung von Projektrisiken.

Dieser Abschnitt hat einen Einblick in die vielfältigen Potenziale von KI im Bauprojektmanagement gegeben. Von der Effizienzsteigerung über Qualitätsverbesserungen bis hin zur

Kostenoptimierung und dem Risikomanagement bietet die Integration von KI vielfältige Vorteile, die die Bau- und Immobilienbranche nachhaltig verändern können.

Anwendungsgebiete

KI-Programme werden die Planung von Bauprojekten erleichtern, indem sie zum Beispiel Daten wie Bodenbeschaffenheit, Topografie, Umweltauswirkungen und Verkehrsströme analysieren. Die gewonnenen Daten lassen sich dazu verwenden, um beispielsweise Prognosen über die Kosten und den Zeitplan des Projekts zu treffen und Risiken zu minimieren.[103] Darüber hinaus können sich die Anwendungsgebiete der Künstlichen Intelligenz in der Baubranche in Zukunft äußerst vielfältig gestalten. Angefangen bei selbstlernenden Baustellen und autonomen Baumaschinen über die Berechnung von Ausfallrisiken in Echtzeit, digitale Planungen und Baustellenbegehungen mit VR-Brillen, Simulationen von Bau- und Sanierungskonzepten, KI-Sensoren zum Erkennen und Aufspüren von Schäden bis hin zu Monitoring und Controlling des Baufortschritts, als Prognosetool für die unternehmerische Entscheidungsgrundlage, zur Optimierung des Planungsprozesses und vieles mehr.[104]

Die Anwendungsgebiete erstrecken sich über eine Vielzahl von Möglichkeiten und Vorteilen, die die Effizienz steigern, die

---

[103] Planradar. Künstliche Intelligenz im Bauwesen: Ausblick 2023. [Online] 08. Mai 2023. https://www.planradar.com/de/ki-im-bauwesen/#:~:text=KI%2D Programme%20erleichtern%20die%20Planung,treffen%20und%20 Risiken%20zu%20minimieren.

[104] Meßner, Sonja. handwerkundbau.at. [Online] http://www.handwerkundbau.at/ki-am-bau-anwendungsgebiete-und-herausforderungen-17266.

Qualität verbessern, die Kosten optimieren und das Risikomanagement stärken. Nachfolgend werden verschiedene Aspekte beleuchtet.

Baukonstruktion und Planung

KI revolutioniert die Bauplanung durch die Fähigkeit, große Datenmengen in Rekordzeit zu analysieren und dabei optimale Baupläne zu generieren. Dies beinhaltet nicht nur die effiziente Platzierung von Strukturen, sondern auch die präzise Allokation von Ressourcen und ein umfassendes Zeitmanagement. Die traditionell zeitaufwändigen Aufgaben der Planung werden von KI-Systemen rationalisiert, wodurch Planer und Ingenieure mehr Zeit für kreative Lösungen und strategische Entscheidungen haben. Dies führt zu effizienteren Projektdurchführungen, verkürzten Bauzeiten und letztendlich zu Kosteneinsparungen.

Eine der beeindruckendsten Fähigkeiten von KI im Bauprojektmanagement ist die proaktive Kollisionsvermeidung. Indem sie Konstruktionspläne im Detail analysiert, kann KI potenzielle Kollisionen frühzeitig identifizieren. Dies schließt nicht nur Interferenzen zwischen Bauelementen ein, sondern berücksichtigt auch die sichere Koexistenz von elektrischen, mechanischen und strukturellen Systemen.

Sobald eine potenzielle Kollision erkannt wird, bietet die KI automatisch Vorschläge für Anpassungen und Lösungen an. Dies ermöglicht es, Konstruktionsfehler und teure Nacharbeiten zu minimieren. Die resultierenden Pläne sind nicht nur präziser, sondern auch sicherer, da sie potenzielle Gefahrenquellen proaktiv identifizieren und beseitigen.

Die Kollisionsvermeidung durch KI führt zu einer höheren Qualität der Bauprojekte, einer Verringerung von Verzögerungen und einem effizienteren Ressourceneinsatz. Es ist ein herausragendes Beispiel dafür, wie KI Bau- und Immobilienprojekte in Richtung einer sichereren und effektiveren Zukunft führt.

Bauüberwachung und Fortschrittsmanagement

Die Kombination von Sensoren und IoT-Geräten mit Künstlicher Intelligenz macht eine beeindruckende Echtzeitüberwachung von Bauprojekten möglich. Diese Sensoren erfassen kontinuierlich Daten über den Baufortschritt, die Materialverfügbarkeit, die Arbeitsleistung und andere relevante Parameter. Diese Daten werden in Echtzeit an KI-Systeme übertragen, die sie unmittelbar analysieren. Durch diese Echtzeitüberwachung können Bauprojekte äußerst präzise gesteuert werden. Verzögerungen oder Engpässe werden sofort erkannt, und die KI kann automatisch Maßnahmen zur Gegensteuerung vorschlagen. Dadurch lassen sich Zeitpläne und Ressourcenallokationen agil anpassen, um den Projekterfolg sicherzustellen. Die Echtzeitüberwachung durch KI bietet nicht nur eine erhöhte Transparenz, sondern auch die Chance, Kosten zu reduzieren und die Effizienz zu steigern. Sie ist ein gewichtiger Faktor für die termingerechte Fertigstellung von Bauprojekten und trägt zur Kundenzufriedenheit sowie zur Wettbewerbsfähigkeit der Unternehmen bei.

KI revolutioniert die Qualitätskontrolle in der Bau- und Immobilienbranche durch die Fähigkeit zur visuellen Analyse. Dank dieser bahnbrechenden Technologie lassen sich die Einhaltung von Qualitätsstandards in Echtzeit überwachen und potenzielle Mängel frühzeitig erkennen.

Durch den Einsatz von Kameras und Bildverarbeitungsalgorithmen kann KI Bauprojekte kontinuierlich und präzise überwachen. Sie erkennt selbst kleinste Abweichungen von den festgelegten Qualitätsstandards und alarmiert die Verantwortlichen sofort. Dies ermöglicht eine unmittelbare Reaktion, um Mängel zu beheben, bevor sie sich zu größeren Problemen auswachsen.

Die Vorteile dieser Qualitätskontrolle durch KI sind vielfältig. Sie führt zu einer erheblichen Reduzierung von Nacharbeiten, verbessert die Bauqualität und stärkt das Vertrauen der Kunden. Darüber hinaus trägt sie zur Einhaltung von gesetzlichen Vorschriften und Normen bei, was die langfristige Nachhaltigkeit von Bauprojekten gewährleistet. Insgesamt trägt die KI-gestützte Qualitätskontrolle dazu bei, Projekte auf ein neues Qualitätsniveau zu heben und die Kosten durch minimierte Mängel zu senken.

Ressourcenmanagement

KI spielt eine erhebliche Rolle bei der intelligenten Verteilung von Ressourcen in Bauprojekten. Indem sie historische Daten und aktuelle Anforderungen analysiert, ist sie in der Lage, Arbeitskräfte, Materialien und Ausrüstung effizient zu planen und zuzuweisen.

Durch den Zugriff auf umfangreiche Datensätze vergangener Projekte kann KI Muster und Trends identifizieren, die bei der Ressourcenallokation hilfreich sind. Sie berücksichtigt dabei Faktoren wie die saisonale Nachfrage, Projektzeitpläne und spezifische Anforderungen einzelner Bauprojekte.

Aus dieser effizienten Ressourcenallokation resultieren viele Vorteile. Sie führt zu einer optimalen Nutzung der verfügbaren

Ressourcen, was Kosten minimiert und die Rentabilität steigert. Gleichzeitig trägt sie dazu bei, Engpässe zu vermeiden und die Gesamteffizienz der Bauprojekte zu steigern.

Durch KI lässt sich eine präzise und datengesteuerte Ressourcenplanung erreichen, die einen wesentlichen Beitrag zur Wettbewerbsfähigkeit und Rentabilität leistet. Sie stellt sicher, dass sich die richtigen Ressourcen zur richtigen Zeit am richtigen Ort befinden, um Bauprojekte termingerecht und kosteneffizient abzuschließen.

Eine der bedeutendsten Anwendungen von KI im Bauprojektmanagement besteht in der Fähigkeit, äußerst präzise Kostenprognosen zu erstellen. Dies geschieht durch die eingehende Analyse historischer Daten in Verbindung mit der Berücksichtigung zukünftiger Trends und Einflussfaktoren.

KI-Systeme nutzen umfangreiche Datensätze vergangener Bauprojekte, um Muster und Zusammenhänge zu identifizieren. Sie berücksichtigen dabei nicht nur die spezifischen Kostenfaktoren, sondern auch externe Einflüsse wie Rohstoffpreisschwankungen, Wirtschaftszyklen und technologische Entwicklungen. Dadurch lassen sich fundierte Prognosen für die Kostenentwicklung eines Projekts erstellen.

Das Potenzial von KI-gestützten Kostenprognosen ist enorm. Sie bieten eine höhere Genauigkeit und Zuverlässigkeit als traditionelle Ansätze. Bauprojekte können besser budgetiert werden, was Kostenüberschreitungen minimiert. Darüber hinaus ermöglichen präzise Kostenprognosen eine optimierte Ressourcenplanung und eine effiziente Kapitalallokation.

Insgesamt führen KI-gestützte Kostenprognosen zu einer verbesserten finanziellen Planung und einer besseren Kontrolle über die Projektkosten. Sie sind ein unverzichtbares Instrument, um die Wirtschaftlichkeit von Bauprojekten zu steigern und die finanzielle Gesundheit von den am Bauprojekt beteiligten Unternehmen zu sichern.

Risikomanagement

Künstliche Intelligenz spielt eine bedeutsame Rolle bei der Früherkennung der Risiken bei Bauprojekten. Durch die Analyse einer Vielzahl von Risikofaktoren und -parametern ist KI in der Lage, potenzielle Probleme frühzeitig zu identifizieren und auf sie hinzuweisen. Dies erlaubt eine proaktive Risikominimierung und hilft, schwerwiegende Störungen oder Verzögerungen zu verhindern.

KI-Systeme berücksichtigen historische Daten, aktuelle Projektinformationen und externe Einflussfaktoren, um Risiken zu bewerten. Sie können Trends erkennen und auf Unregelmäßigkeiten hinweisen, die auf potenzielle Probleme hindeuten. Dies erlaubt den Projektverantwortlichen, rechtzeitig Gegenmaßnahmen zu ergreifen, bevor Risiken zu ernsthaften Herausforderungen werden.

Die Früherkennung von Risiken durch KI bringt viele Pluspunkte mit sich. Dazu gehört eine deutlich höhere Projektsicherheit, weil potenzielle Gefahren frühzeitig erkannt und gemindert werden. Dies trägt zur Einhaltung von Zeitplänen und Budgets bei und minimiert das Risiko von teuren Nacharbeiten oder rechtlichen Konflikten. Insgesamt ermöglicht die Früherkennung von Risiken durch KI eine reibungslosere Projektdurchführung und trägt zur langfristigen Nachhaltigkeit von Bauprojekten bei. Sie ist ein Schlüsselfaktor für den Erfolg in der Bau- und Immobilienbranche.

Künstliche Intelligenz eröffnet die Möglichkeit zur Durchführung detaillierter Szenarioanalysen in Bauprojekten. Dies bedeutet, dass KI verschiedene Projektverläufe simulieren kann, um die potenziellen Auswirkungen von Risiken zu verstehen und geeignete Maßnahmen zu planen. Mithilfe von historischen Daten, aktuellen Projektinformationen und einer breiten Palette von Einflussfaktoren kann KI mehrere Szenarien erstellen. Diese Szenarien berücksichtigen verschiedene Risikofaktoren und deren mögliche Entwicklung im Laufe des Projekts. Auf diese Weise können Projektverantwortliche die Bandbreite möglicher Auswirkungen verstehen und entsprechende Strategien entwickeln.

Die Szenarioanalyse mittels KI bietet eine fundierte Entscheidungsfindung, weil Projektteams die Konsequenzen verschiedener Handlungsweisen besser verstehen können. Dies trägt zur Risikominderung bei, da sich gezielte Maßnahmen ergreifen lassen, um negative Auswirkungen zu reduzieren.

Zusammenfassend lässt sich sagen, dass die Szenarioanalyse durch KI eine bessere Planung und Risikokontrolle in Bauprojekten mit sich bringt. Sie ist ein wertvolles Instrument, um auf unsichere Situationen vorbereitet zu sein und den Projekterfolg sicherzustellen.

Dokumentation und Berichterstattung

In der Baubranche spielt Künstliche Intelligenz eine Hauptrolle bei der Automatisierung der Berichterstellung. KI-Systeme sind in der Lage, Daten aus verschiedenen Quellen zu sammeln und zu analysieren, um automatisch detaillierte Berichte und Dokumentationen zu erstellen. Diese automatisierte Berichterstellung macht es möglich, Projektdaten in Echtzeit zu erfassen und in übersichtlichen Berichten darzustellen. KI vermag nicht nur quantitative Informationen wie Budgets und Zeitpläne zu verarbeiten, sondern auch qualitative Aspekte wie Qualitätskontrollen und Risikobewertungen zu integrieren.

Die automatisierte Berichterstellung spart wertvolle Zeit und Ressourcen, die ansonsten für manuelle Berichterstellung aufgewendet würden. Darüber hinaus gewährleistet sie eine höhere Genauigkeit und Konsistenz der Berichte, da menschliche Fehler minimiert werden. Insgesamt unterstützt die automatisierte Berichterstellung durch KI eine effiziente Kommunikation und Transparenz in Bauprojekten. Dadurch werden Projektteams und Stakeholder in die Lage versetzt, fundierte Entscheidungen auf der Grundlage aktueller und verlässlicher Informationen zu treffen.

Die zentrale Verwaltung von Daten durch Künstliche Intelligenz sorgt für eine hohe Verfügbarkeit relevanter Informationen. Dies trägt wesentlich zur erleichterten Entscheidungsfindung in Bauprojekten bei. Durch die Konsolidierung von Projektinformationen an einem zentralen Ort können Projektteams und Stakeholder schnell auf relevante Daten zugreifen. Dies umfasst Baupläne, Zeitpläne, Budgetinformationen, Qualitätsberichte und mehr. Die Verfügbarkeit dieser Informationen in Echtzeit macht es den Verantwortlichen leichter, gut informierte Entscheidungen zu treffen, die den Projekterfolg unterstützen.

Die hohe Verfügbarkeit von Informationen trägt zur Effizienzsteigerung bei, da lästige Suchzeiten entfallen. Darüber hinaus fördert sie die Transparenz und die Zusammenarbeit im gesamten Projektteam. Insgesamt erleichtert die Verfügbarkeit von Informationen durch KI die Steuerung von Bauprojekten und unterstützt die termingerechte Fertigstellung und Budgeteinhaltung.

Kommunikation und Zusammenarbeit

In der Baubranche tragen KI-gestützte Tools maßgeblich zur Verbesserung der Kommunikation zwischen verschiedenen Projektbeteiligten bei und erleichtern den Informationsaustausch erheblich.

Diese Tools ermöglichen eine reibungslose und strukturierte Kommunikation, indem sie E-Mails, Nachrichten und Dokumente zentral verwalten. Sie bieten auch Funktionen zur automatischen Benachrichtigung über wichtige Entwicklungen oder Aufgaben. Die effiziente Kommunikation reduziert Missverständnisse und Informationsverluste, weil alle Projektbeteiligten Zugriff auf aktuelle Informationen haben. Dies beschleunigt Entscheidungsprozesse und trägt zur effizienten Projektabwicklung bei. Insgesamt fördert die effiziente Kommunikation durch KI eine bessere Zusammenarbeit und Koordination in Bauprojekten. Sie ist ein wesentlicher Faktor für den Projekterfolg und die Kundenzufriedenheit.

KI spielt eine zentrale Rolle bei der Entwicklung von Plattformen, die verschiedene Teams in Echtzeit zusammenarbeiten lassen. Diese innovativen Plattformen ermöglichen eine nahtlose und effiziente Zusammenarbeit bei Bauprojekten. Durch die Integration von KI können diese Plattformen nicht nur Dokumente und Informationen zentral verwalten, sondern auch intelligente Funktionen bieten, die die Zusammenarbeit fördern. Dies umfasst die automatische Zuordnung von Aufgaben, die Verfolgung des Projektfortschritts und die Identifizierung von Engpässen.

Kollaborative Plattformen erleichtern die Koordination und Kommunikation zwischen den verschiedenen Projektteams und reduzieren Verzögerungen durch unklare Verantwortlichkeiten. Darüber hinaus bieten sie Transparenz und ermöglichen es, Probleme frühzeitig zu erkennen und zu lösen. Insgesamt tragen die kollaborativen Plattformen durch KI dazu bei, die Zusammenarbeit in Bauprojekten auf ein höheres Niveau zu heben und die Effizienz zu steigern. Sie sind ein wesentlicher Baustein für den Erfolg in der modernen Baubranche.

Die Potenziale von KI im Bauprojektmanagement sind vielfältig und reichen von der Planung über die Ausführung bis zur Überwachung und Steuerung. Diese Technologien versprechen, die Baubranche effizienter, präziser und zukunftsorientierter zu gestalten.

Effizienzsteigerung

Die Integration künstlicher Intelligenz in das Bauprojektmanagement bietet vielfältige Wege zur Steigerung der Effizienz. Die nachfolgenden Beispiele sollen aufzeigen, wie KI-Prozesse diesen Effizienzgewinn bewirken können.

Automatisierte Planung und Zeitmanagement

Künstliche Intelligenz ist in der Lage, umfangreiche Mengen an historischen Projektdaten zu analysieren, um Muster und Trends zu identifizieren. Diese Analyse gestattet eine präzise Vorhersage von Projektzeiten und -abläufen. Durch das Erkennen von wiederkehrenden Mustern kann KI wertvolle Einblicke in die Planung und Durchführung von Bauprojekten bieten.

Mittels KI lassen sich automatisch Zeitpläne generieren, die sowohl die spezifischen Projektanforderungen als auch historische Leistungsdaten berücksichtigen. Dies reduziert den Bedarf an manueller Planung und sorgt für eine optimale Ressourcenverwendung. Die generierten Zeitpläne sind präzise und effizient, was zu einer besseren Projektplanung und -durchführung führt.

Ressourcenallokation und -optimierung

Durch die Integration von Sensoren und IoT-Geräten, unterstützt von Künstlicher Intelligenz, wird eine Echtzeitüberwachung von Ressourcen wie Arbeitskraft, Maschinen und Material ermöglicht. Diese fortlaufende Überwachung erlaubt eine dynamische Anpassung der Ressourcenallokation basierend auf aktuellen Projektbedürfnissen. So können Engpässe erkannt und umgehend abgestellt werden, um den reibungslosen Ablauf des Bauprojekts sicherzustellen.

KI ist in der Lage, automatisch Entscheidungen zu treffen, wie Ressourcen am effizientesten eingesetzt werden sollten. Dies geschieht auf Grundlage der aktuellen Projektbedingungen und der vordefinierten Ziele. Die KI analysiert kontinuierlich die verfügbaren Daten und trifft intelligente Entscheidungen, um sicherzustellen, dass die Ressourcen optimal genutzt werden und die Projektziele erreicht werden.

Kollaboration und Kommunikation

KI-gestützte Plattformen spielen eine wesentliche Rolle bei der Förderung der Zusammenarbeit in Bauprojekten. Sie ermöglichen eine Echtzeitkommunikation und den reibungslosen Informationsaustausch zwischen verschiedenen Projektbeteiligten, einschließlich Architekten, Bauunternehmern, Ingenieuren und Auftraggebern. Diese Plattformen bieten einen zentralen Ort für die gemeinsame Arbeit an Projektdokumenten, Plänen und Daten. Durch die Integration von KI können sie nicht nur den Informationsaustausch erleichtern, sondern auch Daten analysieren, um relevante Erkenntnisse bereitzustellen. Dies beschleunigt Entscheidungsprozesse, minimiert Verzögerungen aufgrund von Kommunikationslücken und trägt zur effizienten Durchführung von Bauprojekten bei.

Eine KI ist in der Lage, automatisch Benachrichtigungen zu generieren, um Projektbeteiligte über wichtige Entwicklungen zu informieren. Dies kann Meilensteine betreffen, die erreicht wurden, oder Änderungen im Zeitplan, die erforderlich sind. Diese automatisierten Benachrichtigungen dienen dazu, alle Beteiligten auf dem Laufenden zu halten und sicherzustellen, dass sie rechtzeitig über relevante Informationen verfügen. Dadurch wird die Kommunikation verbessert, und das Projektteam kann proaktiv auf Herausforderungen reagieren, um den Projekterfolg zu gewährleisten.

Predictive Analytics für Baufortschritt

Künstliche Intelligenz kann umfassende Baufortschrittsdaten analysieren, um prädiktive Modelle zu erstellen. Diese Modelle basieren auf historischen Baufortschrittsdaten und berücksichtigen verschiedene Parameter wie Arbeitsleistung, Witterungsbedingungen und Materialverfügbarkeit. Durch die Analyse dieser Daten kann KI eine genauere Schätzung des zukünftigen Baufortschritts erstellen. Dadurch fällt es Bauprojektteams leichter, realistischere Zeitpläne zu erstellen und Verzögerungen frühzeitig zu identifizieren. Darüber hinaus kann KI auch Empfehlungen zur Optimierung des Baufortschritts geben, um die Effizienz zu steigern und den Projekterfolg sicherzustellen.

Risiken beim Baufortschritt lassen sich durch KI antizipieren, indem diese historische Daten mit aktuellen Bedingungen vergleicht. Auf dieser Basis kann man potenzielle Engpässe und Hindernisse, die den Baufortschritt behindern könnten, proaktiv identifizieren. Die KI vermag Muster zu erkennen, die auf zukünftige Risiken hinweisen, und rechtzeitig Warnungen generieren. Projektteams werden dadurch in die Lage versetzt, geeignete Maßnahmen zu ergreifen, um Risiken zu minimieren und den Projektverlauf zu optimieren. Die Fähigkeit zur frühzeitigen Risikoerkennung ist wichtig, um Projekte termingerecht und innerhalb des Budgets abzuschließen.

Automatisierte Berichterstellung und Dokumentation

Künstliche Intelligenz kann einen erheblichen Mehrwert bieten, indem sie automatisch Daten aus verschiedenen Quellen integriert. Dies erlaubt die Erstellung aussagekräftiger Berichte und Analysen, ohne dass der mühsame manuelle Aufwand erforderlich ist, Daten manuell zusammenzuführen. KI ist in der Lage, Daten aus Bauprojektmanagement-Software, IoT-Geräten, Sensoren, finanziellen Berichten und anderen Quellen zu aggregieren und zu konsolidieren. Dadurch erhalten Projektteams einen umfassenden Überblick über den Projektstatus, der auf aktuellen und genauen Daten basiert.

KI-gesteuerte Systeme sind in der Lage, Echtzeitberichte zu generieren, die kontinuierlich aktualisiert werden, wenn sich die Projektbedingungen ändern. Dies ermöglicht es den Projektbeteiligten, stets den aktuellen Stand des Projekts zu verfolgen, ohne auf manuelle Aktualisierungen angewiesen zu sein. Echtzeitberichte bieten eine klare und genaue Sicht auf den Projektfortschritt, Ressourcenauslastung und potenzielle Engpässe. Dies erleichtert die Entscheidungsfindung und ermöglicht es den Teams, schnell auf Veränderungen zu reagieren und proaktiv Maßnahmen zu ergreifen.

Die Effizienzsteigerung im Bauprojektmanagement durch KI basiert auf der Automatisierung von Aufgaben, der präzisen Analyse großer Datenmengen und der Schaffung dynamischer und anpassungsfähiger Prozesse. Diese Ansätze versprechen nicht nur Zeit- und Kostenersparnis, sondern auch eine verbesserte Reaktionsfähigkeit auf sich ändernde Anforderungen. KI unterstützt die Projektteams dabei, fundierte Entscheidungen zu treffen, Ressourcen optimal zu nutzen und die Gesamteffizienz des Bauprojektmanagements zu steigern.

Verbesserung der Bauqualität

Die Integration künstlicher Intelligenz im Bauprojektmanagement trägt maßgeblich zur Verbesserung der Bauqualität bei, indem sie verschiedene Prozesse optimiert und Qualitätskontrollen auf ein neues Niveau hebt. Nachfolgend einige detaillierte Erklärungen dazu.

Frühzeitige Mängelerkennung

Künstliche Intelligenz hat die Fähigkeit, visuelle Analysen von Bauplänen und Baufortschritten durchzuführen, um frühzeitig potenzielle Mängel oder Abweichungen von den Qualitätsstandards zu identifizieren. Dies geschieht durch den Einsatz fortschrittlicher Bildverarbeitungsalgorithmen, die in der Lage sind, Baupläne und Aufnahmen von Baustellen auf Anomalien oder Qualitätsprobleme zu überprüfen. Mittels KI lassen sich beispielsweise Risse, Verschiebungen oder andere Unregelmäßigkeiten in der Bauausführung erkennen, die für das menschliche Auge schwer zu identifizieren wären. Durch die frühzeitige Erkennung solcher Probleme lässt KI eine sofortige Intervention zu, um die Qualität des Bauprojekts zu gewährleisten und kostspielige spätere Reparaturen zu verhindern.

Eine weitere wichtige Anwendung von KI im Kontext der Qualitätskontrolle im Bauprojektmanagement ist die Bildverarbeitung. Hierbei werden Bildverarbeitungstechnologien eingesetzt, um visuelle Informationen von Baustellenbildern oder Videos zu extrahieren und automatisch auf mögliche Qualitätsprobleme hinzuweisen. KI kann beispielsweise Materialdefekte, unsachgemäße Installationen oder Sicherheitsverstöße erkennen, indem es Bilder und Videos analysiert. Dies gestattet eine schnelle Reaktion und die Behebung von Qualitätsproblemen, bevor sie sich auf das gesamte Bauprojekt auswirken. Die Bildverarbeitung durch KI bietet somit eine zusätzliche Schutzschicht zur Gewährleistung der Bauqualität und Sicherheit auf der Baustelle.

Materialprüfung und -qualität

Die Integration von Sensoren auf Baustellen ermöglicht es KI, kontinuierlich die Qualität von Baumaterialien zu überwachen. Diese Sensoren können verschiedene Parameter wie Festigkeit, Dichte und Feuchtigkeit messen. Abweichungen von den Qualitätsstandards werden von KI automatisch erkannt und gemeldet. Zum Beispiel kann ein Sensor feststellen, wenn der Beton nicht die erforderliche Festigkeit aufweist oder wenn Holzfeuchtewerte außerhalb des akzeptablen Bereichs liegen. Dadurch kann unmittelbar reagiert werden, um die Qualität der Bauarbeiten sicherzustellen und Fehler frühzeitig zu beheben.

KI kann historische Daten zur Materialqualität analysieren, um Trends und Muster zu identifizieren. Durch die Analyse vergangener Bauprojekte kann KI vorhersagen, welche Materialien und Lieferanten tendenziell zu qualitativ hochwertigen Ergebnissen führen. Diese Erkenntnisse können bei der Auswahl von Materialien und Lieferanten für zukünftige Projekte genutzt werden.

KI gewährleistet die Einhaltung von Qualitätsstandards und -protokollen, indem es Baupläne, Spezifikationen und Bauvorschriften überprüft. Dies erfolgt in Echtzeit, und bei Abweichungen werden automatisch Warnungen generiert. Auf diese Weise wird sichergestellt, dass die Bauarbeiten den vereinbarten Standards entsprechen.

Mittels KI lassen sich Inspektionen automatisch protokollieren, indem visuelle Daten und Ergebnisse von Qualitätstests aufgezeichnet werden. Dies verbessert die Transparenz und Nachverfolgbarkeit von Qualitätsprüfungen. Inspektionsdaten werden in einer strukturierten Form gespeichert, was die spätere Überprüfung und Analyse erleichtert.

KI ermöglicht eine Echtzeitüberwachung der Bauprozesse, um sicherzustellen, dass alle Schritte gemäß den Qualitätsstandards durchgeführt werden. Dies erfolgt durch die Verknüpfung von Sensordaten und Prozessabläufen. Wenn ein

Prozess von den Standards abweicht, kann sofort eine Warnung ausgegeben werden.

KI lernt aus den Daten und kann die Qualitätskontrollprozesse kontinuierlich anpassen. Wenn neue Erkenntnisse oder sich ändernde Anforderungen auftreten, kann KI Empfehlungen für Optimierungen geben. Dies bildet die Grundlage für eine ständige Verbesserung der Qualitätskontrolle.

KI erstellt automatisch Dokumentationen zu Qualitätskontrollen, einschließlich Berichten, Bildern und Analysen. Dies vereinfacht die Erstellung sowohl von Qualitätsnachweisen als auch von Qualitätsberichten erheblich. Alle relevanten Informationen werden systematisch erfasst und können jederzeit abgerufen werden.

Durch KI können qualitätsbezogene Daten über einen längeren Zeitraum analysiert werden. Dadurch können langfristige Trends und Verbesserungen in der Bauqualität identifiziert werden. Die langfristige Analyse ermöglicht es Unternehmen, ihre Qualitätskontrollprozesse kontinuierlich zu optimieren und sicherzustellen, dass sie den sich ändernden Anforderungen entsprechen.

Die Integration von KI in das Bauprojektmanagement bietet eine umfassende Lösung zur Gewährleistung der Bauqualität. Von der Materialüberwachung über die Einhaltung von Standards bis hin zur kontinuierlichen Prozessoptimierung und Dokumentation wird die Qualitätssicherung effizienter und präziser. Dies trägt dazu bei, das Vertrauen der Kunden zu stärken und das Ansehen des Unternehmens in der Branche zu festigen.

Kostensenkung

Die Implementierung künstlicher Intelligenz im Bauprojektmanagement kann dazu beitragen, Kosten auf verschiedene Weisen zu senken. Im Folgenden finden sich nähere Erläuterungen zu den verschiedenen Ansätzen.

Kostenprognosen und Budgetierung

KI nutzt umfangreiche historische Daten, die aus vergangenen Bauprojekten gesammelt wurden, um präzise Kostenprognosen für zukünftige Projekte zu erstellen. Diese Daten umfassen Informationen zu Materialkosten, Arbeitskosten, Zeitplänen, Qualitätskontrollen und möglichen Risiken. Die Analyse dieser Daten ermöglicht es KI, Trends und Muster zu identifizieren, die bei der Erstellung von Budgets berücksichtigt werden können. Zum Beispiel kann KI erkennen, dass in den letzten Projekten die Materialkosten um eine bestimmte Rate gestiegen sind und dies in die Prognose für das zukünftige Projekt einbeziehen.

Berücksichtigung von Variablen

KI berücksichtigt eine Vielzahl von Variablen bei der Erstellung von Budgets. Dazu gehören Materialkosten, Arbeitskosten, mögliche Inflation, Währungsschwankungen und Risiken wie Lieferverzögerungen oder Änderungen in den Bauplänen. KI verwendet fortschrittliche Modelle und Algorithmen, um diese Variablen zu analysieren und realistische Budgets zu erstellen. Dies ermöglicht es Unternehmen, fundierte finanzielle Entscheidungen zu treffen und Risiken zu minimieren. Darüber hinaus kann KI Szenarioanalysen durchführen, um verschiedene Budgetoptionen unter Berücksichtigung verschiedener Variablen zu präsentieren und Entscheidungsträgern bei der Auswahl der besten Option zu unterstützen.

Ressourcenoptimierung

KI-gesteuerte Sensoren ermöglichen eine Echtzeitüberwachung von Ressourcen wie Arbeitskraft, Maschinen und Material. Dies bedeutet, dass Sie jederzeit den genauen Standort und den Zustand Ihrer Ressourcen verfolgen können. Dadurch können Sie Ressourcen effizienter nutzen, da Sie sofort auf Änderungen oder Engpässe reagieren können. Beispiel: Wenn eine Maschine unerwartet ausfällt, kann KI alternative Pläne vorschlagen, um den Fortschritt des Projekts nicht zu gefährden.

KI versetzt Betriebe in die Lage, automatisch Ressourcen basierend auf aktuellen Bedürfnissen und Projekterfordernissen zu optimieren, um Überkapazitäten zu vermeiden. Das bedeutet, dass Sie nicht unnötig Ressourcen verschwenden, sondern diese gezielt einsetzen können. Wenn zum Beispiel ein bestimmter Bauabschnitt schneller voranschreitet als erwartet, kann KI vorschlagen, Arbeitskräfte und Materialien von anderen Bereichen umzuleiten, um die Effizienz zu steigern.

Die automatische Analyse und Bewertung von Angeboten kann ebenfalls von KI übernommen werden, indem diese verschiedene Parameter wie Kosten, Qualität und Lieferzeiten berücksichtigt. Dies beschleunigt den Angebotsprozess erheblich und hilft, die besten Angebote auszuwählen. Darüber hinaus kann KI Ausschreibungsprozesse optimieren, indem sie den gesamten Prozess von der Erstellung der Ausschreibungsdokumente bis zur Auswahl des Gewinners automatisiert.

KI vermag den Zustand von Maschinen und Ausrüstungen zu überwachen und vorhersagen, wann Wartungsarbeiten erforderlich sind. Dies reduziert ungeplante Ausfallzeiten erheblich, da sich Wartungsarbeiten rechtzeitig planen lassen. Das senkt die Instandhaltungskosten und sorgt für einen reibungsloseren Betriebsablauf.

KI erlaubt es, Risikofaktoren zu analysieren und frühzeitig auf potenzielle Kostenrisiken hinzuweisen. Dies ermöglicht eine proaktive Bewältigung und Minimierung von negativen finanziellen Auswirkungen. Wenn zum Beispiel KI erkennt, dass Lieferungen von kritischen Baustoffen verzögert werden könnten, kann sie alternative Beschaffungsquellen vorschlagen oder den Zeitplan entsprechend anpassen.

Durch die Simulation verschiedener Szenarien kann KI dazu beitragen, potenzielle Kostenentwicklungen zu verstehen und fundierte Entscheidungen zur Risikominimierung zu treffen. Es lassen sich verschiedene Was-wäre-wenn-Szenarien durchspielen, um die Auswirkungen von Veränderungen in den Projektbedingungen zu verstehen und die besten Entscheidungen zu treffen.

KI ist in der Lage, automatisch Echtzeitberichte zu erstellen, die den aktuellen Kostenstatus eines Projekts widerspiegeln. Dies erleichtert die schnelle Entscheidungsfindung, da man immer über die neuesten Informationen verfügt. Darüber hinaus kann KI Rechnungen automatisch prüfen und sicherstellen, dass sie mit den vereinbarten Budgets und Vertragsbedingungen übereinstimmen. Dies reduziert das Risiko von Fehlern und Unstimmigkeiten in der Buchführung und spart Zeit und Ressourcen.

Die Nutzung von KI im Bauprojektmanagement verspricht nicht nur Kosteneffizienz, sondern auch eine präzisere Kontrolle über das Budget und eine proaktive Bewältigung potenzieller

Kostenrisiken. Dies trägt dazu bei, Projekte pünktlich und innerhalb des Budgets abzuschließen, was die Rentabilität und den Erfolg Ihres Unternehmens steigert.

Identifizierung und Bewältigung von Risiken

Die Integration künstlicher Intelligenz im Bauprojektmanagement ermöglicht eine effizientere Identifizierung und Bewältigung von Risiken. Nachfolgend sind detaillierte Erklärungen dazu, wie KI bei diesem komplexen Prozess unterstützen kann.

Analyse großer Datenmengen

KI ist in der Lage, große Mengen historischer Projektdaten zu analysieren, um Muster und Trends zu identifizieren. Dies bedeutet, dass Sie aus vergangenen Projekten lernen können, indem Sie analysieren, welche Risiken aufgetreten sind, wie sie bewältigt wurden und welche Auswirkungen sie auf den Projektverlauf und das Budget hatten. Indem Sie diese Informationen nutzen, können Sie zukünftige Projekte besser planen und Risiken proaktiv angehen. Zum Beispiel kann KI erkennen, dass in vergangenen Projekten Lieferverzögerungen aufgrund von Engpässen bei einem bestimmten Lieferanten aufgetreten sind, und empfehlen, alternative Lieferanten in Betracht zu ziehen.

Die Integration von branchenspezifischen Datenquellen erlaubt es KI, auf spezifische Risiken im Bauprojektmanagement einzugehen und frühzeitig auf branchenspezifische Herausforderungen zu reagieren. Dies bedeutet, dass KI nicht nur allgemeine Risiken identifizieren kann, sondern auch solche, die speziell für die Bauindustrie gelten. Zum Beispiel kann KI Informationen aus Branchenquellen über regulatorische Änderungen, Materialverfügbarkeit oder saisonale Schwankungen in der Bauaktivität nutzen, um Risiken zu identifizieren, die in anderen Branchen möglicherweise nicht relevant sind. Dadurch können Sie Maßnahmen ergreifen, um diese spezifischen Risiken zu minimieren und besser auf die Besonderheiten Ihrer Branche einzugehen.

Die Analyse historischer Daten und die Integration branchenspezifischer Informationen ermöglichen es, Risiken besser zu verstehen und gezielt anzugehen. Dies trägt dazu bei, Projekte reibungsloser abzuwickeln und unerwartete Kosten und Verzögerungen zu minimieren.

Frühzeitige Risikoerkennung

Sensoren und IoT-Geräte, unterstützt von KI, erlauben eine Echtzeitüberwachung von Baustellen. Diese Sensoren sind an verschiedenen Standorten auf der Baustelle platziert und erfassen kontinuierlich Daten zu verschiedenen Parametern wie Temperatur, Luftfeuchtigkeit, Vibrationen und mehr. Durch KI lassen sich diese Daten in Echtzeit analysieren und unregelmäßige oder abnormale Muster erkennen. Zum Beispiel kann KI erkennen, wenn die Temperatur plötzlich stark ansteigt, was auf ein potenzielles Feuerrisiko hinweisen könnte, oder wenn Vibrationen außerhalb des erwarteten Bereichs auftreten, was auf strukturelle Probleme hinweisen könnte. Durch diese sofortige Erkennung ist es möglich, auf potenzielle Risikofaktoren schnell zu reagieren und Schäden oder Verzögerungen zu vermeiden.

Mittels KI lassen sich unstrukturierte Daten wie Texte und Bilder analysieren, um verborgene oder nicht offensichtliche

Risiken zu identifizieren, die durch traditionelle Analysemethoden möglicherweise übersehen werden. Zum Beispiel können Bauberichte, die von verschiedenen Teams auf der Baustelle erstellt werden, wichtige Informationen über potenzielle Risiken enthalten. KI ist in der Lage, diese Texte zu analysieren, Muster zu erkennen und auf potenzielle Probleme hinzuweisen. Darüber hinaus kann KI Bilder von der Baustelle analysieren, um visuelle Anomalien zu identifizieren. Wenn beispielsweise auf Fotos Risse in einer Betonstruktur sichtbar werden, kann KI darauf hinweisen, dass weitere Inspektionen oder Reparaturen erforderlich sind. Durch diese Text- und Bildanalyse lassen sich Risiken frühzeitig erkennen und Maßnahmen zur Risikominderung ergreifen, bevor sie zu ernsthaften Problemen werden.

Die Kombination von Echtzeitüberwachung und Text- und Bildanalyse durch KI bietet eine umfassende Lösung zur Identifizierung und Bewältigung von Risiken auf Baustellen. Dies trägt dazu bei, die Sicherheit, Qualität und Effizienz von Bauprojekten zu verbessern.

Riskante Mustererkennung

Mithilfe von maschinellem Lernen ist KI in der Lage, riskante Muster in Projektdaten zu erkennen. Dies geschieht, indem die KI-Algorithmen große Mengen historischer Projektdaten analysiert, darunter Faktoren wie Projektgröße, Standort, Teamzusammensetzung, Wetterbedingungen, Materialverfügbarkeit und mehr. Die KI kann aus diesen Daten lernen und Muster oder Trends identifizieren, die mit Risiken in Zusammenhang stehen. Zum Beispiel könnte die KI feststellen, dass Projekte in bestimmten geografischen Regionen während bestimmter Jahreszeiten ein höheres Risiko für Verzögerungen aufweisen. Aufgrund dieser Erkenntnisse kann die KI eine prädiktive Analyse durchführen und vorhersagen, welche Risiken bei zukünftigen Projekten auftreten könnten. Dies erlaubt es, proaktiv Maßnahmen zur Risikominimierung zu ergreifen, bevor sie sich auf das Projekt auswirken.

Komplexe Korrelationsanalysen lassen sich mittels KI durchführen, um Zusammenhänge zwischen verschiedenen Variablen und Risiken zu identifizieren, die für menschliche Analysten schwer nachvollziehbar wären. Bei der Korrelationsanalyse untersucht die KI die Beziehungen zwischen verschiedenen Faktoren und Risiken. Zum Beispiel könnte die KI feststellen, dass bestimmte Materiallieferverzögerungen häufiger auftreten, wenn ein bestimmter Lieferant beauftragt wird. Oder sie könnte erkennen, dass Verzögerungen in der Planung oft mit unerwarteten Wetterereignissen zusammenhängen. Diese Erkenntnisse ermöglichen es, gezielt Maßnahmen zu ergreifen, um diese spezifischen Risiken zu minimieren. Korrelationsanalysen tragen dazu bei, Risiken besser zu verstehen und gezielte Strategien zur Risikobewältigung zu entwickeln.

Die Anwendung von maschinellem Lernen und Korrelationsanalysen durch KI trägt wesentlich dazu bei, die Präzision und Genauigkeit bei der Identifizierung und Bewältigung von Risiken in Bauprojekten zu verbessern. Dies führt zu einer insgesamt besseren Risikobewertung und -managementstrategie.

Szenarioanalysen und Risikobewertung

KI ist in der Lage, Szenarioanalysen und Simulationen durchzuführen, um die Auswirkungen verschiedener Risikoszenarien auf den Projektverlauf und die Kosten umfassend zu bewerten. Bei dieser Methode berücksichtigt die KI eine Vielzahl von Variablen und Aspekten, die das Projekt beeinflussen können. Dazu gehören Faktoren wie Wetterbedingungen, Materialverfügbarkeit, Arbeitskräftestruktur, politische Ereignisse und mehr. Die KI kann diese Variablen miteinander kombinieren und verschiedene Risikoszenarien simulieren, um herauszufinden, wie sich diese auf den Projektverlauf auswirken könnten. Zum Beispiel könnte die KI simulieren, wie sich ein unerwarteter Materialengpass während der Hochsaison auf die Projektkosten und den Zeitplan auswirken würde. Diese Simulationen geben Projektmanagern die Möglichkeit, Risiken besser zu verstehen und Prioritäten zu setzen.

KI verwendet spezielle Algorithmen und Modelle, um Risiken quantitativ zu bewerten. Dabei werden verschiedene Parameter und Faktoren berücksichtigt, die die Schwere eines Risikos beeinflussen, wie beispielsweise die Eintrittswahrscheinlichkeit und die potenziellen Auswirkungen. Durch die quantitative Bewertung können Risiken in klare und vergleichbare Messgrößen umgewandelt werden. Dies ermöglicht es Projektmanagern, Risiken systematisch zu bewerten und zu priorisieren, da sie nun eine objektive Grundlage für Entscheidungen haben. Zum Beispiel kann die KI feststellen, dass ein bestimmtes Risiko eine hohe Eintrittswahrscheinlichkeit und erhebliche finanzielle Auswirkungen hat, was es zu einem kritischen Risiko macht, das besondere Aufmerksamkeit erfordert.

Simulationen und quantitative Bewertungen durch KI ermöglichen eine fundierte und datengestützte Herangehensweise an das Risikomanagement im Bauprojektmanagement. Dies trägt dazu bei, Risiken besser zu verstehen, effektivere Strategien zur Risikominimierung zu entwickeln und die Projektperformance zu optimieren.

Automatisierte Handlungsempfehlungen

KI vermag automatisch Handlungsempfehlungen zu generieren, um auf identifizierte Risiken im Bauprojektmanagement zu reagieren. Diese Empfehlungen basieren auf einer umfassenden Analyse der Risikosituation und können verschiedene Optionen zur Risikobewältigung umfassen. Zum Beispiel könnte die KI empfehlen, bestimmte Sicherheitsmaßnahmen zu ergreifen, Lieferverträge neu zu verhandeln, zusätzliche Ressourcen zuzuweisen oder alternative Projektpläne zu entwickeln. Diese Empfehlungen sind darauf ausgerichtet, die Risiken in einer Weise anzugehen, die die Projektziele und -anforderungen bestmöglich berücksichtigt.

Bei der Priorisierung von Maßnahmen zur Risikobewältigung bewertet KI die identifizierten Risiken anhand verschiedener Kriterien, wie Eintrittswahrscheinlichkeit, potenzielle Auswirkungen, Kosten und Zeitrahmen. Basierend auf diesen Bewertungen kann die KI feststellen, welche Maßnahmen am effektivsten sind und welche Risiken die höchste Priorität eingeräumt werden sollte. Dies ermöglicht es Projektmanagern, ihre begrenzten Ressourcen gezielt auf die Risiken zu konzentrieren, die die größte Bedrohung für den Projekterfolg darstellen.

Insgesamt unterstützen intelligente Empfehlungen und die Priorisierung von Maßnahmen durch KI Projektmanager dabei, Risiken effektiv zu managen und proaktiv auf Herausforderungen zu reagieren. Diese datengestützten Ansätze tragen dazu bei, die Erfolgsaussichten von Bauprojekten zu verbessern und potenzielle Probleme frühzeitig anzugehen.

Kontinuierliches Lernen und Anpassung

Die Nutzung von KI beim Risikomanagement im Bauprojektmanagement bietet die Möglichkeit kontinuierlicher Lernprozesse. KI-gestützte Systeme können aus vergangenen Projekten und Erfahrungen lernen und ihre Modelle fortlautend anpassen. Dies bedeutet, dass die KI nicht nur auf bekannte Risiken reagiert, sondern auch neue Muster und Trends erkennt, die zuvor unentdeckt geblieben sein könnten. Die kontinuierliche Verbesserung der Risikoerkennung und -bewältigung durch KI trägt dazu bei, dass Bauprojekte noch widerstandsfähiger gegenüber unvorhergesehenen Herausforderungen werden.

Der KI steht ein ständig wachsendes Wissensreservoir zur Verfügung, das aus vergangenen Projekten und Erfahrungen gespeist wird. Dieses Wissen kann auf aktuelle Risikosituationen angewendet werden, um frühzeitig auf mögliche Gefahren hinzuweisen und entsprechende Maßnahmen zur Risikobewältigung vorzuschlagen. Die Fähigkeit der KI, von vergangenen Projekten zu lernen und dieses Wissen in Echtzeit anzuwenden, verbessert die Fähigkeit des Risikomanagements, auf veränderte Bedingungen und neue Herausforderungen flexibel zu reagieren.

Die Anwendung von KI beim Risikomanagement im Bauprojektmanagement geht über traditionelle Ansätze hinaus und ermöglicht eine schnellere, präzisere und proaktivere Identifizierung und Bewältigung von Risiken. Dies trägt dazu bei, die Resilienz von Bauprojekten zu stärken und potenzielle negative Auswirkungen auf den Projekterfolg zu minimieren. Durch den kontinuierlichen Lernprozess und die Nutzung von Erfahrungswerten kann KI dazu beitragen, dass Bauprojekte nicht nur effizienter, sondern auch widerstandsfähiger gegenüber Risiken werden.

Integration in Unternehmen und Organisationen

Die Integration Künstlicher Intelligenz in Unternehmen und Organisationen erfordert einen sorgfältig durchdachten und strategischen Ansatz. Um die Potenziale von KI erfolgreich in die Unternehmenspraxis zu integrieren, sollten folgende detaillierte Schritte und Überlegungen berücksichtigt werden:

Strategische Planung

Ein maßgeblicher Schritt bei der Integration von Künstlicher Intelligenz in Unternehmen ist die klare Definition von Geschäftszielen, die durch den Einsatz von KI unterstützt werden sollen. Diese Ziele sollten eng mit den übergeordneten Unternehmenszielen verknüpft sein und den Mehrwert hervorheben, den KI bringen kann. Die Identifikation von klaren Geschäftszielen ermöglicht es Unternehmen, den Fokus auf diejenigen KI-Anwendungen zu legen, die den größten Mehrwert und die besten Chancen bieten, die gewünschten Ergebnisse zu erzielen. Dies erleichtert zudem die Kommunikation und das Verständnis innerhalb des Unternehmens, warum der Einsatz von KI strategisch wichtig ist.

Eine gewichtige Komponente bei der Integration von künstlicher Intelligenz in Unternehmen ist die enge Abstimmung der KI-Strategie mit der allgemeinen Unternehmensstrategie. Dies gewährleistet, dass die Implementierung von KI nahtlos in die langfristigen Ziele und Visionen des Unternehmens eingebettet ist. Die Auswirkungen von KI-Initiativen sollten kontinuierlich überwacht und bewertet werden, um sicherzustellen, dass sie den strategischen Zielen entsprechen. Bei Bedarf sollten Anpassungen vorgenommen werden.

Die Abstimmung mit der Unternehmensstrategie stellt sicher, dass KI nicht isoliert, sondern als integraler Bestandteil der Geschäftsstrategie betrachtet wird. Dies fördert die Effektivität, den langfristigen Erfolg und die Wettbewerbsfähigkeit des Unternehmens.

Technologische Infrastruktur

Ein bestimmender Faktor für den erfolgreichen Einsatz von Künstlicher Intelligenz in Unternehmen ist ein solides Datenmanagement. Unternehmen müssen sicherstellen, dass eine robuste Dateninfrastruktur vorhanden ist, um den Bedarf an qualitativ hochwertigen Daten für KI-Anwendungen zu decken. Dies umfasst mehrere Aspekte:

- Datenerfassung: Unternehmen sollten Mechanismen zur systematischen Erfassung von relevanten Datenquellen implementieren. Dies kann sowohl strukturierte als auch unstrukturierte Daten umfassen.

- Datenspeicherung: Die gesammelten Daten sollten sicher und effizient gespeichert werden. Dies kann die Verwendung von Cloud-Speicherlösungen oder lokal installierten Datenspeichern einschließen.

- Datensicherheit: Der Schutz der Daten ist von höchster Bedeutung. Unternehmen müssen robuste Sicherheitsmaßnahmen implementieren, um sicherzustellen, dass die gesammelten Daten vor unbefugtem Zugriff und Datenverlust geschützt sind.

Die erfolgreiche Integration von KI-Systemen erfordert, dass diese nahtlos in die bestehende IT-Infrastruktur des Unternehmens integriert werden können. Dies stellt sicher, dass KI-Anwendungen reibungslos mit anderen Systemen und Prozessen zusammenarbeiten können. Die Auswahl von flexiblen und skalierbaren Lösungen für die KI-Integration ist von wesentlicher Bedeutung, um die Anpassungsfähigkeit an zukünftige Anforderungen sicherzustellen.

Die Kombination eines effektiven Datenmanagements und der Fähigkeit zur reibungslosen Integration von KI-Systemen gewährleistet, dass Unternehmen von den Vorteilen der KI profitieren können, ohne die Stabilität und Sicherheit ihrer IT-Infrastruktur zu gefährden.

Schulung und Qualifizierung

Eine Schlüsselkomponente für die erfolgreiche Integration von Künstlicher Intelligenz in Unternehmen stellt die Schulung der Mitarbeiter dar. Unternehmen müssen sicherstellen, dass ihr Team über die relevanten KI-Fähigkeiten verfügt, um die neuen Technologien effektiv nutzen zu können. Hierzu einige wichtige Überlegungen:

- Schulungsmethoden: Die Schulung der Mitarbeiter kann verschiedene Formen aufweisen, darunter Online-Kurse, Workshops, Seminare und Zertifizierungsprogramme. Die Auswahl der geeigneten Schulungsmethoden sollte den Bedürfnissen und dem Kenntnisstand der Mitarbeiter entsprechen.
- Anpassung an die Bedürfnisse: Die Schulungsprogramme sollten maßgeschneidert sein, um die spezifischen Anforderungen und Ziele des Unternehmens zu erfüllen. Dies kann

die Schulung in bestimmten KI-Tools oder -Technologien umfassen, die für die Geschäftsziele relevant sind.

- Kontinuierliche Weiterbildung: KI ist ein sich ständig weiterentwickelndes Feld. Daher ist es wichtig, dass die Mitarbeiter kontinuierlich auf dem neuesten Stand bleiben und ihre Fähigkeiten aktualisieren.

Neben der Schulung der vorhandenen Mitarbeiter kann es auch sinnvoll sein, KI-Experten und Datenwissenschaftler in das Team aufzunehmen. Dies stärkt die interne Expertise und stellt sicher, dass das Unternehmen von erstklassigem Knowhow profitiert. Diese Experten können bei der Entwicklung von KI-Strategien, der Auswahl der richtigen Technologien und der Umsetzung von KI-Projekten eine wesentliche Rolle spielen.

Die Kombination von Mitarbeitertraining und dem Aufbau von KI-Expertise stellt sicher, dass das Unternehmen über die notwendigen Fähigkeiten und Ressourcen verfügt, um KI erfolgreich zu integrieren und zu nutzen.

Change Management

In einem erfolgreichen Prozess der KI-Implementierung ist eine transparente Kommunikation von erheblicher Bedeutung. Die Mitarbeiter sollten umfassend über die Vorteile und Ziele der KI-Implementierung informiert werden. Dies hilft, Unsicherheiten und Bedenken zu minimieren und das Verständnis für die Veränderungen zu fördern. Eine offene Kommunikation ermöglicht es den Mitarbeitern zudem, sich in den Prozess einzubringen und Feedback zu geben, was die Akzeptanz erhöhen kann.

Bei Veränderungen im Unternehmen können Konflikte und Widerstände auftreten. Daher sollten Change-Management-Maßnahmen darauf abzielen, mögliche Bedenken und Konflikte frühzeitig zu identifizieren und anzugehen. Dies kann durch die Bereitstellung von Support-Mechanismen erfolgen, wie beispielsweise Mentorship-Programme oder Schulungen zur Konfliktlösung. Diese Maßnahmen können dazu beitragen, die Mitarbeiter während des Veränderungsprozesses zu unterstützen und die Akzeptanz der KI-Implementierung zu fördern.

Die Kombination aus transparenter Kommunikation, Mitarbeiterbeteiligung und geeigneten Support-Mechanismen ist entscheidend, um die erfolgreiche Integration von KI in Unternehmen zu gewährleisten und mögliche Herausforderungen im Change-Management zu bewältigen.

Forschung und Entwicklung

Eine bewährte Methode bei der Einführung neuer Systeme in Unternehmen ist der Start mit kleinen Pilotprojekten. Hierdurch kann der Einsatz von KI in spezifischen Bereichen oder Geschäftsprozessen getestet werden, ohne sofort eine umfassende Implementierung vornehmen zu müssen. Pilotprojekte bieten mehrere Vorteile:

- Durch Pilotprojekte können Unternehmen wertvolle Erkenntnisse darüber sammeln, wie KI in ihrem spezifischen Umfeld funktioniert. Dies hilft, potenzielle Herausforderungen und Chancen frühzeitig zu identifizieren.

- Kleine Pilotprojekte ermöglichen es Unternehmen, das Risiko zu minimieren, das mit einer groß angelegten Implementierung verbunden ist. Wenn ein Pilotprojekt nicht den gewünschten Erfolg zeigt, kann es ohne weitreichende

Auswirkungen auf das gesamte Unternehmen angepasst oder verworfen werden.

Neben Pilotprojekten ist es ebenso wichtig, eine Innovationskultur im Unternehmen zu fördern. Dies beinhaltet die Schaffung eines Umfelds, in dem neue Ideen willkommen sind und Fehler als Teil des Lernprozesses betrachtet werden. Eine Innovationskultur ermutigt Mitarbeiter dazu, kreative Lösungen für spezifische Unternehmensherausforderungen zu erforschen und die besten Ansätze für den Einsatz von KI zu finden.

Die Kombination von Pilotprojekten und einer Innovationskultur erlaubt es Unternehmen, schrittweise und mit einem offenen Geist in die Welt der KI einzusteigen. Dies trägt dazu bei, den Erfolg bei der Implementierung von KI zu steigern und eine nachhaltige Kultur der Innovation zu etablieren.

Regulatorische Aspekte und Ethik

Bei der Einführung von Künstlicher Intelligenz in Unternehmen ist es von hoher Bedeutung, sicherzustellen, dass die KI-Implementierung den gesetzlichen Vorschriften entspricht. Besonders in Bezug auf Datenschutz und ethische Standards müssen Unternehmen gewährleisten, dass sie alle relevanten gesetzlichen Anforderungen erfüllen. Dies beinhaltet die Einhaltung von Datenschutzgesetzen wie der Datenschutz-Grundverordnung (DSGVO) in der EU und anderen regionalen Datenschutzbestimmungen. Die rechtlichen Rahmenbedingungen sollten kontinuierlich überwacht werden, weil sich die Vorschriften in diesem Bereich weiterentwickeln können.

Bei der Einführung von Künstlicher Intelligenz in Unternehmen, insbesondere in Branchen mit hohen Datenschutzregulierungen, sind verschiedene Aspekte zu beachten, um die Einhaltung der Datenschutzbestimmungen sicherzustellen. Hierzu einige wichtige Überlegungen:

- Stellen Sie sicher, dass alle KI-Anwendungen den Bestimmungen der Datenschutz-Grundverordnung (DSGVO) entsprechen. Beachten Sie auch lokale Gesetze und Vorschriften, die für eine jeweilige Region gelten.

- Informieren Sie Betroffene transparent darüber, welche Daten erfasst werden, zu welchem Zweck und wie diese verarbeitet werden. Klare Datenschutzerklärungen und transparente Prozesse sind maßgeblich.

- Sammeln Sie nur die Daten, die für den Zweck der KI-Anwendung erforderlich sind. Vermeiden Sie die Erhebung von überflüssigen oder nicht relevanten Informationen.

- Gewähren Sie Betroffenen das Recht, Auskunft über die über sie gespeicherten Daten zu erhalten, und stellen Sie sicher, dass Mechanismen für die Löschung personenbezogener Daten verfügbar sind, wenn diese nicht mehr benötigt werden.

- Achten Sie darauf, dass die Übertragung von Daten zwischen verschiedenen Systemen sicher erfolgt. Verschlüsselungstechnologien und sichere Datenübertragungsprotokolle sind essenziell, um Datenschutz zu gewährleisten.

- Führen Sie eine gründliche Datenschutz-Folgenabschätzung (DSFA) durch, um mögliche Risiken für die Privatsphäre zu identifizieren und entsprechende Maßnahmen zur Risikominderung zu ergreifen.

- Verwenden Sie Techniken wie Anonymisierung und Pseudonymisierung, um personenbezogene Daten zu schützen. Diese Maßnahmen können dazu beitragen, die Identifizierbarkeit von Einzelpersonen zu reduzieren.

- Holen Sie die ausdrückliche Einwilligung der Betroffenen ein, bevor Sie personenbezogene Daten für bestimmte Zwecke verwenden. Achten Sie darauf, dass die Einwilligung freiwillig, informiert, spezifisch und eindeutig ist.

- Führen Sie regelmäßige Datenschutz-Audits durch, um sicherzustellen, dass die KI-Anwendungen weiterhin den Datenschutzbestimmungen entsprechen. Aktualisieren Sie Ihre Datenschutzmaßnahmen entsprechend aktueller Entwicklungen.

- Implementieren Sie Datenschutz als grundlegendes Designprinzip bei der Einführung von KI-Anwendungen. Berücksichtigen Sie Datenschutz von Anfang an und nicht erst als nachträgliche Anpassung. Die Einhaltung von Datenschutzbestimmungen ist nicht nur eine rechtliche Anforderung, sondern auch ein vertrauensbildender Faktor gegenüber Kunden und Stakeholdern. Durch proaktive Datenschutzmaßnahmen können Unternehmen den Einsatz von KI verantwortungsbewusst und im Einklang mit gesetzlichen Vorschriften gestalten.

- Um eine verantwortungsbewusste Nutzung von KI zu gewährleisten, ist die Entwicklung und Implementierung klarer Ethikrichtlinien von wesentlicher Bedeutung. Diese Richtlinien sollten die Grundsätze und Werte des Unternehmens in Bezug auf den Einsatz von KI definieren. Dazu gehören Überlegungen zu Fairness, Transparenz, Datenschutz und ethischer Verantwortung. Die Ethikrichtlinien dienen als Leitfaden für die Entwicklung und Nutzung von KI-Anwendungen und helfen dabei, sicherzustellen, dass KI-Technologien im Einklang mit den Unternehmenswerten stehen.

Die Berücksichtigung rechtlicher Rahmenbedingungen und die Einführung klarer Ethikrichtlinien sind wichtige Schritte, um sicherzustellen, dass die KI-Implementierung nicht nur effizient und innovativ ist, sondern auch ethisch und gesetzeskonform erfolgt.

Monitoring und Optimierung

Unternehmen sollten einen fortlaufenden Prozess zur Überwachung und Bewertung der Leistung ihrer KI-Anwendungen etablieren. Dies umfasst die Messung von KPIs (Key Performance Indicators) und die Analyse von Ergebnissen im Vergleich zu den gesetzten Zielen. Die Leistungsbewertung ermöglicht es, Schwachstellen zu identifizieren und Anpassungen vorzunehmen, um die gewünschten Ergebnisse zu erzielen. Es ist wichtig, dass Unternehmen flexibel auf die Erkenntnisse aus der Leistungsbewertung reagieren und kontinuierliche Optimierungen vornehmen.

Die Implementierung von KI sollte agil sein, um auf sich ändernde Anforderungen, technologische Fortschritte und Marktdynamiken reagieren zu können. Unternehmen sollten in der Lage sein, ihre KI-Strategie und -Technologien anzupassen, um wettbewerbsfähig zu bleiben und die sich entwickelnden Bedürfnisse des Marktes zu erfüllen. Die Agilität in der KI-Implementierung bietet Unternehmen die Gelegenheit, flexibel auf neue Chancen und Herausforderungen zu reagieren.

Die erfolgreiche Integration von KI in Unternehmen erfordert einen holistischen Ansatz, der technologische, organisatorische, kulturelle und ethische Aspekte berücksichtigt. Eine kluge Strategie, unterstützt von Schulung, Change Management und kontinuierlicher Optimierung, ermöglicht es Unternehmen, das volle Potenzial von KI auszuschöpfen und sich in einer sich schnell entwickelnden digitalen Welt erfolgreich zu positionieren.

Beispiele von KI-Systemen

Nachfolgend finden Sie eine kleine Auswahl von KI-gestützten Systemen, die bereits heute im Bauprojektmanagement bzw. in der Bau- und Immobilienbranche zum Einsatz kommen.

www.spacemakerai.com/de
https://redshift.autodesk.de/generatives-design-ki
www.actimage.de
www.aurivus.com
www.bimkit.eu
www.buildots.com
www.contilio.com
www.openexperience.de
www.strucinspect.com
www.tuvsued.com
www.sdac.tech
www.eskimo-projekt.de
www.autodesk.com/bim-360
https://pasc.ai
www.robotic-eyes.com
www.chekker.com
www.baubot.com
www.bostondynamics.com

www.hilti.de
www.peri.de
www.trimble.com
www.boschsecurity.com
www.techem.com
www.tuvsud.com

Zusammenfassung und Ausblick

KI ermöglicht die Automatisierung von Planungs- und Zeitmanagementprozessen, optimiert die Ressourcenallokation und fördert die Echtzeitüberwachung für eine effizientere Projektdurchführung.

KI trägt durch frühzeitige Mängelerkennung, Materialprüfung und die Einhaltung von Qualitätsstandards zur kontinuierlichen Verbesserung der Bauqualität bei.

KI erlaubt präzise Kostenprognosen, optimiert die Nutzung von Ressourcen, automatisiert Angebotsprozesse, fördert prädiktive Wartung und unterstützt das Kostenrisikomanagement.

KI identifiziert frühzeitig Risiken durch Datenanalysen, Mustererkennung, Simulationen und automatisierte Handlungsempfehlungen, was zu einer proaktiven Risikobewältigung führt.

Strategische Planung, technologische Infrastruktur, Schulung, Change Management, Forschung und Entwicklung, die Einhaltung ethischer Grundsätze und kontinuierliches Monitoring sind fundamentale Elemente für eine erfolgreiche Integration von KI.

Die Integration von KI verspricht einen Paradigmenwechsel im Bauprojektmanagement. Durch die effiziente Nutzung von Daten, automatisierte Prozesse und präzise Analysen werden Unternehmen in der Lage sein, Projekte schneller, kosteneffizienter und qualitativ hochwertiger umzusetzen. Diese Effizienzsteigerungen führen zu verkürzten Projektzeiten, stärken die Wettbewerbsfähigkeit und erhöhen zugleich die Zufriedenheit der Stakeholder.

Die kontinuierliche Verbesserung der Bauqualität durch KI trägt dazu bei, das Vertrauen der Kunden zu stärken und das Ansehen des Unternehmens in der Branche zu festigen. Dies wiederum führt zu langfristigen Erfolgen und einer positiven Marktreputation.

Kosteneinsparungen und präzises Kostenrisikomanagement schaffen finanzielle Stabilität und verbessern die Rentabilität der Bauprojekte. Dadurch haben Unternehmen die Chance, wirtschaftlich nachhaltig zu agieren und finanzielle Ressourcen effektiver zu nutzen.

Die erfolgreiche Integration von KI schafft eine innovative Unternehmenskultur, die auf datengestützten Entscheidungen, kontinuierlichem Lernen und agilen Anpassungen basiert. Dies fördert die Agilität des Unternehmens und ermöglicht es, flexibel auf sich ändernde Marktbedingungen zu reagieren.

Langfristig wird die Anwendung von KI im Bauprojektmanagement nicht nur zu quantifizierbaren wirtschaftlichen Vorteilen führen, sondern auch zu einer nachhaltigen Entwicklung von Unternehmen, die sich an die Anforderungen einer digitalen Ära anpassen und als Vorreiter in der Branche agieren.

Handlungsempfehlung

Nachdem wir die transformative Wirkung von Künstlicher Intelligenz im Bauprojektmanagement auf den vorangegangenen Seiten näher beleuchtet haben, möchten wir konkrete Handlungsempfehlungen mit auf den Weg geben:

- Evaluieren Sie Ihr Unternehmen: Beginnen Sie damit, Ihre derzeitigen Prozesse und Herausforderungen im Bauprojektmanagement gründlich zu prüfen. Identifizieren Sie Bereiche, in denen der Einsatz von KI potenzielle Verbesserungen schaffen könnte.

- Bilden Sie Ihr Team weiter: Investieren Sie in Schulungen und Weiterbildungen für Ihr Team, um sicherzustellen, dass Ihre Mitarbeiter über die erforderlichen Fähigkeiten im Umgang mit KI-Technologien verfügen. Der Erfolg Ihrer KI-Initiativen hängt stark von der Qualifikation und dem Know-how Ihres Teams ab.

- Implementieren Sie kleinere Pilotprojekte, um die Auswirkungen von KI in einem begrenzten Rahmen zu testen. Diese Projekte bieten die Möglichkeit, Erfahrungen zu sammeln, Herausforderungen zu erkennen und Ihre Strategie entsprechend anzupassen.

- Fördern Sie eine Innovationskultur: Schaffen Sie eine Unternehmenskultur, die Innovationen aktiv unterstützt und auch Fehler als wertvolle Lernchancen betrachtet. Geben Sie Ihren Mitarbeitern die Gelegenheit, Ideen zur Anwendung von KI einzubringen und Innovationen voranzutreiben.

- Investieren Sie in Forschung und Entwicklung, um die neuesten Fortschritte im Bereich KI zu verstehen und zu nutzen. Bleiben Sie stets auf dem Laufenden über neue Technologien und deren Anwendungen, um wettbewerbsfähig zu bleiben.

- Setzen Sie auf ethische Standards: Entwickeln Sie klare ethische Standards und Richtlinien für den Einsatz von KI in Ihrem Unternehmen. Stellen Sie sicher, dass alle KI-Anwendungen im Einklang mit rechtlichen Vorschriften und ethischen Prinzipien stehen, um das Vertrauen Ihrer Kunden und Partner zu wahren.

Nutzen Sie die Chancen, die Künstliche Intelligenz bietet, um Ihr Bauprojektmanagement zu revolutionieren. Die Zukunft gehört denjenigen, die proaktiv auf innovative Technologien setzen. Beginnen Sie heute Ihre Reise in Richtung einer effizienteren, qualitativ hochwertigeren und nachhaltigeren Bauausführung. Wir stehen vor einer digitalen Transformation, und Ihr Unternehmen kann an vorderster Front dabei sein. Machen Sie Künstliche Intelligenz zu Ihrem strategischen Verbündeten und gestalten Sie aktiv die Zukunft Ihres Bauunternehmens mit!

Business Intelligence: Wie KI das Controlling revolutioniert

Jürgen Kaiser, mehrfach prämierter Interim CFO, u.a. Constantinus International Award, Interim Manager des Jahres 2020 (DÖIM). Gründungspartner von dieSaremas

Oliver Strass, Certified Interim Manager, Managing Partner dieSaremas

Die Bedeutung von Künstlicher Intelligenz (KI) im Arbeitsalltag vieler Branchen ist unübersehbar: KI liefert Texte, Daten, Bilder, Auswertungen etc. in teilweise verblüffend guter Qualität. Auch im Controlling ist KI Teil des Arbeitsalltags. Die Rolle des CFO erfährt dadurch eine wesentliche Veränderung. War ein CFO einst überwiegend mit rückblickenden Aufgaben der Buchhaltung betraut, wandelt sich diese Rolle zunehmend zu der eines zukunftsorientierten Strategen und Sparringpartners im Zahlenuniversum eines Unternehmens. KI ermöglicht es dem CFO, über den Tellerrand der traditionellen Finanzbuchhaltung hinauszublicken und bietet Unterstützung, prognostische und wertsteigernde Entscheidungen zu treffen. Vorsicht ist jedoch geboten bei der Wahl des Mittels und auch bei der Anwendung der KI, denn die virtuellen Datenjonglier-Tools sind nicht unfehlbar und müssen durchaus kritisch beäugt werden. Dieses Kapitel bietet einen grundlegenden Überblick über die Situation der Verwendung von KI im Finanzsektor und beleuchtet viele interessante Aspekte, die weit über die bloße Zahlenanalytik hinausgehen.

Einführung

CFOs sind von Berufs wegen in der Regel fortschrittlich und zukunftsorientiert, wenn es um die Implementierung und Verwendung von innovativen, digitalen Tools geht. Ihr Anspruch ist es im Allgemeinen, äußerst professionell und mit maximaler Effizienz zu arbeiten. Nirgends ist der Spruch „Zeit ist Geld" so zutreffend wie im Controlling. Daher sind CFOs meistens auf dem aktuellen Wissensstand hinsichtlich neuer Methoden und Werkzeuge zur Optimierung ihrer Tätigkeit im Interesse der unterschiedlichen Unternehmen, in denen sie tätig sind.

Sind Interim CFOs als Kurzzeit-Mitarbeiter früher auf Widerstände gestoßen, wenn neue digitale Tools in Unternehmen implementiert werden sollten, hat der KI-Boom, der seit über einem Jahr herrscht, für mehr Offenheit im Management und in den IT-Abteilungen gesorgt. Der Einsatz von Künstlicher Intelligenz wird daher auch unternehmensintern – nicht nur vonseiten externer Berater – überwiegend positiv betrachtet.

Gleichzeitig haben sich die Kernaufgaben des Controllers/CFO durch den Einsatz von KI stark gewandelt: In der Vergangenheit war das Controlling durch klar definierte, reglementierte Aufgaben gekennzeichnet – das Zahlenuniversum war der Herrschaftsbereich des CFO. Die rasante Entwicklung der KI-Technologien bringt neue Möglichkeiten, von der Automatisierung routinemäßiger Buchhaltungsaufgaben bis hin zur Implementierung komplexer, prädiktiver Analyseverfahren, mit sich. Der CFO wird dadurch vom Hüter der Finanzdaten zum strategischen Zukunftsberater.

Viele CFOs haben KI von Anfang an genutzt und begegnen damit einem Bedürfnis ihrer Kunden: 75 Prozent aller Unternehmen waren oder sind mit ihrer bestehenden Controlling-

Software unzufrieden. Über 54 Prozent ziehen einen grundlegenden Umbau ihrer Business Intelligence-Tools in Erwägung.[105] Im Gegensatz zu bisher verwendeten digitalen Lösungen bieten KI-Tools höchste Effizienz und Genauigkeit bei der Verarbeitung und Analyse großer Datenmengen. Diese Technologien ermöglichen es CFOs, schnell auf Marktveränderungen zu reagieren, finanzielle Risiken besser zu steuern und die Performance des Unternehmens nachhaltig zu verbessern. Die Implementierung und Nutzung von KI im Controlling ist somit ein bedeutsamer Schritt für Unternehmen, die im digitalen Zeitalter wettbewerbsfähig bleiben wollen.

Der Einsatz von KI ist demnach von Seiten der Unternehmen wie auch von Seiten der (Interim) CFOs überwiegend erwünscht. Vorsicht ist jedoch bei der Entscheidung für oder gegen ein bestimmtes Tool geboten. Unterstützung bieten externe Berater, doch auch sie müssen sorgfältig ausgewählt werden. Immerhin geht es um sensible Daten, die nicht leichtfertig aus der Hand gegeben werden sollten.

Arten der Künstlichen Intelligenz

Künstliche Intelligenz ist vielschichtig. Man unterscheidet zwischen „schwacher" und „starker" KI. Zurzeit gibt es nur schwache Anwendungen, also solche, die Maschinen mit für bestimmte Aufgabenstellungen spezifisch erstellten Algorithmen dazu zu bringen, konkrete Probleme zu lösen.[106] Es gibt bereits eine Vielzahl von Anwendungen, speziell im Finanz-

---

[105] Business Intelligence ganz einfach, Peter Bluhm, ATVISIO Consult GmbH, ISBN 978-3-9822713-0-9, S.18

[106] https://www.heise.de/tipps-tricks/Diese-vier-Arten-von-KI-gibt-es-9076579.html)

bereich, die Controllern enorme Arbeitserleichterung verschaffen und sehr gute Daten auswerfen. Die starken Anwendungen, die intelligenter sein könnten als das menschliche Gehirn, existieren noch nicht.

Als „schwach" gelten die KI-Typen 1 und 2, reaktive Maschinen (reactive machines) und begrenzte Speicherkapazität (limited memory), wie im Folgenden erläutert wird.

Reaktive Maschine: Diese KI ist auf spezifische, eng definierte Aufgaben fokussiert und reagiert nur – wie beispielsweise Schachcomputer – auf direkte Inputs, ohne aus Erfahrungen zu lernen oder den Kontext zu berücksichtigen. Von manchen Experten wird diese Form der KI auch als analytische (oder prädikative bzw. traditionelle) KI bezeichnet, da sie in der Lage ist, Daten zu analysieren und Prognosen zu erstellen.[107] Im Finanzbereich ist dieser KI-Typ bereits seit längerem verbreitet. Controller setzen ihn für einfache, repetitive Aufgaben ein, wie das Ausführen von Standardbuchungen oder das Erstellen einfacher Finanzberichte. Diese Art von KI ist jedoch nicht in der Lage, unabhängige Entscheidungen zu treffen, auf unvorhergesehene Ereignisse zu reagieren oder Datenmengen zu interpretieren.

Begrenzte Speicherkapazität: Dies bezeichnet eine fortschrittlichere KI, die aus großen Datenmengen lernt und auf Basis dieser Daten in einem gewissen Rahmen auf die Ergebnisse der eigenen Datenanalyse reagiert – wie zum Beispiel ein selbstfahrendes Auto – bzw. Content generieren kann, wie es das Large Language Model ChatGPT täglich milliardenfach

---

[107] https://www.micromata.de/blog/generative-analytische-kognitive-ki-richtig-nutzen/

beweist. In diese Kategorie fällt auch das Transformieren von sprachgesteuerten Abfragen in Texte (speech-to-text) oder in Grafiken. Diese Art von KI hat allerdings nur Zugriff auf begrenzte, vordefinierte Informationen und Erfahrungen. Im Finanzmanagement werden solche Systeme für komplexere Aufgaben wie Budgetvorhersagen, Kostenanalyse oder Betrugserkennung, aber auch für die Erstellung von Visualisierungen, Diagrammen oder Präsentationen verwendet. Dieser zweite Typ von schwacher KI kann bestehende Daten analysieren, Muster erkennen und einem CFO darauf aufbauend Prognosen und Empfehlungen geben.

Die beiden „starken" Typen der KI sind wie erwähnt noch Zukunftsszenarien. Der Typ 3, die **Theorie des Geistes** (theory of mind) würde ein menschenähnliches Verständnis und Bewusstsein entwickeln. Diese KI könnte Emotionen, Absichten und Bedürfnisse von Menschen verstehen und bei ihren Entscheidungen berücksichtigen. Im Finanzmanagement wäre eine solche KI hypothetisch dafür einsetzbar, komplexe, menschenzentrierte Entscheidungen zu treffen, die ein profundes Verständnis für organisatorische Dynamiken und menschliche Verhaltensweisen voraussetzen.

Der Typ 4, ebenfalls eine „starke" KI, wäre die **Selbsterkenntnis** (self awareness). Auch diese Art von KI ist noch Zukunftsmusik. Sie würde über Selbstbewusstsein und ein umfassendes Verständnis ihrer eigenen Existenz verfügen und wäre auf demselben Entwicklungsstand wie die menschliche Intelligenz. Für die Welt der Finanzanalyse würde eine solche KI theoretisch bedeuten, dass sich damit innovative Finanzstrategien entwickeln ließen, die eigenständig lernen und sich an neue Marktentwicklungen und unvorhergesehene Ereignisse anpassen bzw. die in der Lage wären, sogar neue Finanzinstrumente oder -modelle zu erschaffen.

Aktuell verwenden CFOs hauptsächlich KI vom Typ 2 für Aufgaben wie Datenanalyse, Prognoseerstellung und Automatisierung von ehemals zeitaufwändigen Prozessen. Diese Systeme helfen ihnen, bessere Entscheidungen zu treffen, indem sie große Datenmengen zeitsparend und präzise verarbeiten und Muster sowie Trends identifizieren. Typ 3 und Typ 4 sind im aktuellen Finanzmanagement noch nicht präsent, da sie über die derzeitigen technologischen Möglichkeiten hinausgehen.

Praktische Anwendungen von KI im Finanzbereich

Für die Arbeitswelt von CFOs ist KI aus vielen Gründen ein Game Changer. Sie ermöglicht nicht nur eine Steigerung der Effizienz, sondern verbessert auch die Nutzung von Finanzdaten für strategische Entscheidungen und die Geschäftsoptimierung und bewährt sich zudem bei nicht-finanziellen Kennzahlen. Künstliche Intelligenz hat als wertvolles Hilfsmittel längst in die Bereiche Finance und Controlling Einzug gehalten und ist nicht mehr wegzudenken. Die Anwendungsbereiche sind vielfältig.[108]

Datenanalyse und Planung

In diesem Bereich sind die bestehenden KI-Tools längst bewährte Instrumente. Sie ermöglichen einen Überblick über die Werttreiber eines Unternehmens. Unter anderem werden sie für die Kosten- und Budgetanalyse eingesetzt, indem KI große Mengen an Transaktionsdaten analysiert, um Muster bei den Ausgaben zu erkennen. So können Unternehmen leichter bud-

---

[108] KI als Game Changer in der Finanz- und Controllingorganisation, Wegenstein/Waniczek, Linde Verlag, CFO aktuell, Nov. 2023, S.200 ff.

getieren bzw. ihre Ressourcen besser einsetzen. Auch für die Anomalie- bzw. Betrugserkennung hat sich KI mittlerweile etabliert. Sie identifiziert betrügerische Aktivitäten in Finanzdaten durch die Erkennung von ungewöhnlichen Mustern, was die Sicherheit finanzieller Transaktionen erhöht. Mit der Erstellung automatisierter Finanzberichte und -analysen in Form von Visualisierungen und Dashboards spart KI den Controllern Zeit, verbessert die Genauigkeit und erleichtert Entscheidungen. Die Kapazitäten der KI können ebenso im Bereich der Liquiditätsplanung punkten, wenn es um die Analyse von bestehenden Finanzdaten geht, und darum, zukünftige Cashflows vorherzusagen und die finanzielle Steuerung zu fördern. Neben KI-generierten Prognosen für finanzielle Kennzahlen kann KI auch zur Vorhersage von unternehmensrelevanten Ereignissen, den operative Key Performance Indicators (KPIs), eingesetzt werden, etwa für die Wahrscheinlichkeit von Kundenzuwächsen, Kündigungen, neuen Verträgen, Kreditrückzahlungen, Absatzdaten, Produktivität, Krankheitsquoten oder Fuhrpark-Inaktivitätsquoten. Zusätzlich sind Kostenprognosen möglich, bei denen die KI Einsparungen vorschlägt, was Unternehmen bei der Erstellung ihrer Finanzstrategie unterstützt. Im Bereich Cash-Management unterstützt KI Unternehmen bei der Identifizierung von Liquiditätsmustern und liefert Investitions- oder Kreditempfehlungen.

Automatisierung von Buchungsaufgaben

KI automatisiert repetitive Aufgaben wie das Erfassen und Zuordnen von Rechnungen, Kontoabstimmungen und Buchungen. Sie erkennt und kategorisiert numerische Daten, Texte, Zeichen und Bilder. Dies führt zur schnelleren und weniger fehleranfälligen Verarbeitung von Finanzdaten, wie sie bereits in vielen Unternehmen üblich ist. Entsprechende KI-Tools werden zur Rechnungsprüfung eingesetzt, bevor diese in die Buchführung einfließen, was die Datenqualität verbessert und finanzielle Risiken minimiert. KI hilft zudem bei der Vorbereitung von Steuerunterlagen und der Einhaltung steuerlicher Vorschriften, indem sie relevante Daten extrahiert und notwendige Dokumente erstellt.

Integration von KI im Unternehmenscontrolling

Die Studie „How mature is AI adoption in financial services?“[109] zeigt, dass die Implementierung von KI im Finanzbereich der DACH-Region im Vergleich zu den USA oder Asien aufholen muss. Deshalb herrscht in Mitteleuropa ein merkbarer Druck, KI-Technologien zu integrieren, um konkurrenzfähig zu bleiben. Die optimale Integration von Künstlicher Intelligenz im Unternehmenscontrolling sollte dennoch nicht überstürzt erfolgen, sondern erfordert eine umfassende Strategie, die das gesamte Unternehmen einbezieht, inklusive Topmanagement. Nur dann können die Potenziale der verfügbaren Technologien voll ausgeschöpft und der digitale Wandel im Finanzwesen kann vorangetrieben werden.

Eine Voraussetzung ist der digitale Reifegrad der Organisation. Laut der PwC-Studie sind die Hauptblockaden für die KI-Implementierung in Unternehmen der Mangel an Daten, Budgetbeschränkungen und ein Mangel an KI-Experten. Unternehmen müssen daher über eine solide IT-Infrastruktur und einen zentralen Datahub verfügen, um KI-Technologien effektiv zu nutzen. Ferner ist es wichtig, dass die verantwortlichen CFOs in der Handhabung der neuen Technologien geschult sind

---

[109] https://www.pwc.de/de/future-of-finance/how-mature-is-ai-adoption-in-financial-services.pdf

und ein profundes Wissen über die Möglichkeiten und Grenzen der KI besitzen.[110]

Beim Aufbau einer Digitalisierungsstrategie sollten nicht nur die technologischen Aspekte, sondern auch organisatorische und kulturelle Veränderungen berücksichtigt werden. Die Strategie muss exakt auf das Geschäftsmodell und die spezifischen Anforderungen des Unternehmens zugeschnitten sein, um eine nahtlose Integration und Nutzung der KI im Controlling zu gewährleisten. Insbesondere im KMU-Bereich empfiehlt es sich, mit kleinen und einfachen Projekten zu starten und schrittweise Erfahrungen zu sammeln. Dabei ist es wichtig, die beteiligten Mitarbeiter frühzeitig in das Projekt einzubeziehen und zu schulen.

Die Implementierung von KI sollte in kleinen, gut durchdachten Schritten erfolgen. Kleine Digitalisierungsprojekte ermöglichen es, Erfahrungen zu sammeln, Prozesse anzupassen und Risiken zu minimieren. Diese schrittweise Herangehensweise erleichtert es, spezifische Anforderungen zu erkennen und die KI-Technologie entsprechend anzupassen.

Wie bereits erwähnt, sind ein gemeinsamer Datahub und das Konzept der Single Source of Truth (SSOT) wesentlich für eine erfolgreiche Digitalisierung. Es ist dabei zunächst weniger wichtig, alle Daten zu 100 Prozent einheitlich zu haben, sondern vielmehr, aus den vorhandenen Daten zu lernen und diese sukzessive zu verbessern.

Lebenslanges Lernen sollte ein integraler Bestandteil der Unternehmenskultur sein, besonders für Controller. Jüngere

---

[110] KI als Game Changer in der Finanz- und Controllingorganisation, Wegenstein/Waniczek, Linde Verlag, CFO aktuell, Nov. 2023, S.200 ff.

Controller oder Interim CFOs sind oft in Sachen Digitalisierung weiter fortgeschritten als erfahrene Finanzanalysten, die sich kontinuierlich weiterentwickeln müssen. Weiterbildung und Lernen werden zunehmend digitaler, was die Notwendigkeit erhöht, sich mit verschiedenen digitalen Tools und Ansätzen vertraut zu machen.

Risiken und Herausforderungen von KI im Finanzbereich

Bei allen Meriten, die der Einsatz von KI für den Bereich Finance und Controlling mit sich bringt, stellt die Komplexität der Materie ein Risiko dar, insbesondere, wenn die KI eigenen Content erarbeitet. Dabei sind nämlich einige Herausforderungen zu bedenken, die selbst die ausgeklügelten digitalen neuronalen Netze zu Fallen werden lassen können.[111]

Eine potenziell große Falle ist das „Black Box"-Modell, bei dem die Entscheidungsfindungsprozesse der KI für den Menschen undurchsichtig bleiben. Dies kann insbesondere bei wichtigen Finanzentscheidungen problematisch sein, da manche KI-Entscheidungen weder erklärbar noch nachvollziehbar sind. Eine weitere Herausforderung stellen „Adversarial Attacks" dar, bei denen geringfügige – vom Menschen unbemerkte – Änderungen an den Eingangsdaten zu falschen Ergebnissen führen können. Dies zeigt sich beispielsweise bei Kreditentscheidungen, wo minimale Anpassungen der Antragsdaten eine unerwünschte Kreditentscheidung provozieren könnten. Schließlich besteht die Gefahr von „Biases" in den Trainingsdaten. Wenn die zum Training verwendeten Daten nicht reprä-

[111] https://www.wiwo.de/finanzen/boerse/verkehrte-finanzwelt-was-kann-und-was-darf-kuenstliche-intelligenz-in-der-finanzbranche/29140970.html

sentativ für die Zielgruppe sind, kann dies zu verzerrten Ergebnissen führen, die etwa bestimmte Regionen oder Gruppen systematisch benachteiligen.

Diese Herausforderungen sprechen für die Bedeutung einer sorgfältigen Auswahl, Überwachung und Anpassung von KI-Systemen im Finanzsektor, um faire, transparente und zuverlässige Ergebnisse zu gewährleisten. Der Einsatz von „NI", also menschlicher Intelligenz („Natural Intelligence"), ist nach wie vor unerlässlich. Menschliches Urteilsvermögen und fundiertes Fachwissen bleiben für die Interpretation und das Verständnis von Kontexten, die jenseits des reinen Datenmodells liegen, unentbehrlich.

Darüber hinaus kann die Abhängigkeit von KI-Systemen in der Finanzanalyse zu einer gewissen Einseitigkeit führen, wenn Algorithmen auf bestehenden Daten basieren, da sie zukünftige Marktentwicklungen nicht korrekt vorhersagen können, wie uns die jüngste Geschichte (Pandemie, Ukrainekrieg, Inflation, Materialengpässe, Treibstoff- und Rohstoffpreise etc.) vor Augen geführt hat. Dies betont die Bedeutung der menschlichen Expertise, um ein umfassendes Bild der Finanzlage zu erhalten und potenzielle Risiken frühzeitig zu erkennen. Das Strategie- und Wertemanagement der CFOs stellt eine umfangreiche Marktbeobachtung sicher, führt zum frühzeitigen Erkennen von Trends und unvorhergesehenen Ereignissen und sorgt für die Wahl der besten KI und des geeigneten Prozessportfolios. Gelingt die Verbindung von bisher unerschlossenen und externen Daten mit vorhandenem Material, etwa in einem quantitativen Treibermodell, eröffnen sich zahlreiche Perspektiven auf ein Unternehmen, von der Trenderkennung über Prognosen strategischer KPIs, die Simulation von Krisen, Impairment-Forecasts bis hin zu Vorschlägen zur Standortoptimierung.[112] Darüber hinaus ist die ethische Dimension des Einsatzes von KI in Finance und Controlling nicht zu unterschätzen. Menschliche Entscheidungsträger sind in der Lage, ethische Überlegungen in ihre Analysen einzubeziehen und sicherzustellen, dass Finanzentscheidungen auch soziale und gesellschaftliche Auswirkungen berücksichtigen.

In diesem Kontext spielt die Transparenz der KI-gestützten Entscheidungsfindung eine wesentliche Rolle. Es ist wichtig, dass die von KI-Systemen genutzten Algorithmen und Datenquellen nachvollziehbar und überprüfbar sind, um Vertrauen bei Stakeholdern zu schaffen und regulatorischen Anforderungen gerecht zu werden.

Die ethische Seite der KI

Bereits im April 2019 veröffentlichte eine hochrangige Expertengruppe für KI der Europäischen Kommission „Ethikrichtlinien für vertrauenswürdige KI". Die darin enthaltenen Richtlinien bewerten vertrauensvolle KI danach, ob sie rechtmäßig, ethisch und robust ist. Rechtmäßig ist eine KI dann, wenn sie alle geltenden Gesetze und Vorschriften berücksichtigt. Als ethisch kann eine KI klassifiziert werden, die ethische Prinzipien und Werte achtet. Von robuster KI spricht man, wenn sie sowohl aus technischer Sicht als auch unter Berücksichtigung des sozialen Umfelds widerstandsfähig ist. Diese Richtlinien wurden von der Expertengruppe für KI der Europäischen Kommission in eine Liste transformiert, die „Assessment List for Trustworthy AI" (ALTAI) heißt.

---

[112] Künstliche Intelligenz im strategischen Controlling, Tattyrek/Tychawski/Woche, CFO aktuell, Mai 2022, S.87

Sie bietet Leitlinien für sieben Anforderungen, die KI innerhalb eines Unternehmens erfüllen sollte. Der Fokus liegt dabei auf einer verantwortungsvollen und nachhaltigen KI-Innovation in Europa, mit dem Ziel, Ethik zu einem zentralen Bestandteil der KI-Entwicklung zu machen:

1. Menschliches Handeln und Aufsichtspflicht;
2. Technische Robustheit und Sicherheit;
3. Datenschutz und Datenverwaltung;
4. Transparenz;
5. Diversität, Nichtdiskriminierung und Fairness;
6. Gesellschaftliches und ökologisches Wohlergehen;
7. Haftung.

Die Liste ist so konzipiert, dass Organisationen, die für ihr spezifisches KI-System relevanten Elemente herausgreifen oder an ihre Bedürfnisse anpassen können und berücksichtigt den gesamten Lebenszyklus eines KI-Systems, einschließlich Konzeption, Entwicklung, Einsatz und Nutzung. Unternehmen und Organisationen, die KI – beispielsweise für Controlling und Finance – implementieren möchten, sind dazu aufgefordert, Risiken, die dadurch entstehen, zu bewerten und sich danach zu orientieren.[113]

---

[113] https://digital-strategy.ec.europa.eu/en/library/assessment-list-trustworthy-artificial-intelligence-altai-self-assessment

Voraussichtlich 2026 wird der „Artificial Intelligence Act“ der Europäischen Union in Kraft treten, der ein umfassendes rechtliches Rahmenwerk für Künstliche Intelligenz darstellt. Er wurde von der Europäischen Kommission im April 2021 vorgeschlagen und im Dezember 2023 vom Europäischen Parlament und dem Rat der Europäischen Union finalisiert. Der Act verbietet den Einsatz von KI-Systemen, die ein „inakzeptables Risiko“ darstellen, und legt für andere KI-Systeme, die als „hohes Risiko“ oder „begrenztes Risiko“ eingestuft werden, unterschiedliche Anforderungen fest. Bestimmte Anwendungen werden nach dem EU-KI-Gesetz verboten, darunter beispielsweise KI-Systeme zur Emotionserkennung am Arbeitsplatz.[114]

Zukunftsaussichten in der KI-gestützten Finanzanalyse

Die Zukunftsaussichten in der KI-gestützten Finanzanalyse zeigen ein großes Potenzial in den Bereichen Predictive und Prescriptive Analytics. Diese Technologien ermöglichen es CFOs, nicht nur detaillierte Analysen zu generieren, sondern auch zukünftige Trends und Marktentwicklungen vorherzusagen und strategische Handlungsempfehlungen zu geben. Dabei steht die Herausforderung im Vordergrund, Daten korrekt einzuspeisen, um gültige Interpretationen zu generieren und diese für präzise Prognosen zu nutzen. Wenn dies gelingt, können durch den Einsatz von KI große Potenziale zu einer besseren Unternehmenssteuerung aktiviert werden. Voraussetzungen dafür sind die Wahl der geeigneten KI und deren schrittweise, akkordierte sowie systematische Implementierung.

---

[114] https://www.mayerbrown.com/en/perspectives-events/publications/2023/12/eu-ai-act-european-parliament-and-council-reach-agreement

Die Zukunft des Controllings

Die Rolle des Controllers wandelt sich mit einem nahezu atemberaubendem Tempo. Mit dem Aufkommen von Echtzeitanalysen wird der Controller zum unverzichtbaren Sparringpartner des Managements, denn er liefert wertvolle Analysen und Prognosen. Die Automatisierung von Analyseprozessen durch KI entlastet den Controller von routinemäßigen und repetitiven Aufgaben, so dass mehr Zeit für strategische Beratung und Entscheidungsfindung bleibt. Dies erfordert allerdings auch ein großes Fachwissen über die Möglichkeiten und die korrekte Handhabe der KI sowie ständige Weiterbildung und Anpassung an neue technologische Entwicklungen.

In diesem Kontext spielen ethische Überlegungen eine wichtige Rolle. Der verantwortungsbewusste Umgang mit KI-gestützten Systemen erfordert die Einhaltung von Datenschutzrichtlinien und ethischen Standards. Der kommende „Artificial Intelligence Act“ der EU setzt Rahmenbedingungen, die den Einsatz von KI im Finanzbereich regulieren und sicherer machen sollen. Dabei ist strikt darauf zu achten, dass KI-Systeme nicht nur effizient, sondern auch transparent und nachvollziehbar sind.

Zusammenfassend lässt sich sagen, dass die KI-gestützte Finanzanalyse und das Controlling vor einem bedeutenden Wandel stehen. Die Kombination aus menschlicher Expertise und KI-gestützten Systemen verspricht eine effizientere und präzisere Entscheidungsfindung und macht den CFO zum Dreh- und Angelpunkt eines erfolgreichen Unternehmens.

KI-Anwendungen in die Organisation bringen

– Produktivitätsgewinne realisieren

Dr. Albert Schappert, Interim Executive (EBS) und TOP Interim Manager, Managing Partner des Instituts für Interim Management

Der mögliche Produktivitätsgewinn von KI-Anwendungen wird enorm hoch eingeschätzt.[115] Medienberichten zufolge sind jedoch drei Viertel aller deutschen Mittelständler aktuell (noch) nicht in der Lage, KI-Anwendungen operativ auch wirklich zu nutzen.[116] Als Begründung wird ein ganzes Bündel benannt: erstens Sicherheitsbedenken, zweitens fehlendes Know-how und drittens ein fehlender Business Case.

Aus unserer Erfahrung in der Praxis ist der wesentliche Hinderungsgrund und damit der Hauptengpass die Nr. 3: Die nachhaltige und gesamtheitliche Integration von KI-Anwendungen in die operativen Geschäftstätigkeiten des Unternehmens.

In diesem Beitrag werden wir uns hauptsächlich mit genau diesem großen Hebel, dem fehlenden Business Case, auseinan-

---

[115] McKinsey: The economic potential of generative AI: The next productivity frontier; June 2023

[116] Computerwoche, Meinungsbild, https://webcast.idg.de/content/kuenstliche-intelligenz-fuer-den-mittelstand

dersetzen. Darüber hinaus werden wir gangbare Wege aufzeigen, auch als Mittelständler von den möglichen Mehrwerten dieser neuen Technologien zu profitieren.

Wir werden uns jedoch nicht nur auf aktuell diskutierte KI-Anwendungen wie generative Techniken beschränken, sondern das Thema breiter und generell in Bezug auf Digitalisierung betrachten, da beide Themen von den Anforderungen und Hemmnissen her vergleichbar sind.

Wir gehen nicht auf Anwendungen ein, die sich auf einzelne Fachbereiche beschränken. Der Mehrwert dieser ist beschränkt, aber sehr kalkulierbar und kann deswegen im Allgemeinen vom Fachbereich selbst (mit Unterstützung anderer Beteiligter) realisiert werden. Erheblich größerer Mehrwert kann jedoch aus übergreifenden Aktivtäten gewonnen werden. Dafür sind aber auch andere Voraussetzungen und andere Vorgehensweisen notwendig.

Wir liefern hier kein „Kochrezept", weil das Thema dafür zu volatil (das heißt, zu wenig in seinen Ergebnissen voraussagbar) und zu chaotisch (das heißt, zu sehr von den einzelnen lokalen Voraussetzungen abhängig) ist. Stattdessen wird nachfolgend eine Sammlung von Themen präsentiert, die sich in der Vergangenheit als hilfreich erwiesen haben. Wir skizzieren eine Vorgehensweise, die eine nachhaltige Umsetzung erlaubt. Und wir weisen auf Aspekte hin, die diese Vorgehensweise begleiten müssen. Unsere Auswahl konzentriert sich auf das Wichtigste, ist aber nicht verpflichtend. Die konkrete Ausgestaltung erfordert organisatorische emotionale Intelligenz, idealerweise repräsentiert durch einen erfahrenen Interim Manager.

Einleitung / Worum geht es

Künstliche Intelligenz ist spätestens seit dem 30. November 2022 wieder in aller Munde, seit das mächtige generative Werkzeug ChatGPG-3.5 von OpenAI vorgestellt wurde.[117] Der damit bereitgestellte Zugang für breite Nutzerkreise erzeugt einen hohen Druck für die Nutzung auch in Unternehmen. Die vielen bis dahin verfügbaren, erfolgreichen und produktiven Anwendungen bei Mustererkennung, Bilderkennung, Datenanalysen, Textmanipulation, etc. kommen in der öffentlichen Wahrnehmung de facto nicht mehr vor. Ebenso in den Hintergrund gerückt sind die Vorhaben zum Thema Digitalisierung, die die Diskussionen der letzten Jahre dominiert haben, obwohl gerade für diese Vorhaben Umsetzungsdefizite messbarer geworden sind und konkrete Maßnahmen notwendig sind. Wir sehen KI-Anwendungen als einen Teil von Digitalisierungsanwendungen, denn was sind sie anderes als die „Nutzung von moderner Informations- und Kommunikationstechnologie zur Verbesserung der Leistungsfähigkeit" unserer Geschäftstätigkeiten.

Auf dieser (informellen) Arbeitsdefinition von Digitalisierung skizzieren wir im Folgenden konkrete Aspekte, die bei der Umsetzung in betrieblichen Organisationen erforderlich bzw. hilfreich sind. Die Zielgruppe sind dabei Mittelständler oder größere Firmen,

- die sich keine eigene Abteilung für Vorfeldaktivitäten leisten,

---

[117] https://openai.com/blog/chatgpt

- bei denen die Einführung neuer Themen nicht schulbuchmäßig möglich ist und
- bei denen ein operativ pragmatischer Ansatz verfolgt werden soll.

Vorgehen / Wie gehen wir vor

Ideale Ausgangsbedingungen finden sich in modern geführten Unternehmen mit einem klaren Unternehmensleitbild, klarer Strategie und klarer wirtschaftlicher Fokussierung. In solchen Umgebungen kann die Einführung von KI- oder Digitalisierungsanwendungen auf Vorarbeiten zurückgreifen, der Mehrwert kann klar formuliert werden und Umsetzungsschritte können schneller und nachhaltiger ergriffen werden. Dies ist in der Praxis leider selten der Fall, so dass ein flexibles und pragmatisches Vorgehen erforderlich ist.

Grundvoraussetzung für eine erfolgreiche Digitalisierung ist der klare Wille der Organisation für die geplanten Aktivitäten. Dies kann und muss durch eine entsprechende Kommunikation, eine hierarchische Positionierung, eine anspruchsvolle Aufgabenstellung, ein gefordertes Reporting oder zum Beispiel einen umfassenden Auftrag zum Ausdruck gebracht werden. Die Vorstellung dieses Commitments sollte persönlich durch die Unternehmensleitung erfolgen. Die Verantwortung für die Aktivitäten muss eindeutig zugeordnet sein – in einer klar definierten Position in der Organisation.

Diese Position sollte sofort besetzt sein, und sie muss die Verpflichtung unmittelbar ausfüllen. Ihre Aufgabe ist es, die wichtigsten Beteiligten in der Organisation zu identifizieren, deren Bedenken auszuräumen oder sich deren Unterstützung zu sichern, und die geplanten Vorhaben nachhaltig umzusetzen. Insbesondere die informellen Strukturen und die Kultur der Organisation müssen verstanden und berücksichtigt werden. Die ersten Ziele und das Vorgehen müssen sehr schnell festliegen und zu der informellen Organisationskultur passen.

Das folgende Vorgehen kann als generelle Blaupause dienen; folgende Schritte sollten durchlaufen werden:

- Geschäftsbeitrag herausarbeiten,
- Themenfelder identifizieren,
- Strategie entwickeln,
- Portfolio definieren,
- Agenda aufsetzen,
- Steuerung implementieren,
- Organisation aufbauen,
- Umsetzung durchführen,
- Fixierung sicherstellen.

Jeder dieser Schritte sollte klar definiert sein und formell abgeschlossen werden, indem ein Ergebnis vorliegt und dies auch abgenommen ist. Beispiele können sein: ein Business Plan, ein Letter of Intent, ein Strategiedokument, Projektdefinitionen und -pläne, verabschiedete Statuten des Steuerkreises, Fortschrittsberichte, technische Änderungen und Zieldefinitionen. Alle diese Aktivitäten bewegen sich innerhalb der Rahmenbedingungen Markt- und Kundenumgebung, Stakeholder, Technologie und der Leistungsfähigkeit der eigenen Organisation. Dieses Vorgehen ist im eigentlichen Sinn ein Transformationsvorhaben und muss daher alle Stellschrauben für eine Transformation – eine geplante Umgestaltung der Architektur der Organisation[118] (Stichwort „Change Management“) – bedienen. Die Einführung von KI-Anwendungen und Digitalisierung ist damit in einen wesentlich größeren Kontext eingebettet.

Geschäftsbeitrag

Digitalisierung ist kein Selbstzweck, sondern dient letztlich der Verbesserung der wirtschaftlichen Position oder Performance des jeweiligen Unternehmens. Daher sind die Auswirkungen der Aktivitäten mit den Geschäftsverantwortlichen genau herauszuarbeiten. Nur im positiven Fall sollen Aktivitäten verfolgt werden (mit Ausnahme regulatorischer oder strategischer „Hygienefaktoren“). Die Anwendungen können interne Prozesse optimieren, vorhandene Produkte verbessern oder völlig neue Geschäftsoptionen eröffnen. Besonders erfolgversprechend sind solche, die mehrere Ansätze kombinieren: einerseits die Performanz bestehender Geschäftstätigkeiten verbessern und gleichzeitig neue Geschäftsoptionen eröffnen.

Die Ableitung der potenziellen KI-Anwendungen in der Organisation ergibt sich aus der strategischen Geschäftsausrichtung, den operativen Geschäftsanforderungen, den Fähigkeiten und Assets der Organisation und dem Marktumfeld. Je weiter sich die Aktivitäten von diesen Rahmenbedingungen entfernen, desto schwieriger wird ihre Umsetzung sein.

---

118 Nach Wikipedia, Definition Transformation

Leider ist eine Vertrautheit mit innovativen Digitalisierungs- oder KI-Anwendungen auf der Geschäftsebene oft nicht vorhanden. Dies kann sowohl zu überhöhten Erwartungen als auch zum Nicht-Erkennen von vorhandenen Möglichkeiten führen. Daher sind für diesen Schritt ein Geschäftsverständnis und ein Technologieverständnis notwendig. Das Eingehen auf die Geschäftssituation (besonders in Bezug auf Kundenorientierung) ist unumgänglich, hilfreich sind auch Beispiele aus ähnlichen Umfeldern.

Themenfelder

Die potenziell erfolgreichen Themenfelder für die Digitalisierungsaktivitäten oder für KI-Anwendungen in der Organisation ergeben sich aus den Gesprächen und der Analyse der Geschäftstätigkeiten, indem die Optionen aus den einzelnen Geschäftssegmenten zusammengefasst und gruppiert werden. Die Gruppierung kann nach den verschiedensten Kriterien erfolgen, beispielsweise:

- Nutzung gleicher Technologien,
- Adressieren ähnlicher Probleme,
- Relevanz für gleiche Kundengruppen,
- Umsetzung durch dieselben Ressourcen.

Vor allem müssen die Themenfelder so gefasst werden, dass sie verschiedene Teile der Organisation betreffen, und dass sie nahtlos in die Unternehmensstrategie integriert werden können, von der Kommunikation bis zur Umsetzung.

Die Themenfelder sollten sich auf die Kernkompetenzen der Organisation konzentrieren, insbesondere auf ihren Stärken aufbauen. Gerade bei Digitalisierung spielen Daten die zentrale Rolle. Es kommt maßgeblich darauf an, welche Daten im Verfügungsbereich der Organisation vorhanden sind, allgemeiner, auf welchen Stärken die Umsetzung für die möglichen innovativen Anwendungen aufgebaut werden kann.

Wir empfehlen die Menge der Themenfelder nicht zu früh einzuschränken, aber klar zu priorisieren. Im Zuge der Umsetzung werden sich einige der Felder als nicht umsetzbar erweisen, als zu ambitioniert oder als zu riskant, andere werden in die Organisation integriert und realisiert, wiederum andere werden zeitlich verschoben.

Strategie

Die strategische Einbettung ist die ideale Art, die geplanten Aktivitäten zu kommunizieren und deren Wichtigkeit sichtbar zu machen. Es ist *der* Erfolgsfaktor, diese Einbettung in der Unternehmensleitung und in der Unternehmenskommunikation zu verankern. Eine strategische Begründung der Aktivitäten macht es einfacher, mit potenziellen Rückschlägen oder mit volatilen Projekten umzugehen.

Ist in der Organisation gar keine explizite Strategie vorhanden, so müssen sich die Aktivitäten an der impliziten Strategie orientieren, die sich in der Unternehmenskultur manifestiert.

Portfolio

Die Themenfelder müssen in eine Abfolge (inhaltlicher Art) von konkreten Projekten heruntergebrochen werden. Zum Beispiel können Projekte die Anwendung konkretisieren, von ersten MVPs bis zu professionellen Services in Anwendungsbereich, Funktionalität oder Betriebssicherheit. Jedes einzelne Projektziel sollte schnell erreichbar und der Mehrwert sichtbar sein und nachhaltig wirken (falls Folgeprojekte nicht mehr umgesetzt werden können).

Agenda

Mit der konkreten Projektplanung (Zeit und Ressourcen) beginnt schon die Vorbereitung der Umsetzung. Je nach Priorisierung werden die Projekte des Portfolios detailliert geplant. Nicht alle Aktivitäten müssen eng gesteuert oder allein in der Verantwortung der dafür geschaffenen Position umgesetzt werden. Vielmehr zeigt die Erfahrung, dass eine Einbindung verschiedener Stakeholder in tragender Rolle schon beim Portfolio und bei den Projekten erfolgen sollte.

Steuerung

Die Verankerung der Aktivitäten in der Organisation sollte parallel erfolgen und die Organisation insgesamt muss in die Verantwortung für den Erfolg der Aktivitäten genommen werden. Ein ideales Werkzeug, um diese Ziele zu erreichen, ist die Einrichtung eines Steuerkreises, der die Aktivitäten strategisch steuert und vertrauensvoll kritisch begleitet.

Neben Vertretern der Unternehmensleitung sollten in diesem Steuerkreis die Geschäftsanforderungen und die Technologiemöglichkeiten repräsentiert sein. Die Aufgaben umfassen neben dem Controlling der Aktivitäten auch die Rolle von „Botschaftern“ oder „Evangelisten“ für die Aktivitäten.

Organisation

Diese Steuerung stellt bei vielen Organisationen schon das Setup für die Umsetzung dar. Ziel dieses Setups ist die Identifikation, Entwicklung und Einführung der neuen Anwendungen.

Die Ausgestaltung des Setups kann eine Projektorganisation, eine Linienorganisation oder sogar eine Ausgründung sein. Der spätere Regelbetrieb – sofern die Aktivitäten erfolgreich sind – muss in der Regelorganisation erfolgen, in der bestehenden oder in einer neu geschaffenen. Damit einher geht der Wechsel von der Projekt- in die Betriebsorganisation.

Umsetzung

Die Umsetzung der skizzierten Aktivitäten in den verschiedenen Themenfeldern ist klassisches Projekt- beziehungsweise Portfoliomanagement. Für jedes einzelne Themenfeld ist eine Umsetzungsroadmap zu entwickeln mit vielen greifbaren und nutzbaren Zwischenschritten.

Jeder dieser Zwischenschritte muss produktiv nutzbar sein, selbst dann, wenn Folgeaktivitäten ausbleiben, und er sollte schnell realisierbar sein. Ansätze wie „think big – start small", „low hanging fruits", „mvp", "agil", "prototyping", „test, learn, adapt, or delete" helfen, ein solches Vorgehen zu realisieren.

Die Umsetzung wird nicht geradlinig vonstatten gehen – wie bei den meisten Projekten. Für KI oder (übergreifende) Digitalisierungsvorhaben gilt dies im Besonderen, da diese Themen noch deutlich experimenteller sind als klassische und in der Organisation bekannte Vorhaben. Daher auch für diese Vorhaben: Team begeistern, Frust vorbauen, Erfolge feiern.

Fixierung

Sind diese Schritte (partiell oder vollständig) durchlaufen und die Anwendungen in Betrieb, so muss noch sichergestellt werden, dass sie auch stabilisiert werden.

Der erzielte Entwicklungsstand der Anwendungen ist oft nur ein erster Schritt hin zu einer Ziellösung (entsprechend der geplanten Roadmap). Sie liefern wichtige Hinweise für das weitere Vorgehen, sollten aber wenn möglich schon produktiv genutzt werden. Die Weiterentwicklung erfolgt dann iterativ und inkrementell, in kurzen Releasezyklen und mit Nutzereinbindung. Betrieben werden können sie in der Entwicklung (Stichwort „DevOps“) oder in einer professionellen Betriebsumgebung.

Selbst wenn für die Betriebsorganisation der Know-how Transfer optimal stattgefunden hat und personell verankert ist, besteht das Risiko, in angespannten Situationen wieder zu alten Lösungen zurückzufallen. Oft kann dies nur durch massive personelle oder technische Maßnahmen (wie zum Beispiel Organisationsänderungen, Kompetenzzuordnungen, Systemwechsel, Personalanpassungen) vermieden werden.

In jedem Fall muss die Unternehmenssteuerung angepasst sein (Stichwort: Zielvorgaben).

Technologie / Was brauchen wir

Gerade für KI oder Digitalisierung ist Technologie und Technologie-Know-how relevant. Leider sind die modernen KI-Technologien anspruchsvoll, und Mitarbeiter mit solchen Kenntnissen sind im Allgemeinen intern kaum vorhanden. Für die Umsetzung von organisationsweiten Projekten ist ein Wirken in der Organisation unerlässlich.

Gerade dies ist das Argument für Interim Manager, die sich in dieser Technologie auskennen. Durch das Wirken in der Organisation erfolgt der Wissenstransfer zu den eigenen Mitarbeitern automatisch.

Rolle der IT - mit / ohne

Wird die eigene IT für Digitalisierung oder KI-Anwendungen gebraucht? IT-Technologie ist notwendig, aber die Antwort lautet ja und nein. Nein, wenn die IT-Organisation ihre Rolle als Dienstleister für Standard-IT-Services versteht. In diesem Fall muss nur das Systemwissen der IT verfügbar und der Zugriff sichergestellt sein. Spätestens bei der Betriebsfrage muss das Verhältnis aber wieder geklärt werden. Versteht sich die IT-Organisation als Gestalter von Geschäftsmöglichkeiten, also als Enabler, dann ist ihre Rolle ungleich wichtiger. Externe Unterstützung kann indes auch in diesen Fällen notwendig sein.

Ressourcen

Wie schon dargestellt, sind eigene Mitarbeiter mit dem notwendigen Know-how äußerst selten und neue Mitarbeiter schwer zu finden. Glücklicherweise bieten die aktuellen generativen Techniken wie ChatGPT gerade bei der Einarbeitung von Mitarbeiten einen hohen Produktivitätsgewinn (mehr als 35

Prozent)[119], was insbesondere neue Mitarbeiter begeistern und längerfristig an diese Themen binden kann.

Support

Für die Umsetzung können Beratungsfirmen und Dienstleister notwendig sein. Hierbei versagt aber eine „klassische“ Steuerung über Pflichtenhefte, da Digitalisierungsanwendungen, insbesondere aktuelle KI-Technologien, weniger planbar und eher experimentell sind. Agile Umsetzungen und strategische Partnerschaften mit Dienstleistern sind die Mittel der Wahl für längerfristige und volatile Projekte.

Plattformen

Die relevanten Plattformen für KI-Anwendungen und für viele Digitalisierungsvorhaben sind natürlich die vier großen Hyperscaler im Markt. Ihr Hauptvorteil liegt in der Zugänglichkeit aller Daten.[120] Damit sind sehr gute Voraussetzungen für datenbasierte Anwendungen gegeben.

Hyperscaler erlauben darüber hinaus eine äußerst flexible Reaktion auf dynamische Systemanforderungen und bieten im Allgemeinen ein sehr operatives Kostenmodell.

---

119 Brynjolfsson & Raymond: https://www.nber.org/digest/20236/measuring-productivity-impact-generative-ai

120 „74% der führenden datenbasierten Firmen nutzen überwiegend Cloud-Services“, sinngemäß aus MIT Technology Review Insights, https://www.technologyreview.com/2021/04/15/1022754/building-a-high-performance-data-and-ai-organization/, p. 4

Sie haben für die Themen verschiedene Vor- und Nachteile, wie in der nachfolgenden Übersicht dargestellt:

	Vorteile	**Nachteile**
Amazon AWS	• Hohe Flexibilität • Technologieoffenheit	• Datenschutz
Google	• Lange Erfahrung in Hyperscaling	• Spezielle Anwendungsbereiche
Microsoft Azure	• Klarer Industriefokus	• Umfangreiches Ökosystem
Facebook	• Spezialisierung auf Marketing	• Schmales Angebot

Klassische Digitalisierungsvorhaben (wie ERP-Systeme oder Prozessautomatisierung, im Grunde eine klassische Aufgabe der IT) und operative KI-Anwendungen (wie Bilderkennung oder Übersetzer, eigentlich innerhalb von Fachbereichen umsetzbar) können und müssen teilweise ohne einen Plattformansatz realisiert werden. Sind genügend Daten vorhanden, können auch neue KI-Anwendungen auf hybriden oder proprietären Umgebungen sinnvoll sein.

Im Folgenden möchte ich noch einige Punkte erwähnen, die parallel zur Umsetzung zu beachten sind.

Maßnahmen / Was tun wir noch

Ich möchte im letzten Teil auf einige Themen eingehen, die im vorgestellten Schema nicht explizit erwähnt sind, die aber in jedem einzelnen Schritt und bei jedem Thema relevant und zu reflektieren sind.

Erwartungsmanagement

Maßgeblich für den Erfolg von Transformationsprojekten ist die klare Transparenz der zu erwartenden Ergebnisse. Es darf weder zu viel versprochen werden noch sollten die Wirkungen kleingeredet werden. Dies betrifft einerseits die beabsichtigten Ergebnisse, aber auch die Änderungen, die im Laufe der Arbeiten „einfach" passieren. Realistische Erwartungen vermeiden Enttäuschungen und erhöhen die Akzeptanz bei allen Stakeholdern

Folgende „Weisheiten" helfen, diese zu erzielen:

- Erfolg ist erst hinterher klar.

  Es gibt für Digitalisierung (und meines Erachtens generell für Innovationen) keine Erfolgsgarantie, aber es ist besser, anzufangen als abzuwarten. Dadurch wird die Chance bewahrt, direkt Erfolg zu haben. Insbesondere wird die Lernkurve für andere Aktivitäten verkürzt.

- There is no silver bullet.[121]

  Es gibt keine einfache Lösung für ein schwieriges Problem und jede Lösung ist mit Aufwand verbunden.

---

[121] Brooks, Frederick P. (1986). "No Silver Bullet—Essence and Accident in Software Engineering" (PDF). Proceedings of the IFIP Tenth World Computing Conference: 1069–1076.

- Auch unvollständige Lösungen sind Lösungen.

  Es reicht oft, einen Großteil der Aufgaben zu erledigen und selten auftretende Fälle in der Tat händisch oder überhaupt nicht zu behandeln. Stichworte in diesem Zusammenhang sind MVP [122] und notwendige Verbesserungsiterationen eines MVP.

- Ein Plan ist nur ein Plan.

  Kein Plan überlebt den Kontakt mit der Realität. Es ist notwendig, Umwege zu gehen, die Vorhaben entlang des Weges immer wieder neu zu evaluieren und neu zu definieren. Es ist möglicherweise einfacher, um einen Berg herumzugehen als über ihn hinwegzusteigen.

- Aus Fehlern lernt man.

  Fehler passieren und müssen akzeptiert werden. Durch explizites Besprechen von Fehlern lernt man daraus und es wird vermieden, dass die gleichen Fehler ein zweites Mal passieren.

- Anfangen ist besser als Nichts tun.

  Fehler können korrigiert werden; wird nichts getan, so kann auch nicht korrigiert werden.

- Besser Nichts als das Falsche tun

  Diese Aussage widerspricht nicht der vorigen. Nichterfolgreiche Aktivitäten müssen rechtzeitig eingestellt werden.

[122] Minimal Viable Product

Alle diese Punkte können mit den Erwartungen der verschiedenen Akteure kollidieren. Es ist daher notwendig, die aufgeführten Abweichungen professionell anzugehen und insbesondere proaktiv in einer Kommunikationsstrategie zu adressieren.

Kommunikation

Die Wichtigkeit und Rolle der Kommunikation im Unternehmen ist hinreichend beschrieben. Dies gilt vor allem für Transformationsprojekte. Eine Darstellung dazu findet sich insbesondere in einigen Abhandlungen[123, 124]. Vor allem muss die Kommunikationsstrategie (auch in der zeitlichen Reihenfolge) mit der Umsetzungsstrategie übereinstimmen.

Aufgabe der Kommunikation ist die Unterstützung der Aktivität für eine erfolgreiche Umsetzung, intern und extern, in allen Hierarchieebenen, über alle sinnvollen Medien, mit verschiedenen Techniken, formell und informell.

„Intern und extern" heißt, dass die Kommunikation sowohl innerhalb der Beteiligten der Aktivität wirken soll, aber auch den Rest der Organisation adressiert. Intern fokussiert sich Kommunikation besonders auf Motivation und Ausrichtung aller Beteiligten, extern auf Positionierung und Marketing (extern kann auch über die Grenzen der Organisation hinausgehen).

---

[123] K. Nagel: Professionelle Projektkommunikation, ISBN 3709403634, 978-3-70940363-1

[124] PMI, A Guide to the Project Management Body of Knowledge, ISBN: 987-1-933890-7

„In allen Hierarchieebenen“ bedeutet, dass für den jeweiligen Adressaten genau solche Punkte herausgearbeitet werden, die er in seinem Kontext versteht und einordnen kann.

„Über alle sinnvollen Medien“ umfasst natürlich die klassischen Formen der Unternehmenskommunikation, aber Digitalisierungs- oder KI-Projekte sollten sich in erster Linie der modernen Medien und Social Media bedienen.

„Mit verschiedenen Techniken“ öffnet die Methoden in Richtung „user stories“, „customer journeys“ oder „storytelling“.

„Formell und informell“ weist darauf hin, dass auch informelle Kanäle adressiert werden müssen.

Kommunikation ist komplex und muss daher speziell adressiert werden. Die betrachteten Änderungsprojekte sind per se organisationsübergreifend, daher sind sehr viele verschiedene Interessen betroffen – die ebenfalls systematisch betrachtet werden müssen.

Kollaboration

„Eat your own dogfood“ – Neues kann nur mit neuen Methoden eingeführt werden. Auch wenn diese Aussage etwas schlagwortartig formuliert ist: Es hat sich bewährt, bei allen Aktivitäten zur Einführung von Digitalisierung oder KI-Anwendungen zu versuchen, auch neue Arten der Kollaboration zu nutzen. Einerseits entsprechen diese oft dem innovativen Mindset, andererseits sind sie effizienter als die bisher genutzten Werkzeuge (Stichworte sind Slack, Mural, Confluence, Jira, Altassian, Teams, ...).

Stakeholder

Alle sind Stakeholder – das ist der Ausgangspunkt. Aber nicht alle Stakeholder können in der Praxis adressiert werden. Wichtig sind insbesondere solche, die stark betroffen sind oder die einen starken Einfluss auf die Aktivität haben können (sowohl explizit wie implizit).

In der Umsetzung empfehlen wir, mit den Unterstützern und Nutznießern der Aktivität zu arbeiten, um schnell Ergebnisse erzielen zu können. Skeptiker und Zauderer müssen speziell adressiert werden, und der Einfluss von Gegnern auf das Projekt ist zu minimieren. Die Machtstrukturen (auch die informellen wie zum Beispiel Meinungsführer) in der Organisation sollten proaktiv für das Projekt eingebunden werden.

Verantwortungsbereich

Wir haben bereits auf die Thematik der Abgrenzung zur IT-Abteilung hingewiesen. Es ist klar zu unterscheiden, welche Aktivitäten der IT als Dienstleistung zu erbringen sind, und welche Themen zentral für die Digitalisierungsaktivitäten sind.

Gleiches gilt für andere Fachbereiche. Produktdaten, Betriebsdaten, Kundendaten, Finanzdaten und darauf aufsetzende Anwendungen sind nur einige Beispiele für solche Themengebiete. Im Zuge des skizzierten Vorgehens sind diese Themen aus Geschäftssicht festgelegt worden und sie unterliegen der Steuerung im Rahmen der KI- bzw. Digitalisierungsanwendungen – und zwar ausschließlich.

Die konkrete Umsetzung kann (und sollte) im Sinne eines integrierenden Stakeholdermanagements dezentral erfolgen.

Kundenorientierung

Wir haben schon implizit darauf hingewiesen: Die Orientierung an den Bedürfnissen der Kunden ist oberste Prämisse. Hauptkunde ist hierbei die gesamte Organisation. Der Mehrwert und der Kundenvorteil müssen klar adressiert, gezielt kommuniziert und schnell realisiert sein. Dies ist nicht der einzige, aber ein zentraler Aspekt des Geschäftsbeitrags.

Daten

In vielen Beiträgen wird die Bedeutung von Daten als Voraussetzung für Digitalisierung und auch für innovative KI-Anwendungen betont.[125] Dem schließen wird uns an.

Eine fehlende Datenstrategie muss indes nicht zur Verschiebung oder gar Verhinderung geplanter Vorhaben führen. Stattdessen ist im Einzelfall zu prüfen, inwieweit die Rahmenbedingungen (Datenqualität, Verfügbarkeit, Vollständigkeit) ausreichen, um erste Piloten anzugehen und die zu erwartenden Vorteile zu demonstrieren. Defizite bei den Daten sind parallel und zeitlich und inhaltlich abgestimmt zu schließen.

Eine in die Unternehmensstrategie integrierte KI/Daten- und eine IT-Strategie bilden die Zielsituation.

---

[125] MIT Technology Review Insights, https://www.technologyreview.com/2021/04/15/1022754/building-a-high-performance-data-and-ai-organization/, p. 4

Realisierung / Wie fangen wir an

Es gibt eine ganze Reihe von Business-Szenarien, die Interim Manager für den Einsatz in Digitalisierungs- und Transformationsprojekten prädestinieren:

- sie bringen ihre externe Erfahrung aus einer Vielzahl von verschiedenen Situationen und Organisationen ein;
- sie zeigen das Commitment des Auftraggebers, indem er den Aufwand erbringt;
- sie haben keine Historie und persönlichen Karriereziele in der Einsatzfirma neben dem Auftrag;
- sie verkörpern eine starke Motivation und coachen die Mitarbeiter;
- sie haben keine Vor- oder Nachteile zu befürchten, sie sind unabhängig.

Natürlich bringen Interim Manager zusätzliche Ressourcen mit den beschriebenen Eigenschaften in die Organisation. Im Gegensatz zu Beratern wirken sie aber *in* der Organisation und haben eine engere Beziehung zu allen Beteiligten und eine Verbindlichkeit, was zu höherer Motivation und einem quasi automatischen Know-how-Transfer führt. Damit wirken die Ergebnisse auch nachhaltig. In Ergänzung zu eigenen Mitarbeitern sind sie besser geeignet bei riskanteren oder weniger vorhersehbaren Projekten (die zum Beispiel zu Ausgründungen oder Kannibalisierungen führen).

Daher unsere Empfehlung: KI, Digitalisierung und Transformationen nur mit Interim Managern!

Zusammenfassung

Wir haben in den vorangegangenen Seiten ein Bouquet von Schritten aufgezeigt, die eine erfolgreiche Implementierung von innovativen Lösungen in bestehende Geschäftsumgebungen ermöglichen. Der Fokus lag auf KI-Anwendungen und Digitalisierung. Die Zielgruppe waren Mittelständler oder Organisationen, die nicht notwendigerweise ein vollständiges und explizites Managementsystem eingeführt haben.

Zunächst wurde eine erprobte Vorgehensweise skizziert, die eine Blaupause für die Einführung darstellt. Diese Vorgehensweise ist pragmatisch, nicht alle aufgeführten Schritte müssen tatsächlich erfolgen. Eine Prüfung ist im Einzelfall immer notwendig. Die wesentlichen Rahmenbedingungen für die Umsetzung wurden betrachtet und schließlich wurde an wichtige Maßnahmen erinnert, die die gesamten Aktivitäten begleiten müssen.

Dieses Vorgehen sichert die (einmalige) Einführung von Digitalisierung oder KI-Anwendungen. Es legt darüber hinaus auch die Grundlage für eine kontinuierliche Anpassung der Organisation für die Zukunft.

Der Hauptvorteil des vorgestellten Ansatzes ist es, sicherzustellen, dass die Digitalisierung und die KI-Anwendungen wirklich zur Verbesserung des Geschäftsbeitrags führen und von Anfang an nachhaltig in der Organisation verankert sind. Es ist ein optimaler Weg, den Produktivitätsschub der neuen Technologien auch für Mittelständler zu entfesseln.

Die Zukunft der Modebranche

– wie KI die Wertschöpfungskette optimiert

Klaus Becker, Interim CIO, Klaus Becker Solutions

Einleitung

Die Modebranche ist eine der dynamischsten und am schnellsten wachsenden Branchen der Welt. Mit der rasanten Entwicklung und Implementierung von Künstlicher Intelligenz (KI) ergeben sich zahlreiche Möglichkeiten, die Effizienz und Qualität in der gesamten Wertschöpfungskette zu steigern. Dieses Kapitel richtet sich an alle, die sich für die Anwendung von KI in der Modebranche interessieren, unabhängig davon, ob sie bereits Erfahrung mit KI haben oder neu in diesem Bereich sind.

In diesem Kapitel werden wir die Wertschöpfungskette der Modebranche durchlaufen und potenzielle Einsatzbereiche von KI sowie deren Nutzen und Risiken erläutern. Wir werden verschiedene Arten von KI-Lösungen vorstellen, von Standardsoftware bis hin zu individuellen Lösungen, um einen umfassenden Überblick zu geben. Bitte beachten Sie, dass die vorgestellten Lösungen nur Beispiele sind und keinen Anspruch auf Vollständigkeit erheben. Die Reihenfolge der Nennung ist alphabetisch und enthält keine Wertung.

Unser Ziel ist es, Ihnen einen fundierten Einblick in die vielfältigen Möglichkeiten zu geben, die KI in der Modebranche bietet, und Sie dabei zu unterstützen, die besten Lösungen für Ihre spezifischen Bedürfnisse zu finden.

Einführung

Die Anwendung von Künstlicher Intelligenz (KI) hat das Potenzial, die Effizienz von Prozessen in der Modebranche signifikant zu steigern. Durch die Automatisierung von sich wiederholenden Aufgaben, die Unterstützung von kreativen Tätigkeiten mit Vorschlägen und die Vorbereitung von Entscheidungsfindungen durch die Zusammenfassung relevanter Informationen kann KI dazu beitragen, dass sich die menschliche Arbeitskraft auf Aufgaben konzentrieren kann, die den „gesunden Menschenverstand" erfordern.

Viele Nutzer sind sich vielleicht gar nicht bewusst, dass sie bereits in verschiedenen Situationen der täglichen Arbeit mit KI-Technologie zu tun haben. Einfache Anwendungsfälle der Datenanalyse, Identifizierung und Klassifizierung schleichen sich mehr und mehr in den Alltag der Nutzer ein. Beispiele hierfür sind Biometrie-Login und Wortvorschläge beim Chatten.

Hersteller von Standardsoftware integrieren bereits seit ein paar Jahren KI-Technologie in ihre Produkte. Das Ergebnis stellt die erste Stufe von KI-Nutzung im Fashion-Umfeld dar. Das heißt, man implementiert und nutzt ein Standardprodukt und kann auf voll integrierte KI-unterstütze Prozesse zurückgreifen. Die Funktionalität der Datenanalyse, Identifizierung und Klassifizierung ist bereits weit verbreitet.

Die Nutzung von generativer KI (Gen-KI), die eine Antwort in Form von Text, Daten, Musik, Grafik, Empfehlungen oder einer

Anomalie-Erkennung basierend auf dem Input erzeugt, ist der nächste Schritt. Diese Technologie kann den Prozess enorm beschleunigen und gleichzeitig die Qualität erhöhen, da mehr Aufgaben im gleichen Zeitraum erledigt werden, ohne dass die KI wie ein Mensch müde wird und an Konzentration und Genauigkeit verliert.

Es ist jedoch wichtig zu beachten, dass die Nutzung von KI auch Herausforderungen mit sich bringt. Die Konkurrenz kann mit den gleichen Mitteln der KI-Funktionalität der Standardsoftware ihre Prozesse verbessern, so dass man keinen gravierenden Wettbewerbsvorteil gegenüber Unternehmen erwarten sollte, die die gleiche Software einsetzen.

Die umfangreichste Ausbaustufe von KI ist die Eigenentwicklung einer Gen-KI-Lösung. Wenn man einen klaren Einsatzbereich und eine Zielsetzung für eine Gen-KI identifiziert hat und eine Standardsoftware für die Umsetzung entweder nicht existiert oder eine individuelle Lösung den Nutzen für das Unternehmen maximieren soll, dann setzt man die Gen-KI-Lösung spezifische für das Unternehmen auf.

Die Entwicklung einer firmenspezifischen KI ist aufwändiger als die Nutzung von Standardsoftware. Dies liegt daran, dass man die KI-Lösung in all ihren Details selbst aufbauen muss. Man muss also genau wissen, welche Ergebnisse man mit der Unterstützung der generativen KI erreichen möchte, und wie sich die KI-Lösung idealerweise verhalten soll.

Bei der Entwicklung greift man auf die bestehenden Standardkomponenten der Technologieanbieter und Integratoren zurück. Es stehen unterschiedlichste KI-Modelle mit verschiedenen Stärken und Schwächen zur Verfügung, die als Basis genutzt werden können. Diese Standardkomponenten werden mit unternehmensspezifischen Erweiterungen ergänzt, damit die KI auch die individuellen Anforderungen und Details des Unternehmens berücksichtigen kann.

Das Ergebnis ist eine völlig individuelle, auf das Unternehmen zugeschnittene Lösung, die das Potenzial haben kann, die Konkurrenz durch Wettbewerbsvorteile abzuhängen. Es ist jedoch wichtig zu beachten, dass bei einer individuellen KI-Lösung keine automatischen Updates oder Weiterentwicklungen durch einen Hersteller oder Anbieter erfolgen. Das Unternehmen trägt die Verantwortung für die individuelle Gen-KI allein.

Man sollte auch nicht von einer Einzelinvestition ausgehen, die nur einmal bei der Implementierung Aufwand und Kosten erzeugt. Vielmehr ist es wichtig, die Weiterentwicklung und den Betrieb bei der Planung zu berücksichtigen, um veränderte Anforderungen und technische Verbesserungen auch zukünftig umsetzen zu können. Ohne entsprechende Erfahrung beim Aufbau von KI-Lösungen sollte man die Umsetzung gemeinsam mit einem spezialisierten Integrator für KI-Technologie durchführen.

KI-Anwendungen in der Design- und Entwicklungsphase

Die Wertschöpfungskette der Modebranche beginnt bei der Produktentwicklung und der Erstellung einer Kollektion. In dieser Design- und Entwicklungsphase können KI-basierte Tools den kompletten Prozess der Produktentwicklung unterstützen. Im klassischen Designprozess werden große Mengen an Entwürfen manuell durch Designer erstellt. Das geschieht in Form von Zeichnungen, aber auch bereits in Form von Musterprodukten, die geschneidert werden, um sie bei der Auswahl für die Kollektion mit allen Sinnen erleben zu können. Die Masse der Entwürfe wird verworfen, bis ein kleiner Prozentsatz der kreativen Arbeit in die finale Kollektion übernommen wird. Der klassische Prozess benötigt durch die manuelle Design- und Fertigungsarbeit üblicherweise mehrere Wochen oder Monate und der Großteil der Entwürfe und Muster findet nicht den Weg in die finale Kollektion.

KI-basierte Design-Tools können dabei helfen, die Entwurfsphase zu beschleunigen und zu verbessern, indem sie beispielsweise automatisch Farben, Muster oder ganze Designs vorschlagen. Die KI ist dabei in der Lage, je nach Lösung, die historischen Kollektionen der Marke, die Verkaufshistorie, aktuelle Modetrends, aber auch Kundenfeedback zu berücksichtigen. Der Designer wählt aus den 2D- und/oder 3D-Vorschlägen, welche die KI nahezu in Echtzeit generiert. Die Entwürfe können bereits digital mit einem Modell kombiniert werden, so dass der digitale Entwurf entweder nur das Produkt oder bereits fotorealistische Modell-Bilder oder gerenderte Videos umfasst. All das erstellt die Gen-KI, ohne aufwändiges Foto-Shooting und quasi sofort. Mehrere Design-Iterationen eines Produktes können in wenigen Minuten durchlaufen werden. Das finale Design und die Anpassungsvorgaben macht immer noch der Designer. Die zeitaufwändigen Designvorschläge auf Papier, die Musterfertigung und das Foto-Shooting entfallen; diese werden von der KI in Echtzeit erstellt.

Die Technologie kann beim Designprozess sogar den Kunden integrieren und – innerhalb vorgegebener Rahmenparameter – das Design auf Basis der Kundenwünsche anpassen.

Im Bereich Produktdesign und Personalisierung gibt es bereits eine gewisse Auswahl an Standardlösungen auf dem

Markt. Die Produkte haben unterschiedliche Zielgruppen und bedienen im Detail etwas abweichende Einsatzbereiche. Nachfolgend finden Sie einige Standardlösungen mit KI-Funktionalität im Bereich Design und Entwicklung von Mode in alphabetischer Reihenfolge.

- Ablo, https://ablo.ai/, Produktdesign & Personalisierung,
- Cala, https://ca.la/, Plattform für Produkterstellung e2e & Produktdesign,
- Designnovel, https://www.designovel.com/index_en.html, Produktdesign basierend auf Trendanalyse, Prognosen & Markterkennung,
- TeeAI, https://teeai.co.uk/, T-Shirt Produktdesign / Personalisierung,
- TheNewBlack, https://thenewblack.ai/, Produktdesign-Lösung,
- Unmade, https://www.unmade.com/, Plattform zur Optimierung des Produktzyklus,
- VisualHound, https://serp.ai/tools/visualhound/, Produktdesign & Digitale Samples.

Der Online-Modehändler Zalando ist im Jahr 2016 einen Schritt weiter gegangen und hat eine individuelle Gen-KI gemeinsam mit Google ZOO und den Stink Studios erstellt. Unter dem Namen „Project Muze“ wurde eine KI auf die Modevorlieben von Kunden trainiert. Damit erzeugt die individuelle KI personalisierte Designs und Produkte nach dem Geschmack des jeweiligen Kunden.[126] [127]

Die Nutzung von KI im Design- und Entwicklungsprozess kann die Time-to-Market-Zeit deutlich verkürzen und teure Entwicklungsphasen günstiger gestalten. Das Ergebnis und der Nutzen hängen stark von den Eingabedaten für die KI ab. Wenn man wenig und/oder schlechte Daten der KI zur Verfügung stellt, dann wird auch das Ergebnis nicht optimal ausfallen. Man sollte also zunächst sicherstellen, dass ausreichend gute Daten für eine KI zur Verfügung stehen, um die erwarteten Ergebnisse zu erreichen. Die Chancen in diesem Bereich sind groß und daher sollten sich Modemarken mit dem Thema beschäftigen. Ein guter Start könnte eine Kleinkollektion sein, die ausschließlich über KI-Technologie erstellt wird. Wenn man Erfahrung gesammelt hat und die Lösung bis zu einem sinnvollen Grad optimiert wurde, dann kann man die Lösung auf weitere Produkte und Kollektionen übertragen. Unternehmen mit viel Erfahrung bei der Nutzung von KI-Technologie sollten unter Umständen den Aufbau einer individuellen KI-Lösung erwägen, um exakt die Ergebnisse zu erzielen, die man erwartet, ohne die Limitierungen von Standardsoftware akzeptieren zu müssen.

KI-Anwendungen in der Produktionsphase

Auf die grundsätzlichen Möglichkeiten der KI-basierten Produktionsoptimierung geht der folgende Abschnitt nicht ein. Das

---

[126] https://www.thinkwithgoogle.com/intl/de-de/insights/verbrauchertrends/project-muze-werden-sie-mit-dem-code-von-google-zum-fashiondesigner-bei-zalando/

[127] https://www.stinkstudios.com/work/zalando-project-muze

Kapitel fokussiert auf die Besonderheiten in der Modeindustrie, die nicht alle ohne weiteres auf andere Branchen übertragen werden können.

In der Produktionsphase der Modeindustrie optimiert KI-Technologie vor allem die folgenden Einsatzbereiche:

- Supply Chain und automatisierte Bestandsverwaltung der Rohmaterialien. Die automatisierte Supply Chain und Bestandsverwaltung kann dazu beitragen, die Lieferzeiten zu reduzieren, den Logistikaufwand zu minimieren und den Lagerbestand zu optimieren. KI-Technologie wird eingesetzt, um auf Basis von Historiendaten und Echtzeitinformationen Verkaufsprognosen zu erstellen und die Rohmaterialbestellung und Produktion entsprechend zu steuern.

  BlueYonder (www.blueyonder.com) ist ein Anbieter einer Lieferketten-Plattform, der über Branchenlösungen einen gewissen Standard anbietet, aber individuell auf die Kundenanforderungen eingeht. Die Branchenlösung für die Konsumgüterindustrie bietet unter anderem KI-unterstützte Lieferketten-Planung und Bestandsverwaltung sowie Prognosemodelle. BlueYonder wurde in 2023 von Gartner als führendes Unternehmen in den Bereichen „Supply Chain Planning Solutions“, „Warehouse Management Systems“ und „Transportation Management Systems“ klassifiziert.[128]

  Weitere Lösungen aus dem Logistikumfeld finden Sie in dem nachfolgenden Abschnitt mit dem Logistikfokus.

---

[128] https://now.blueyonder.com/Gartner-Magic-Quadrants

- Schnittmusteroptimierung: Bei der Produktion von Bekleidung werden die einzelnen Stoffstücke aus einer Stoffbahn geschnitten. Dabei entsteht Schnittabfall, der keine Verwendung findet. Eine Schnittmusteroptimierung reduziert den Verschnitt und damit den produktionsbedingten Abfall. Eine KI kann die Positionierung der Schnittmuster auf dem Rohmaterial so optimieren, dass man möglichst wenig Verschnitt generiert, der als Abfall der Produktion entsorgt werden muss. Diese Art der Optimierung leistet einen Beitrag zur Nachhaltigkeit und reduziert den Bedarf an Rohmaterial bei gleicher Produktionsmenge. Das Einsparpotential in diesem Einsatzbereich lässt sich nach einem Testlauf gut kalkulieren. Man benötigt weniger Rohmaterial (€/lfm) für die Produktion und hat dem nur die KI-Kosten gegenüberzustellen.

  Nachfolgend drei Anbieter für die KI-basierte Schnittmusteroptimierung in Standardsoftwarelösungen:

  - Gerber Technologies, https://www.gerbertechnology.com/default.aspx,
  - Lectra, https://www.lectra.com/de,
  - Optitex, https://optitex.com/.

- Qualitätskontrolle: KI-basierte Qualitätskontrolle kann dazu beitragen, die Qualität der Produkte zu verbessern, indem sie beispielsweise fehlerhafte Produkte automatisch aussortiert. Man kann je nach Einsatzgebiet auf die manuelle Prüfung von wenigen Stichproben verzichten, sondern lässt die KI *jedes* Element des Prüfumfangs vollständig bearbeiten. Die Genauigkeit erreicht damit nahezu 100 Prozent in vielen Fällen bei kürzerer Bearbeitungszeit.

Die KI-unterstützte Qualitätsprüfung kann mit Foto- und/oder Videomaterial arbeiten, um beispielsweise Nähte, Knöpfe, Prints oder Löcher zu kontrollieren. Man kann sich zudem Reißfestigkeitstests, Biegetests und Röntgenaufnahmen zur Ermittlung von Fremdkörpern wie Nadeln oder Ähnlichem vorstellen. Diese Prüfungen sind meist sehr individuell und erfordern spezifische Lösungen. Die KI-unterstützte Qualitätsprüfung ist im Maschinenbau bereits weiter fortgeschritten. Die folgenden Unternehmen sind auf KI-unterstütztes Qualitätsmanagement in der Fertigung spezialisiert und bieten individuelle Lösungen an:

- Elunic AG, https://www.elunic.com/de/aisee/,
- Fraunhofer IPA, https://www.ipa.fraunhofer.de/de/Kompetenzen/bild--und-signalverarbeitung/ki-fuer-die-qualitaetssicherung-und-automatisierung.html.

Auch die Anbieter auf dem Markt für QMS-Software integrieren KI-Funktionalität in ihre Produkte. Ob das Angebot die Erwartungen erfüllen kann, muss im Einzelfall geprüft werden.

Die Nutzung von KI in der Produktionsphase kann für ein Unternehmen aus der Modebranche wesentliche Vorteile bringen. Eine Umsetzung wird dann schwierig, wenn die Produktion extern vergeben ist. Bei einer großen Anzahl an Zulieferern und externer (Teil-)Fertigung lässt sich das Potential von KI-unterstützter Fertigung nicht vollständig realisieren. Möchte man die Supply-Chain und Fertigung über eine KI-basierte Verkaufsprognose steuern, bietet sich die Verbindung der Produktion mit dem Verkauf an. Bei externer Fertigung ist dazu der agilen Durchgriff auf die Rohstoffverwaltung und Produktion des externen Partners notwendig. Um die KI-Nutzung in der Produktion zu starten, bietet es sich an, mit einigen wenigen einfachen Produkten zu starten, Erfahrung zu sammeln und die Prozesse zu optimieren, bevor die komplette Produktion angegangen wird. Auf diese Weise ist man in der Lage, Aufwand und Nutzen abzuschätzen, bevor man die Umstellung anstößt.

KI-Anwendungen in der Strategie- und Planungsphase

In einem klassischen Planungsprozess werden Werte für zukünftige Perioden manuell erstellt und dann den Ist-Werten gegenübergestellt. Gleichgültig, ob man eine Absatzplanung, eine Produktionsplanung, eine Mitarbeiterplanung im Einzelhandel oder eine Liquiditätsplanung vornimmt, bleibt das grundsätzliche Vorgehen gleich. Der Planer entscheidet über den exakten Planungswert manuell. Das ist unter Umständen sehr aufwändig, da der Planer die Rahmenparameter selbst bewerten und in den Planwerten reflektieren muss.

Seit einigen Jahren existieren Planungstools, die aufgrund der historischen Werte und Entwicklungen Vorschläge für die Planwerte zur Verfügung stellen. Der manuelle Planungsaufwand wird dabei bereits signifikant reduziert. Der Planer kontrolliert nur noch die Vorschläge und korrigiert Werte nach eigenem Ermessen.

Beispiele für Planungstools mit Funktionalität aus den Bereichen maschinellen Lernens (ML) und KI:

- Anaplan, https://de.anaplan.com/,

- IBM Cognos Analytics, https://www.ibm.com/de-de/products/cognos-analytics,
- Jedox, https://www.jedox.com/de/,
- Planful, https://planful.com/ai-ml/.

Diese Tools sind Planungsplattformen, die Planungen verschiedenster Art erlauben. Sie sind nicht speziell auf die Modebranche ausgerichtet. Oftmals stehen über einen Online-Marketplace Vorlagen für bestimmte Planungsarten zur Verfügung, die man sich mit überschaubarem Aufwand an seine Anforderungen anpassen kann. Man nutzt damit eine Standard-Planungsplattform mit integriertem Machine Learning und KI-Funktionalität. Das gibt einerseits Flexibilität, andererseits müssen individuelle Anforderungen im Tool erst einmal aufgebaut werden.

Sehr wichtige Strategie- und Planungsparameter der Modeindustrie sind die zukünftige Nachfrage und der sich stets verändernde Modetrend. Eine KI-basierte Nachfrageprognose kann dazu beitragen, die Nachfrage nach bestimmten Produkten vorherzusagen und die Produktion entsprechend anzupassen. Künstliche Intelligenz kann helfen, Trends in der Modebranche zu identifizieren, bevor sie sich auf dem Markt durchsetzen. Hierfür kann man beispielsweise Social-Media-Plattformen wie Instagram oder Pinterest nutzen, um herauszufinden, welche Farben, Muster und Stile bei den Nutzern besonders beliebt sind. Die Analyse von Suchanfragen auf Google oder Bing kann ebenfalls wertvolle Einblicke in die aktuellen Trends geben. Durch die Verwendung von Machine-Learning-Algorithmen lassen sich diese Daten automatisch auswerten, um schnell und effizient neue Trends zu identifizieren.

Die nachfolgend genannten Unternehmen bieten Lösungen für KI-basierte Nachfrageprognosen in der Fashion-Industrie.

- Datasolut, https://datasolut.com/forecasting/,
- Heuritech, https://www.heuritech.com/,
- LOKAD, https://www.lokad.com/de/,
- sedApta, https://www.sedapta.com/de/industries-and-references/fashion-luxury/.

ML/KI-unterstützte Planungstools einzusetzen ist sicherlich sinnvoll, um den manuellen Aufwand des Planers zu minimieren. Gerade in der Modeindustrie bietet eine Planung auf Basis von Modetrends und Verkaufsprognosen erhebliche Vorteile, um Überbestände bereits zum Planungszeitpunkt zu reduzieren. Das in Lagerbeständen gebundene Unternehmenskapital und der zusätzliche Aufwand des Abverkaufs von Überbeständen wird verringert; dies trägt zur verbesserten Profitabilität bei. Ganz nebenbei leistet diese Technologie mit geringeren Überbeständen einen Beitrag zur Nachhaltigkeit.

KI-Anwendungen im Marketing

Die automatische Kundensegmentierung ist einer der offensichtlichen Einsatzbereiche von KI im Marketing. Die KI berücksichtigt komplexe Zusammenhänge und Parameter aus den Kundenprofilen und der Transaktionshistorie, um zu dem Ergebnis der Segmentierung zu kommen. Mit dem Ergebnis kann das Unternehmen Marketingaktivitäten viel gezielter platzieren als mit klassischen Filtern.

Generative KI zeigt im Bereich Marketing vor allem bei der Erstellung von Marketingtexten und von Digitalen Medien seine Stärken. Generative KI ist in der Lage, basierend auf unstrukturierten Daten aus Kundenprofilen und aus Web-Community-Informationen Kunden-individuelle Marketing-Inhalte zu erstellen. Die Ansprache der Kunden wird dadurch persönlicher, gezielter und effektiver – kein Kunde bekommt mehr Massennachrichten ohne individuellen Mehrwert und Bezug.[129]

Beispiele für KI-Unterstützung im Bereich CRM:

- Hubspot, https://www.hubspot.de/products/artificial-intelligence,
- Salesforce, https://www.salesforce.com/de/products/einstein-ai-solutions/,
- SugarCRM, https://www.sugarcrm.com/de/platform-features/generative-ai/.

Generative KI vermag zudem basierend auf Informationen der Produktentwicklung digitale Werbemedien wie Fotos und Videos zu erzeugen, lange bevor das erste physische Produkt gefertigt wurde. Die Produkte werden dabei beispielsweise über den Körper eines Models (echte Fotos oder KI-generiert) gelegt. Auf dem Bild sieht es so aus, als würde das Model das Kleidungsstück wirklich tragen – inklusive Faltenbildung, Schatten usw. Bei einem Video wird Bewegung in die Bilder gebracht, ohne dass etwas bewegt wird. Ein solches Video entsteht allein durch die Gen-KI. Es existiert weder das Produkt noch das Mo-

---

[129] https://www.leadwerk.de/blog/personalisierte-werbung-mit-ki/

del und vermutlich auch nicht die Umgebung und der Hintergrund in der Realität. Die Erstellung dieser Medien findet ohne Foto-Shooting, ohne Studio und ohne hohen Zeit- und Kostenaufwand statt.

Standardlösungen mit Gen-KI Funktionalität für die Digital Asset-Erstellung im Bereich Fashion-Marketing sind:

- Botika, https://botika.io/,
- ZMO, https://www.zmo.ai/ai-model-images/.

Generative KI liefert in CRM-Standardlösungen Funktionalitäten, die insbesondere beim Erstellen von Kunden-individuellen Texten den manuellen Aufwand deutlich reduzieren.

Das Erstellen der digitalen Medien durch eine KI birgt ein großes Potential. Eine optimierte Gen-KI verringert den manuellen Aufwand und die Kosten massiv und verschafft dadurch Wettbewerbsvorteile. Modemarken sollten diese Unterstützung durch KI mit einer Kleinkollektion ausloten, lernen, optimieren und gegebenenfalls vollständig auf die gesamte Kollektion übertragen.

KI-Anwendungen in der Logistikphase

In der Logistik unterscheidet sich die Modebranche nicht signifikant von anderen Branchen. Daher kann man die gleichen KI-unterstützten Systeme einsetzen, die generell in der Logistik verwendet werden. Dieser Abschnitt nennt daher allgemeine Beispiele aus der Logistik.

KI-basierte Routenoptimierung ist ein wichtiger Aspekt der Logistikphase. Es ermöglicht Unternehmen, ihre Lieferketten effizienter zu gestalten, indem es die schnellsten und kosteneffektivsten Routen berechnet. Die KI-Technologie nutzt aktuelle Logistikaufträge und historische Daten sowie Informationen zu Verkehrsbedingungen, Wetter und andere Faktoren, um eine Routenoptimierung zu erstellen.

Ein Beispiel ist die KI-basierte Wegemeteroptimierung von Arvato Systems, die die Produktivität in der Kommissionierung steigert.[130] Ab Ovo bietet ebenfalls eine KI-unterstützte Lösung zur Routenoptimierung an.[131]

Eine weitere wichtige Anwendung von KI in der Logistikphase ist die KI-basierte Lieferterminprognose. Diese Technologie erlaubt es Unternehmen, genaue Vorhersagen darüber zu treffen, wann ihre Lieferungen eintreffen werden.

Ein Beispiel für eine KI-basierte Lieferterminprognose ist die Nachfrageprognose von Datasolut.[132]

Die Logistik ist in der Modebranche nicht der wichtigste Bereich, der durch den Einsatz von KI zu signifikanten Wettbewerbsvorteilen führen könnte. Hat ein Unternehmen die Logistik komplett an einen externen Partner vergeben, sind die Einflussmöglichkeiten auf eine Prozessoptimierung mit Hilfe einer KI ohnehin beschränkt. Externe Logistikpartner arbeiten üblicherweise für mehrere Kunden, um über die Synergien eine bessere Auslastung zu erreichen und dadurch profitabler arbeiten zu können. Die interne Steuerung der Logistikprozesse liegt

---

[130] https://www.arvato-systems.de/loesungen-technologien/loesungen/scm-logistik/kuenstliche-intelligenz-in-der-logistik

[131] https://ab-ovo.com/solution-sheet-smartrouting-ab-ovo-to-go/

[132] https://datasolut.com/forecasting/

üblicherweise in der Verantwortung des externen Partners. Kümmert sich jedoch ein Modeunternehmen selbst um die Logistik, sollte man sicherstellen, dass man den Einsatz von KI regelmäßig prüft und unter Umständen eine Implementierung in Erwägung ziehen.

KI-Anwendungen im Verkauf

Im Bereich Verkauf steht bei Modeunternehmen (wie hoffentlich auch in anderen Branchen) der Kunde im Mittelpunkt. Daraus ergeben sich vielfältige Einsatzmöglichkeiten von KI, welche den Verkaufsprozess optimieren. Dieser Prozess besteht aus drei Teilprozessen, die nachfolgend dargestellt werden.

Produktsuche

Der Teilprozess der Produktsuche hat zum Ziel, dass der Kunde möglichst effizient und erfolgreich das Produkt seiner Wahl findet. Anstatt eine große Masse an nicht relevanten Artikeln zu durchstöbern, sollte die Produktsuche den Kunden über eine angenehme Benutzererfahrung schnell zu den wirklich relevanten Artikeln bringen. KI-Technologie kann dabei unterstützen:

- KI-basierte personalisierte Produktempfehlungen basieren auf dem Kundenprofil, den historischen Transaktionen und den Kunden-bezogenen verfügbaren Daten. Hierbei geht es darum, das Verhalten der Kunden besser zu verstehen, um gezielt auf ihre Bedürfnisse eingehen zu können. Man kann beispielsweise Daten aus dem Loyalty-Programm, dem Online-Shop oder der mobilen App nutzen, um das Kaufverhalten der Kunden zu analysieren. Auch die Analyse von Social-Media-Daten kann helfen, die Zielgruppe besser zu verstehen. Durch die Verwendung von Machine-Learning-Algorithmen lassen sich diese Daten automatisch auswerten und dadurch wertvolle Erkenntnisse gewinnen.

KI-basierte Produktempfehlungen und Personalisierung stellen wichtige Anwendungen im Verkauf dar. Sie ermöglichen es Unternehmen, personalisierte Empfehlungen an Kunden zu senden, die auf ihren Interessen und Vorlieben basieren. Als Beispiel sei GetResponse genannt.[133]

Die Lösung FashionAdvisorAI steht dem Benutzer als Online-Styleberater zur Verfügung und liefert dem Nutzer Empfehlungen zum individuellen Modestil – basierend auf KI-Technologie.[134]

- Chatbots und virtuelle Assistenten sind wichtige KI-Anwendungen im Verkauf. Sie ermöglichen es Unternehmen, Kundenanfragen automatisch in mehreren Sprachen zu beantworten und personalisierte Empfehlungen zu generieren. Die KI-Technologie nutzt historische Transaktionsdaten, um Vorhersagen über das Kaufverhalten von Kunden zu treffen und personalisierte Empfehlungen zu erzeugen. Die Styleberater-Funktion von FashionAdvisor-AI aus dem vorangegangenen Abschnitt könnte in Kombination mit einem ChatBot für die Kunden eines Einzelhandelsgeschäfts genutzt werden. Im Idealfall verweist dieser Styleberater auf die im Laden oder online verfügbaren Produkte.

[133] https://www.getresponse.com/de/funktionen/ki-produktempfehlungen

[134] https://www.fashionadvisorai.com/

Die SaaS-Lösung von Hubspot bietet beispielsweise für den Online-Verkauf einen Chatbot als Standardfunktion an.[135]

- Dem Nutzer kann die Produktsuche über eine Funktion erleichtert werden, die Fotos mit Hilfe einer KI interpretiert und basierend darauf passende Artikel auswählt. Die Fotoerkennung ermittelt dabei sehr detaillierte Merkmale wie zum Beispiel Reißverschluss, Knöpfe, Kragen, Armlänge, Passform, Farbkombination, Stil etc. Diese Merkmale werden im Hintergrund als Filter für Produktempfehlungen eingesetzt. Die Firma Syte bietet eine derartige KI-unterstützte Lösung an.[136]

- Eines der größten Probleme vor allem bei Online-Modehändlern ist die Ermittlung der korrekten Produktgröße für den Kunden. Oftmals bestellen Kunden mehrere Größen des gleichen Produkts, um sicherzustellen, dass die passende Größe bei der Online-Bestellung dabei ist. Die nicht passenden Produkte werden retourniert. Das erzeugt Mehraufwand und Kosten, die es zu vermeiden gilt. Für dieses Problem in der Modeindustrie gibt es seit Jahren verschiedene Lösungsansätze, die auf unterschiedlichen Technologien basieren. Ein neuer Ansatz nutzt eine KI und ermittelt die passende Größe über die Analyse der verfügbaren Kundendaten und Feedback. Die Firma Fit Analytics implementiert bereits ihr Produkt Fit Finder bei ihren Kunden aus der Modebranche.[137] Die Firma Bodify bietet

---

[135] https://blog.hubspot.de/sales/chatbot-im-vertrieb

[136] https://www.syte.ai/ecommerce-fashion/

[137] https://www.fitanalytics.com/fit-finder

einen ähnlichen Lösungsansatz.[138] Auch die Firma Eyefitu hält eine entsprechende KI-Lösung parat.[139]

- Das WLAN-Tracking in einem Modegeschäft zeichnet über die im Laden verbauten WLAN-Access-Points die Bewegung von Kundengeräten auf, die ihre WLAN-Funktionalität eingeschaltet haben. Ein Gerät muss dazu nicht mit einem speziellen WLAN verbunden sein. Solange das Gerät eingeschaltet ist, kann das Gerät über Triangulation über mindestens drei WLAN-Access-Points geortet werden. Mehrere Ortungspunkte eines Geräts kann man zu Laufwegen und Verweildauer eines Kunden zusammenführen.

  Eine KI erstellt aus den gesammelten Daten Empfehlungen für Produktplatzierungen, Kundenlaufwegeoptimierungen und Anpassungen der Personaleinsatzplanung des Ladens.

- Das Kunden-Tracking in einem Modegeschäft über CCTV-Kameras bietet ähnliche Funktionalität wie das WLAN-Tracking, aber über das optische Videobild der Kameras. Eine KI erkennt Personen, erstellt für jede Person einen digitalen Fingerprint des Gesichts und kann damit über mehrere Kameras hinweg den Laufweg eines Kunden nachvollziehen.

  Der Vorteil gegenüber WLAN-Tracking ist die Genauigkeit, weil Personen erkannt werden, keine WLAN-Geräte. Mehrfachnennungen durch das Mitführen von mehreren WLAN-fähigen Geräten (mehrere Handys, Tablets, Lap-

---

[138] https://www.bodify.io/

[139] https://www.eyefitu.com/

tops) sind beim CCTV-Tracking ausgeschlossen. Allerdings muss man beim Platzieren der Kameras darauf achten, die gesamte Verkaufsfläche abzudecken.

ML/AI-basierte Lösungen für Cisco Meraki WLAN-Netzwerke und CCTV-Kameras bieten beispielsweise die Unternehmen Basking[140] und Everyangle[141] an.

Produktpräsentation

Die Produktpräsentation beeinflusst maßgeblich, ob der Kunde das Produkt kauft. Je persönlicher die Artikel dem Kunden präsentiert werden, desto höher die Kaufwahrscheinlichkeit.

Eine KI kann ein digitales Kleidungsstück eines oder mehrerer Produkte in Echtzeit über die Videoaufnahme eines Kunden legen, der vor einer Kamera steht. So ein Setup wird Virtuelle oder Digitale Umkleidekabine genannt. Der Kunde muss also nicht in eine Umkleidekabine gehen, um ein Produkt anzuprobieren. Der Aufwand für den Kunden ist dabei minimal. In der Vergangenheit hatten die Modeunternehmen vor allem das Problem, die Produktdaten im richtigen digitalen Format bereitzustellen. Achtet man bei der Produktentwicklung von Anfang an darauf, dass die nötigen Medienformate erzeugt werden (siehe Abschnitt Produktdesign und Entwicklung), so ist eine KI in der Lage, ein augmentiertes Spiegelbild des Kunden in Echtzeit für diese Kollektion zu generieren. Anbieter von Lösungen für Digitale Umkleidekabinen sind:

---

140 https://basking.io/company/partners/cisco-meraki/

141 https://www.everyangle.ai

- QReal, https://www.qreal.io/,
- Reactive Reality, https://www.reactivereality.com/,
- Zero10, https://zero10.ar/business.

Check-out

Der Zahlungsprozess ist der kritische Prozess, bei dem betrügerische Aktivitäten stattfinden können. Softwarehersteller aus dem Zahlungsumfeld bieten schon seit einigen Jahren Funktionen an, die betrügerische Muster bei Transaktionen erkennen. Hierzu wird eine KI zur Mustererkennung eingesetzt.

Die folgenden Anbieter bieten ML/KI-unterstützte Lösungen zur Erkennung von betrügerischen Aktivitäten beim Zahlprozess an:

- Adyen, https://www.adyen.com/de_DE/risikomanagement,
- Nethone, https://nethone.com/en/products/machine-learning-models,
- Shield, https://shield.com/compliance-ai.

KI-Anwendungen für Nachhaltigkeit

Das Ziel, nachhaltige Mode zu entwickeln, zu verkaufen und wiederzuverwerten, gehört bei den meisten Modeunternehmen längst zur Chefsache. Die Legislative in einigen Ländern wurde bereits aktiv und hat Gesetze zum Erfassen und Verringern des CO_2-Ausstosses in der Modebranche auf den Weg gebracht. Zukünftig werden die Hersteller von Mode eine erweiterte Verantwortung für ihre Produkte auch über die Nutzung und Wiederverwertung hinaus übernehmen müssen.

KI-Technologie kann in vielen Bereichen helfen, die gesetzlichen Ziele in der Modebranche zu erreichen.

- Prädikative Analytik der Verbrauchernachfrage durch eine KI bekämpft die Überproduktion.
- Die Produktionsprozesse werden durch KI optimiert, um die Umweltbelastung zu reduzieren.
- Bei den Lieferketten und dem Ressourcenmanagement lassen sich durch KI-Steuerung die Rohstoffauswahl optimieren und Emissionen reduzieren.
- Bei der Ressourcen- und Lieferantenauswahl kann eine KI helfen, nachhaltige Alternativen zu finden oder zu entwickeln. So bietet etwa die Firma Prewave seine KI-basierte Lösung zum Nachverfolgen von Risiko und Nachhaltigkeit von Lieferanten weltweit an.[142]
- KI-basierte Lösungen für die Buchhaltung ermitteln automatisch, was ein Buchungssatz enthält, und ergänzen diesen um Informationen zur Nachhaltigkeit, wie zum Beispiel den CO2-Footprint. Der Anbieter Nooxit bietet genau diese Lösung an.[143]

---

142 https://www.prewave.com

143 https://www.nooxit.com/de/esg-reporting-schlusselrolle-der-buchhaltung-bei-der-co2-bilanzierung

- KI-Technologie fördert das personalisierte Verkaufen anstelle von Überkonsum.

Resümee

KI-Anwendungen in der Prozesskette von Modeunternehmen bieten eine Vielzahl von Möglichkeiten, um die Effizienz und die Qualität in der Wertschöpfungskette zu erhöhen.

Grundsätzlich ist bei KI-Technologien von höchster Wichtigkeit, dass die Datenqualität beim Anlernen eines KI-Modells hoch ist und Daten in ausreichender Menge zur Verfügung stehen. Ist das nicht der Fall, kann man von der KI auch keine zufriedenstellenden Ergebnisse erwarten. Daten, die man bisher ungenutzt und ungeprüft gespeichert hat, müssen nun konsequent und dauerhaft in Qualität und Verfügbarkeit optimiert werden, bevor man sie für eine KI-Lösung verwendet. Es gilt die grundlegende Regel, dass eine schlechte Qualität der Eingabedaten auch zu schlechten Ergebnissen der Gen-KI führt. Im schlimmsten Fall ist das Ergebnis wertlos und nicht verwendbar.

Unternehmen sollten sich also zuerst um die Datenbasis kümmern. Die Rolle eines „Chief Data Officers“ oder „Data Governance Managers“ gewinnt an Bedeutung. Ohne diese Funktion im Unternehmen riskiert man, dass der Implementierungsaufwand für eine KI durch schlechte Ergebnisse verpufft.

ChatGPT steht schon fast als Synonym für eine Gen-KI. Fast jeder kennt es und viele haben es schon einmal ausprobiert oder nutzen es regelmäßig. Doch genau da liegt das Problem im Bereich von vertraulichen Daten. Das öffentlich verfügbare ChatGPT hat nur die Basis mit einer Unternehmenslösung gemein.

ChatGPT steht jedem Nutzer zur Verfügung. Es gibt keine Privatsphäre für vertrauliche Informationen. Bei allgemeinen Aufgaben ohne vertraulichen Inhalt ist eine Nutzung unbedenklich. Firmeninterne vertrauliche Daten und nach der DSGVO schützenswerte Daten dürfen einer öffentlichen KI wie ChatGPT über das normale Nutzerinterface nicht zugänglich gemacht werden. Die in diesem Kapitel angesprochenen Lösungen sind Unternehmenslösungen und privat. Vertrauliche Informationen gehen nicht über die Unternehmens-KI an die Öffentlichkeit. Ist eine mehrsprachige Spracherkennung als Funktionalität nötig, so kann es sein, dass ChatGPT als Large Language Model (LLM) zur Kommunikation mit dem Nutzer als Basis verwendet wird. Die vertraulichen Firmendaten werden über spezielle Technologien der privaten KI gesondert verfügbar gemacht, um beim Generieren der Antworten darauf zugreifen zu können. Die Firmendaten werden dabei mit dem LLM nicht vermischt. Ein Datenabfluss in den öffentlichen Bereich wird ausgeschlossen. Eine Nutzung von öffentlichen KIs wie ChatGPT im Rahmen von Unternehmenstätigkeiten sollte auf jeden Fall kritisch hinterfragt werden.

Der einfache Einstieg in die Nutzung einer KI-Lösung ist durch die Implementierung einer Standardsoftware möglich, die bereits vom Hersteller voll integrierte KI-Funktionalität enthält. Damit lassen sich erste Erfahrungen sammeln und diese bei der späteren Entwicklung einer firmenspezifischen KI nutzen. Fertige Standardlösungen haben aber prozessuale und funktionale Limitierungen, die man kennen und bewusst akzeptieren muss. Sobald man Zielsetzungen definiert, die an die Grenzen einer Standardlösung stoßen, wird man die Implementierung einer individuellen KI angehen.

Eine firmenspezifische KI generiert individuelle Vorteile. Sie stellt idealerweise einen Wettbewerbsvorteil dar, den die Konkurrenz erst einmal aufholen muss. Der Wettbewerbsvorteil ergibt sich allerdings nicht durch einen einmaligen Kraftakt, sondern er muss mit Pflege, Optimierung und Ausbau ständig weiterentwickelt werden.

Es ist unrealistisch zu erwarten, dass eine Künstliche Intelligenz nur einmal in Betrieb genommen werden müsste und daraufhin sämtliche Aufgaben fehlerfrei und autonom ausführt. Vielmehr stellt das Anlernen der KI eine Voraussetzung für die spätere Leistung dar. Im Anlernprozess erhält die KI möglichst viele Informationen und Beispiele für ihre spätere Aufgabe. Nimmt man das Anlernen nicht ernst, liefert man zu wenig Daten oder ist die Datenqualität zu schlecht, ist die KI unter Umständen nicht in der Lage, die gewünschten Ergebnisse zu liefern.

„Im Bereich der Künstlichen Intelligenz ist eine Halluzination ein überzeugend formuliertes Resultat einer KI, das nicht durch Trainingsdaten gerechtfertigt zu sein scheint und objektiv falsch sein kann.", heißt es bei Wikipedia.[144]

Es besteht immer das Risiko von Halluzinationen bei KI-Systemen. Bis heute gibt es keine 100 Prozent-Lösung, um Halluzinationen bei KIs zu verhindern. Der Nutzer muss sich dieser negativen KI-Eigenschaft bewusst sein. Das gilt vor allem dann, wenn Aufgaben gestellt werden, zu denen die KI keine Informationen aus den Anlerndaten vorliegen hat. Jedes Ergebnis einer KI muss der Nutzer daher mit gesundem Menschenverstand auf Plausibilität bewerten. Je nach Einsatzgebiet wiegt eine Halluzination entsprechend schwer. Im Designprozess eines Kleidungsstücks fällt eine Halluzination bei-

---

[144] https://de.wikipedia.org/wiki/Halluzination_(Künstliche_Intelligenz)

spielsweise dem Designer sofort auf. Beim Erstellen von persönlichen Kundenanschreiben oder bei einer völlig abwegigen Nachfrageprognose durch eine KI kann eine unerkannte Halluzination, die ohne Datengrundlage ihr Ergebnis phantasiert, ernsthaften Schaden verursachen. Mit dem Bewusstsein für die Möglichkeit eines solchen Verhaltens und einer angemessenen Ergebniskontrolle, wiegt diese negative Eigenschaft nicht mehr so schwer.

Alle Phasen der Wertschöpfungskette bieten Einsatzmöglichkeiten für KI-Technologie. Vermutlich enthält eine KI-unterstützte Produktdesign- und Entwicklungsphase die umfangreichsten Prozessänderungen im Kernbereich eines Modeunternehmens mit großen Wettbewerbschancen. Aus Nachhaltigkeitssicht könnte den Bereichen Rohstoffbeschaffung, Lieferkette, Produktion und Logistik die größte Priorität gegeben werden. Letztendlich kommt es bei der Auswahl und Priorisierung von KI-Implementierungen auf die jeweilige Ausgangssituation und die Zielsetzung eines Unternehmens an. Klar ist indes: Irgendein Konkurrent wird ganz sicher in dem Bereich, den man gerade de-priorisiert hat, aktiv werden und sich damit einen Vorsprung verschaffen. Man kann sicher nicht in allen Bereichen gleichzeitig Projekte starten. Eine bewusste Definition der Erwartungen, eine Priorisierung der Reihenfolge und ein realistischer Zeitplan helfen die Situation zu strukturieren.

Die Mitarbeiter und der Betriebsrat eines Unternehmens könnten vermuten, dass man mit dem Einsatz von KI Arbeitsplätze einsparen möchte. Das ist aber zu kurz gedacht. Natürlich wird man je nach Einsatzgebiet nicht mehr die gleiche manuelle Arbeitsleistung für die jeweiligen Prozesse benötigen. Repetitive Tätigkeiten werden künftig weitgehend von KI-Systemen übernommen werden. Aber es braucht weiterhin Arbeitskräfte mit gesundem Menschenverstand, die sich um die

Datenqualität kümmern, die KI anlernen und verbessern, Arbeitsanweisungen an die KI geben, Ergebnisse kontrollieren und Entscheidungen treffen. Das sind neue Aufgaben, wodurch sich bestehende Berufsbilder wandeln und neue Berufsbilder entstehen. Bei einer gut aufgesetzten KI-Lösung erhöht sich in der gleichen Durchlaufzeit der Output bei höherer Qualität. Ob man damit Arbeitsplätze einspart oder gar aufbaut, ist eine Firmen- und Prozess-spezifische Fragestellung, in der die jeweilige Strategie den Ausschlag gibt. Die Bedeutung des Veränderungsmanagements im Zuge einer KI-Implementierung ist nicht zu unterschätzen. Wo Mitarbeiter betroffen sind, muss eine sozial verträgliche Umsetzung stattfinden. Bei der KI-Implementierung ergeben sich neue Chancen für die Mitarbeiter, den Wert ihrer Arbeitskraft zu steigern. Die Mitarbeiter sollten frühzeitig in das Projekt integriert werden. Zudem gilt es für ein Unternehmen, rechtzeitig Möglichkeiten zur Weiter- und Fortbildung für die Zusammenarbeit mit den neuen KI-Lösungen anzubieten.

Sofern es nicht die Möglichkeit gibt, einen KI-Spezialisten oder ein ganzes KI-Team für die neue Technologie einzustellen, empfiehlt es sich, bei KI-Implementierungsprojekten auf spezialisierte externe Partner zurückgreifen. Ein externer Partner kann bei der Strategieentwicklung helfen, die Lösungsauswahl begleiten, das Implementierungsprojekt steuern, Mitarbeiter und erforderlichenfalls den Betriebsrat integrieren und die nächsten Schritte vorbereiten. Die Partnerwahl sollte berücksichtigen, dass *alle* gewünschten Tätigkeiten vom Partner tatsächlich lückenlos abgedeckt werden. Idealerweise ist ein Partner Hersteller- und Produkt-neutral. Wird das beherzigt, steht der Implementierung von KI-Technologie in einem Modeunternehmen nichts mehr im Wege.

Management-Umfrage KI in DACH

Es gibt eine Vielzahl von Untersuchungen, Umfragen und Studien zum Einsatz von Künstlicher Intelligenz in den USA, aber vergleichsweise wenig belastbares Material dazu in Deutschland, Österreich und der Schweiz. Vor diesem Hintergrund haben United Interim, die führende Community für Interim Manager in der DACH-Region, die UNO-Denkfabrik Diplomatic Council und die Steinbeis Augsburg Business School mit Unterstützung der Oberösterreichischen Landesbank im Spätsommer 2023 eine Umfrage zu KI im C-Level-Management im deutschsprachigen Raum durchgeführt.

Es war dabei nicht die Absicht, ein repräsentatives Ergebnis zu erreichen, sondern den Fokus spezifisch auf die Zielgruppe von Topmanagern aus der mittelständischen Wirtschaft in Deutschland, Österreich und der Schweiz zu legen. Dazu gehören insbesondere Vorstände, Geschäftsführer, Aufsichts- und Verwaltungs- sowie Beiräte und C-Level-Berater. Hierzu wurden 100 Personen aus dieser Zielgruppe einer strukturierten Befragung unterzogen, die online durchgeführt wurde. Die äußerst aufschlussreichen Ergebnisse werden nachfolgend dargestellt.

Manager: KI überwiegend positiv

Die Mehrheit der Führungskräfte im Mittelstand ist fest davon überzeugt, dass Künstliche Intelligenz mehr Vorteile als Nachteile mit sich bringt. Demnach stufen 55 Prozent der mittelständischen Entscheider KI als „äußerst positiv“ und weitere 30 Prozent als „überwiegend positiv“ ein. 86 Prozent erwarten, dass Künstliche Intelligenz künftig so selbstverständlich werden wird wie elektrischer Strom. Aber nur ein knappes Drittel ist sich sicher, dass die KI mehr Gewinner als Verlierer hervorbringen wird. Ein anderes Drittel ist vom Gegenteil überzeugt. Das dritte Drittel gibt sich unentschlossen in der Bewertung der Chancen und Risiken.

Die Bedeutung und das Potenzial von KI sind also erkannt. 63 Prozent der Topmanager im Mittelstand sind fest davon überzeugt, dass Künstliche Intelligenz die Produktivität erhöhen wird. Das bedeutet, dass sie sich Mühe geben werden, auch im eigenen Betrieb Produktivitätssteigerungen durch KI zu erreichen.

KI bei wichtigen Entscheidungen

Gut die Hälfte der Führungskräfte (52 Prozent) will KI in Zukunft bei wichtigen Entscheidungen im Unternehmen einen hohen Stellenwert einräumen. Eine knappe Hälfte (49 Prozent) geht fest davon aus, dass durch KI-Systeme Erkenntnisse ans Tageslicht kommen werden, die selbst gut informierte Vorstände und Geschäftsführer überraschen.

Ein weiteres Drittel schließt derartige KI-Überraschungen zumindest nicht aus. KI-Analysen können tatsächlich Korrelationen bei Betriebsabläufen oder beim Marktgeschehen zutage fördern, an die nie zuvor ein Mensch auch nur gedacht hatte.

Drei Viertel der Topmanager vertreten die Auffassung, dass ihnen der Einsatz von Künstlicher Intelligenz künftig helfen wird, fundiertere und klügere Entscheidungen zu treffen. 56 Prozent setzen dabei vor allem auf die schnellere und bessere Bereitstellung einer Faktenbasis als Grundlage für Entscheidungen.

60 Prozent versprechen sich von KI eine intensivere Beobachtung der Marktlage und der Wettbewerbssituation. 69 Prozent begrüßen, dass sie dank KI weniger abhängig sind von „Zuarbeitern“ etwa aus Fachabteilungen oder dem Sekretariat.

Bei ihrer originären Führungsaufgabe sehen sich zwei Drittel der Topmanager durch KI-Systeme unterstützt.

Der Funke von ChatGPT ist also schnell in die Chefetagen des Mittelstands übergesprungen. Nun kommt es darauf an, dieses Gedankengut zügig in den Betrieben umzusetzen, damit die erhofften Positiveffekte tatsächlich eintreten können.

Jobgefahr vor allem im unteren Management

Leidtragende des KI-Booms im Management ist der Umfrage zufolge die untere Führungsebene. Demnach könnten über die Hälfte aller Positionen im unteren Managementbereich durch KI wegrationalisiert werden. Im Topmanagement (C-Level) hingegen soll die Jobgefahr durch KI bei unter einem Prozent liegen, im mittleren Management bei acht Prozent, so die feste Überzeugung der Befragten.

Aber: Das sollte keineswegs zur Beruhigung im mittleren Managementsegment verführen. Es scheint absehbar, dass auf Dauer keineswegs nur die untere Ebene wegfällt, sondern in weiten Teilen auch die mittlere.

Typische Aufgaben etwa von Abteilungsleitern wie das Sammeln, Verdichten und Interpretieren von Daten, die Aufstellung von Szenarien oder die Entwicklung von Zielvorgaben kann ein KI-System nämlich häufig besser und schneller als eine Führungskraft der mittleren Ebene.

Wer sich im mittleren oder gar unteren Management befindet, setzt also entweder alles daran, so rasch wie möglich aufzusteigen – oder es besteht eine akute Jobgefahr. Noch nie war eine schnelle Karriere so wichtig wie im KI-Zeitalter, könnte man formulieren.

Eine Chance könnte für das mittlere Management darin liegen, KI besonders innovativ zu nutzen und sich damit zu profilieren. Denn viele Unternehmen wollen zwar KI einsetzen, aber eigentlich nur, um das, was sie bereits gut machen, noch besser zu machen. Das dürfte in vielen Fällen angesichts anderer Unternehmen, die Spielregeln im Markt verändern, zu wenig sein. Wenn dies der eine oder andere Manager aus dem C-Level nicht erkennt, könnten entsprechende Impulse aus der mittleren Ebene kommen.

Für die eigene Karriere förderlich stufen gut zwei Drittel der Führungskräfte Künstliche Intelligenz ein. Manager, die über KI gut informiert sind und die betrieblichen Einsatzmöglichkeiten zügig ausschöpfen, sehen demnach einer steilen Karriere entgegen.

Manager akzeptieren KI an der Spitze

Mehr als die Hälfte der Führungskräfte aus der mittelständischen Wirtschaft wäre damit einverstanden, bei wichtigen unternehmerischen Entscheidungen künftig die Meinung eines KI-Systems einzuholen. Sie geht davon aus, dass KI künftig eine immer wichtigere Rolle bei Unternehmensentscheidungen spielen wird.

Diese hohe Akzeptanz von Künstlicher Intelligenz auf der obersten Leitungsebene ist erstaunlich. Rund 57 Prozent der befragten Mittelstandsmanager vertreten die Ansicht, dass es im Sinne der Corporate Governance begrüßenswert wäre, wenn künftig bei wichtigen Entscheidungen eine KI-Meinung eingeholt und berücksichtigt würde. Knapp 30 Prozent sind fest davon überzeugt, dass dadurch bessere unternehmerische Entscheidungen gefällt würden.

Die Forderung eines Teils der Unternehmenslenker geht sogar noch weiter: Ein knappes Drittel wünscht sich, dass von der KI-Meinung abweichende Entscheidungen in Zukunft begründet werden müssten. Diese Fälle sollten Shareholdern und staatlichen Stellen gegenüber offengelegt werden, geben die befragten Manager einen interessanten Denkanstoß.

Der KI-Impuls ist im Topmanagement angekommen

In der oberen Managementetage des Mittelstands ist der KI-Impuls somit angekommen. Vorstände, Geschäftsführer, Aufsichtsräte und Beiräte haben überwiegend begriffen, dass Künstliche Intelligenz nicht nur in ihren Unternehmen eine Rolle spielt, sondern auch in ihren eigenen Gremien.

Die am häufigsten geäußerte Begründung der Topmanager für die Forderung nach mehr KI-Meinung an der Firmenspitze ist bemerkenswert: mehr Rationalität bei der Entscheidungsfindung im Unternehmen. Entgegen landläufiger Meinung ist den meisten Führungskräften durchaus klar, dass häufig emotionale Faktoren wie Machtstreben eine wesentliche Rolle bei betrieblichen Entscheidungen spielen.

Die Umfrage stellt klar, dass viele Entscheidungsträger diese Ego-getriebenen Kräfte zurückdrängen wollen zugunsten vernünftigerer und damit in der Regel für das Unternehmen besserer Entscheidungen.

Die Umfrage zeigt indes auch, dass das Topmanagement im Mittelstand nicht nur sich selbst, sondern auch die Politik in die KI-Pflicht nehmen will. Über die Hälfte (53 Prozent) wünscht sich künftig eine KI-Unterstützung bei politischen Entscheidungen. Beinahe drei Viertel der Mittelstandsmanager (72 Prozent) gehen davon aus, dass Künstliche Intelligenz mehr Logik und Rationalität in die Politik bringen könnte.

KI ist nicht so objektiv wie man vermuten könnte

Wenn der KI sowohl in der Wirtschaft als auch in der Politik eine derart große Rolle in Zukunft zugeschrieben wird, kommt es vor allem auf die Algorithmen und die Datengrundlagen der KI-Systeme an. Denn Künstliche Intelligenz ist keineswegs so neutral und objektiv, wie es die Umfrageergebnisse auf den ersten Blick vermuten lassen könnten. Natürlich ist die KI selbst nicht Ego-getrieben, aber bei ihrer Programmierung spielen sehr wohl die Interessenslagen der Anbieter und ihr politischer und gesellschaftlicher Kontext eine Rolle.

Dies wird anhand eines einleuchtenden Beispiels deutlich: Es macht einen Unterschied, ob ein deutsches Unternehmen zur Entscheidungsunterstützung ein US-amerikanisches oder ein chinesisches KI-System einsetzt. Zudem könnte ein- und dasselbe System künftig zu unterschiedlichen Schlussfolgerungen gelangen, je nachdem, ob es innerhalb oder außerhalb der EU-Grenzen angefragt wird, weil dem entsprechend die EU-Regularien zum Tragen kommen oder eben nicht. Bei Überlegungen, die den Weltmarkt oder spezifische Regionen wie Nordamerika oder Asien betreffen, könnte die europäische Sichtweise also möglicherweise eingeschränkt werden.

Das sind nur einige wenige Szenarien, die klarmachen, dass die Objektivität von KI-Systemen nicht per se gegeben ist, sondern man den jeweiligen Kontext sehr genau unter die Lupe nehmen muss. Dies in den Griff zu bekommen, wird künftig eine wichtige Aufgabe für Manager (und Politiker) gleichermaßen werden.

Hohe KI-Awareness im Mittelstand

Je höher auf der Karriereleiter, desto stärker die Entlastung durch Künstliche Intelligenz – das ist zwar eine Verallgemeinerung, aber diese Tendenz lässt sich aus der Umfrage, die diesem Report zugrunde liegt, herauslesen.

So gaben 39 Prozent der kontaktierten Vorstände und Geschäftsführer an, dass sie ihrer Führungsaufgabe dank KI auf jeden Fall besser nachkommen können. Im mittleren Management liegt diese Quote bei 35 Prozent, auf der unteren Managementebene bei 32 Prozent. Interim Manager liegen mit 37 Prozent recht weit oben in der KI-Hierarchie.

Das darf man sicherlich als Indiz dafür werten, dass Interim Manager vor allem auf dem C-Level eingesetzt werden – eine Einordnung, die dem Kompetenzspektrum eines Großteils der Interim Manager sicherlich auch gerecht wird. Im Durchschnitt lässt sich sagen, dass rund ein Drittel aller Führungskräfte Künstliche Intelligenz für ihre ureigene Managementaufgabe entdeckt hat.

Deutlich breiter geht die Zustimmung im Management, wenn auch Teilaspekte hinzugenommen werden, die sich mit KI besser oder schneller erledigen lassen. In diesem Fall liegt die „KI-Quote“ unter Vorständen bzw. Geschäftsführern bei 74 Prozent, im mittleren Management bei 76 Prozent und im unteren Management bei 69 Prozent. Interim Manager – kommen auf 73 Prozent.

Man kann zusammenfassen: Die KI-Awareness im mittelständischen Management ist bemerkenswert hoch. Knapp drei Viertel aller Führungskräfte der obersten und mittleren Ebene setzen in ihrem Berufsalltag in irgendeiner Form KI ein.

Der auffallend hohe Durchdringungsgrad von KI in den Führungsetagen des Mittelstands gibt Hoffnung, dass sich KI in der hiesigen Unternehmenswelt zügig durchsetzen wird, um die Produktivität und damit die Wettbewerbsfähigkeit vor allem auf den internationalen Märkten zu steigern. Das ist insofern wichtig, als wir derzeit einen globalen Wettbewerb erleben, mit welcher Geschwindigkeit und in welchem Umfang sich Unternehmen die erheblichen Produktivitäts- und Kostenvorteile, die sich durch KI erreichen lassen, zunutze machen. Gemessen an diesem KI-Indikator der Wirtschaft schneidet der Mittelstand in Deutschland, Österreich und der Schweiz sehr gut ab.

Wie stark sich nach Einschätzung der Topmanager das Geschäft dank KI in den nächsten fünf Jahren ausweiten lässt, wurde im Rahmen der Umfrage abgefragt. Um mindestens 50 Prozent, schätzten 28 Prozent der Befragten. 20 Prozent oder mehr gaben 60 Prozent der Mittelstandsmanager an.

Wo die Wirtschaft KI einsetzt

In welchen Abteilungen und bei welchen betriebswirtschaftlichen Aufgabengebieten plant die mittelständische Wirtschaft den Einsatz von Künstlicher Intelligenz? Dieser Frage ist die Umfrage in Deutschland, Österreich und der Schweiz ebenfalls nachgegangen.

Produktion und Logistik am wichtigsten

Das Ergebnis lässt sich wie folgt zusammenfassen: in beinahe allen Bereichen, aber am stärksten in der Produktion und Logistik und am wenigsten in der innerbetrieblichen Kommunikation.

So stufen 89 Prozent der befragten Manager den KI-Einsatz in der Fertigung in der einen oder anderen Form als gegeben ein; 53 Prozent halten KI für eine künftige Kernkompetenz in der Produktion. In der Logistik räumen 57 Prozent der KI eine Schlüsselfunktion ein; weitere 32 Prozent sehen dort zumindest Anknüpfungspunkte für KI. Ähnlich hoch schätzen die mittelständischen Führungskräfte die KI-Nutzung im Supply Chain Management ein: 56 Prozent Kernfunktion, 33 Prozent Anknüpfungspunkte.

Produktentwicklung und Marketing ebenfalls wichtig

Mehr als die Hälfte der Mittelstandsmanager sind zudem fest davon überzeugt, dass KI in der Produktentwicklung (51 Prozent) und im Marketing (52 Prozent) eine führende Rolle spielen wird. 40 Prozent versprechen sich deutliche Vorteile durch die KI-Nutzung im Vertrieb; weitere 38 Prozent erwägen zumindest den Einsatz im Rahmen von Vertriebsstrategien. Vor allem die Kundenkommunikation wollen mehr als drei Viertel (77 Prozent) der Topmanager mittels Künstlicher Intelligenz optimieren.

Bei der Entwicklung neuer Geschäftsmodelle haben 38 Prozent der Befragten fest vor, sich von KI-Systemen helfen zu lassen. Weitere 34 Prozent wollen hierzu zumindest teilweise auf KI-Unterstützung zurückgreifen.

Geringer KI-Einsatz im Personalwesen

Auffallend niedrig ist der Ruf nach Künstlicher Intelligenz in der Personalabteilung. 64 Prozent halten den KI-Einsatz im Personalwesen zwar nicht für abwegig, aber nur 34 Prozent stufen ihn dort als wichtig ein. Etwas KI-freundlicher sieht es laut Umfrage bei der Lohn- und Gehaltsabrechnung aus: 77 Prozent sehen Ansatzpunkte, aber nur 40 Prozent halten KI dort für zwingend notwendig.

Künstliche Intelligenz kann maßgeblich zum Umweltschutz und zur Erreichung der Klimaziele beitragen, wird oftmals behauptet. Das spiegelt die Umfrage für die Wirtschaft ebenfalls wider. Drei Viertel der Firmenbosse im Mittelstand wollen KI nutzen, um die Nachhaltigkeit ihres Unternehmens zu verbessern. Für ein Viertel steht dieser Aspekt ganz weit oben auf ihrer Agenda für den betrieblichen KI-Einsatz.

Chancen und Risiken

Gleichgültig, auf welchem Gebiet KI zur Anwendung gelangt, gilt es stets, sie eher als Chance denn als Angstmacher zu begreifen. Doch für viele Manager stellt Künstliche Intelligenz nämlich einen Angstfaktor dar, weil sie befürchten, dass ihre Jobs durch KI wegrationalisiert werden. Erst nachdem sie gelernt haben, wie KI funktioniert und wie sie sich verwenden lässt, setzen sie sie auch ein – und zwar, um ihre Jobs besser zu machen und diese damit zu sichern.

Aber natürlich gibt es nicht nur Chancen, sondern auch Risiken, wie nachfolgend deutlich wird.

Fake News mit fatalen Folgen

Die Erzeugung und Verbreitung von Fake News stellt die größte Gefahr Künstlicher Intelligenz dar. Davon sind beinahe drei Viertel (73 Prozent) der Topmanager aus der mittelständischen Wirtschaft in Deutschland, Österreich und der Schweiz überzeugt. An zweiter Stelle liegt die Nutzung von KI-Software durch Cyberkriminelle, die 60 Prozent der Führungskräfte aus dem Mittelstand als äußerst besorgniserregend einstufen.

Bei Falschnachrichten haben die Manager laut Umfrage künstlich generierte Texte, Bilder und Videos gleichermaßen im Blick. Nachfolgend seien einige Beispiele für Gefahrenszenarien genannt, die in vielen Firmen diskutiert werden:

Es taucht im Netz eine vermeintlich wissenschaftliche Studie auf, die die Umweltschädlichkeit oder Dysfunktionalität eines Produkts beweist. In einem Video ist ein Unfall dokumentiert, der Funktionsfehler bei einem Fahrzeug nahelegt. Ein Bild zeigt, wie ein bekannter Konzernchef einem geächteten politischen Akteur die Hand schüttelt.

Nichts davon muss wahr sein, aber alles kann Aktienkurse purzeln lassen und massive Geschäftseinbrüche zumindest zeitweise nach sich ziehen, vor allem dann, wenn die jeweilige Märchengeschichte glaubwürdig dargestellt wird. Daher haben die Unternehmen völlig Recht, wenn sie derartige Vorkommnisse in ihre Krisenprävention einbeziehen.

Europa ist Schlusslicht bei KI

Europa trägt die rote Laterne, wenn es um die Nutzung von Künstlicher Intelligenz geht. Diese Einschätzung vertritt das Gros der Führungskräfte aus dem Mittelstand in Deutschland, Österreich und der Schweiz laut Umfrage.

Den Satz „Diese Weltregionen werden von KI am meisten profitieren" haben 62 Prozent der Mittelstandsmanager mit den USA ergänzt, 59 Prozent mit Asien und lediglich 32 Prozent mit Europa (Mehrfachnennungen waren erwünscht). Nicht einmal ein Drittel der Entscheider aus der Wirtschaft im deutschsprachigen Raum geht davon aus, dass wir in Europa die Vorteile der Künstlichen Intelligenz gut zu nutzen wissen.

Das ist bedenklich, denn beinahe alle internationalen Studien – einige davon werden an anderer Stelle in diesem Report zitiert – weisen volkswirtschaftlich relevante Produktivitäts- und Kostenvorteile durch den KI-Einsatz in der Wirtschaft auf. Wenn Europa bei KI das Schlusslicht bildet, birgt das also die Gefahr, dass wir bei der Produktivität zurückfallen und uns mit einem überdurchschnittlich hohen Kostenniveau aus dem internationalen Wettbewerb katapultieren.

KI-Implikationen über alle Branchen hinweg

Es ist klar: Die KI-Durchdringungsgeschwindigkeit wird sich je nach Branche und Firma unterscheiden, aber die Implikationen werden über alle Unternehmensgrößen und Branchen hinweg deutlich wahrnehmbar sein. Wenn Europa bei KI ganz hinten liegt, wird sich das also über praktisch alle Aspekte des Wirtschaftslebens hinziehen.

Wie gravierend dieser internationale Wettbewerbsnachteil Europas sein kann, wird deutlich, wenn man die verschenkten Produktivitätsvorteile im Licht der Umfrage betrachtet. Demnach sind mehr als die Hälfte der mittelständischen Topmanager aus Deutschland, Österreich und der Schweiz der festen Überzeugung, dass der Einsatz von KI bei der Produktentwicklung, der Fertigung, dem Supply Chain Management, der Logistik und dem Marketing von entscheidender Bedeutung sein wird. Immerhin noch 40 Prozent erwarten handfeste Vorteile durch KI im Lohn- und Gehaltswesen, bei der Kundenkommunikation und im Vertrieb.

Datenschutz als Damoklesschwert über KI

Als wichtigsten Grund für das schlechte Abschneiden Europas im internationalen KI-Vergleich hat das Gros der mittelständischen Führungskräfte das hohe Datenschutzniveau in der EU ausgemacht. Laut Umfrage sind 87 Prozent der Manager der Überzeugung, dass Datensammeln einen Schlüsselfaktor für KI darstellt.

Wer heute in Europa in einer Führungsverantwortung steht, ist gut beraten, bei jeder KI-Einführung strikt darauf zu achten, jedweden auch nur potenziellen Verstoß gegen die Datenschutz-regulierung zu vermeiden. In der Praxis führt das zu einer starken Zurückhaltung bei der KI-Nutzung in allen betrieblichen Funktionen, die in irgendeiner Form mit Kundendaten zu tun haben. Eine mögliche Datenschutzverletzung hängt wie ein Damoklesschwert über den hiesigen Entscheidern.

Startschuss für die Umsetzung verzögert

Laut Umfrage ist das Thema KI im Bewusstsein von rund drei Vierteln aller mittelständischen Topmanagern in Deutschland, Österreich und der Schweiz angekommen. Aber sehr viele Führungskräfte tun sich schwer, den Startschuss für eine Umsetzung zu geben.

Den Entscheidern ist klar, dass es bei KI eben nicht nur um IT-Fragen, die Automatisierung von Geschäftsprozessen oder Personalangelegenheiten geht, sondern auch um die strikte Einhaltung aller relevanten Standards wie der Datenschutzgrundverordnung oder dem neuen EU AI Act.

Wer an der Spitze eines Unternehmens steht, muss heute rechtlich abgesicherte KI-Entscheidungen entlang den Grundsätzen von Datenschutz und Ethik fällen, um nicht morgen plötzlich im Mittelpunkt eines KI-Skandals an die Öffentlichkeit gezerrt zu werden. Diese auf Absicherung bedachte Haltung ist zwar verständlich, aber sie führt eben auch dazu, dass die Experimentierphase mit KI, wie sie in den USA und Asien zu beobachten ist, hierzulande weitgehend ausfällt.

Manager: mehr KI in der Politik

Künstliche Intelligenz würde bessere Entscheidungen treffen als manch ein vom eigenen Ego getriebener Politiker – diese zugespitzte Aussage würden rund zwei Drittel der Führungskräfte im Mittelstand unterschreiben.

Mehr als die Hälfte der Mittelstandsmanager (53 Prozent) hält eine KI-Unterstützung politischer Entscheidungen für wünschenswert. Auf jeden Fall könnte Künstliche Intelligenz mehr Logik und Vernunft in die Politik bringen, ist ein Drittel der Führungskräfte fest überzeugt. Der Ruf aus der Wirtschaft nach mehr Rationalität in der Politik ist unüberhörbar.

Die befragten Manager haben in der Umfrage eine Reihe konkreter Einsatzszenarien für KI in der Politik und vor allem in der Umsetzung von Politik genannt. So ließe sich durch KI-Algorithmen der Klima- und Umweltschutz verbessern, sind 32 Prozent fest und weitere 46 Prozent immerhin teilweise überzeugt. Kommen wir zum Thema Sicherheit.

Mit KI-gestützten Systemen wäre die Sicherheit im öffentlichen Raum zu erhöhen, meinen 72 Prozent. So könnte die Aufklärungsrate bei Verbrechen durch den KI-Einsatz gesteigert werden, sind sich 45 Prozent ganz sicher; weitere 40 Prozent neigen zur Zustimmung.

Weniger Bürokratie, mehr Demokratie

Den größten Bedarf an Künstlicher Intelligenz sieht die Managementriege indes bei der Entrümpelung der Bürokratie.

85 Prozent der Führungskräfte sind der Überzeugung, dass KI-Software einen Beitrag zum Abbau der Bürokratie leisten kann. 58 Prozent stufen KI sogar als maßgebliche Technologie ein, um die ausufernde „Herrschaft des Büros“ (Bürokratie wörtlich genommen) einzudämmen. Bei der Demokratie – der „Herrschaft des Volkes“ – schreiben 43 Prozent der Manager aus dem Mittelstand der Künstlichen Intelligenz eine positive Wirkung zu.

Viele Entscheider aus der Wirtschaft verlagern offenbar einige ihrer dringlichsten Wünsche – mehr Demokratie und weniger Bürokratie – an die Politik als eine Hoffnung auf Künstliche Intelligenz. Wenn es die menschliche Intelligenz der Politiker nicht richten kann, dann hoffentlich die Künstliche Intelligenz der Computer. Ob diese Rechnung aufgeht, bleibt allerdings abzuwarten.

Dieser Interpretation – die Übertragung der Forderungen an die Politik auf Künstliche Intelligenz – kommen auch die Antworten auf die Frage nahe, ob KI „mehr Frieden in die Welt bringen“ kann.

Ja, zumindest etwas, oder jedenfalls ein klein wenig, meinen drei Viertel der Entscheider aus der Wirtschaft. Hoffentlich behalten sie alle Recht!

KI-Glossar

Arijanita Sadrijaj und Max Daufratshofer

Dieses Glossar wurde an der Steinbeis Augsburg Business School entwickelt, an welcher der Herausgeber des vorliegenden Buches als Leiter mehrerer Zertifikatskurse tätig ist, in denen KI neben vielen anderen Themen eine wichtige Rolle spielt.

Agent-Based Modeling

Agent-Based Modeling (ABM) ist eine fortgeschrittene Technik in der Künstlichen Intelligenz, bei der individuelle Agenten in einer simulierten Umgebung Aktionen und Interaktionen ausführen, basierend auf spezifischen Regeln und Verhaltensweisen. Unternehmen können ABM nutzen, um komplexe Systeme zu verstehen und zu optimieren, z.B. in Stadtplanung für die Simulation von Verkehrsmustern oder in der Finanzwelt zur Analyse des Marktverhaltens. Für erfolgreiche ABM-Implementierungen müssen klare Ziele definiert, Agenten und Interaktionen verstanden, realistische Daten genutzt und leistungsfähige Software sowie Rechenkapazitäten bereitgestellt werden. Kontinuierliche Überprüfung und Anpassung der Simulationsergebnisse sind ebenfalls entscheidend, um nützliche Einblicke zu gewinnen.

AI Ethics and Responsibility

AI Ethics and Responsibility bezieht sich auf die moralischen Prinzipien und das verantwortungsbewusste Handeln im Zusammenhang mit der Entwicklung und Anwendung von KI-

Technologien. Dies umfasst Themen wie Fairness, Transparenz, Datenschutz und die Vermeidung von Voreingenommenheit. Für Unternehmen ist es wichtig, AI Ethics and Responsibility zu berücksichtigen, um das Vertrauen der Kunden und der Öffentlichkeit zu gewinnen und zu erhalten. Dies erfordert Richtlinien und Praktiken, die ethische Überlegungen in den Entwicklungsprozess von KI-Systemen integrieren. Unternehmen müssen sich auch mit den rechtlichen und sozialen Auswirkungen ihrer KI-Anwendungen auseinandersetzen und sicherstellen, dass ihre KI-Systeme fair und unvoreingenommen sind.

AI for Competitive Intelligence

AI for Competitive Intelligence bezieht sich auf die Nutzung von KI-Technologien, um Wettbewerbsvorteile zu erlangen, indem Marktrends analysiert, Wettbewerberaktivitäten überwacht und strategische Einblicke gewonnen werden. KI kann dabei helfen, große Mengen von Daten aus verschiedenen Quellen zu verarbeiten und wertvolle Informationen zu extrahieren. Für Unternehmen ist AI for Competitive Intelligence ein wichtiges Werkzeug, um auf dem Markt proaktiv zu agieren und strategische Entscheidungen zu treffen. Durch den Einsatz von KI können Unternehmen schneller auf Veränderungen im Markt reagieren und ihre Strategien entsprechend anpassen. Die Herausforderung besteht darin, relevante Datenquellen zu identifizieren, effektive Analysemodelle zu entwickeln und die gewonnenen Erkenntnisse effektiv in die Geschäftsstrategie zu integrieren.

AI for Corporate Governance

AI for Corporate Governance bezieht sich auf den Einsatz von KI-Technologien zur Unterstützung der Unternehmensführung und -kontrolle. Dies kann das Risikomanagement, die Einhaltung von Vorschriften (Compliance) und die strategische Planung umfassen. Für Unternehmensvorstände und Führungskräfte bietet AI for Corporate Governance die Möglichkeit, komplexe Daten effizient zu analysieren und fundierte Entscheidungen zu treffen. KI kann dabei helfen, Risiken zu identifizieren, regulatorische Anforderungen zu überwachen und strategische Chancen zu erkennen. Die Herausforderung besteht darin, KI-Systeme so zu entwickeln, dass sie die spezifischen Anforderungen der Corporate Governance erfüllen und gleichzeitig transparent und nachvollziehbar bleiben.

AI for Customer Experience Management

AI for Customer Experience Management nutzt Künstliche Intelligenz, um die Kundenerfahrung zu verbessern. Dies kann die Personalisierung von Kundenschnittstellen, die Optimierung von Kundeninteraktionen und die Bereitstellung von individuellen Empfehlungen umfassen. Der Einsatz von AI for Customer Experience Management ermöglicht es Unternehmen, ein tieferes Verständnis ihrer Kunden zu entwickeln und maßgeschneiderte Erlebnisse zu bieten. KI-Tools können dabei helfen, Kundenpräferenzen und -verhalten zu analysieren und die Kundenbindung zu erhöhen. Die Herausforderung besteht darin, die Balance zwischen personalisierten Angeboten und dem Schutz der Privatsphäre der Kunden zu wahren.

AI for Innovation Management

AI for Innovation Management nutzt Künstliche Intelligenz, um den Innovationsprozess in Unternehmen zu unterstützen. KI kann dabei helfen, neue Ideen zu generieren, Innovationspotenziale zu identifizieren und den Erfolg von Innovationsprojekten zu bewerten. Die Integration von AI for Innovation Management ermöglicht es Unternehmen, schneller auf Marktveränderungen zu reagieren und neue Produkte oder Dienstleistungen effizienter zu entwickeln. Die Herausforderung besteht darin, ein Umfeld zu schaffen, in dem KI-Tools kreativ genutzt werden können, und gleichzeitig sicherzustellen, dass die Innovationsprozesse strukturiert und zielgerichtet bleiben.

AI for Risk Management

AI for Risk Management nutzt KI-Technologien, um Risiken zu identifizieren, zu bewerten und zu managen. Dies beinhaltet die Analyse von Daten zur Früherkennung potenzieller Risiken, die Bewertung von Wahrscheinlichkeiten und Auswirkungen von Risikoereignissen und die Entwicklung von Strategien zur Risikominderung. Für Unternehmensleiter ermöglicht AI for Risk Management, Risiken systematischer und proaktiver zu managen. KI kann dazu beitragen, komplexe Datenmengen zu analysieren, um Muster zu erkennen, die auf potenzielle Risiken hinweisen könnten. Außerdem können KI-Modelle verwendet werden, um Szenarioanalysen durchzuführen und die Wirksamkeit verschiedener Risikomanagementstrategien zu bewerten. Die Herausforderung besteht darin, genaue und zuverlässige KI-Systeme zu entwickeln und sicherzustellen, dass diese Systeme kontinuierlich aktualisiert und an sich ändernde Bedingungen angepasst werden.

AI in Human Resources (HR)

AI in Human Resources (HR) bezieht sich auf die Anwendung von KI-Technologien im Personalwesen, um Prozesse wie die Rekrutierung, Mitarbeiterbewertung und Talentmanagement zu optimieren. KI kann in der Personalabteilung eingesetzt werden, um Lebensläufe zu analysieren, geeignete Kandidaten zu identifizieren und personalisierte Schulungsprogramme zu entwickeln. Für HR-Abteilungen bedeutet die Integration von KI, dass sie effizienter arbeiten und bessere Entscheidungen treffen können. KI-gestützte Tools können dabei helfen, den Rekrutierungsprozess zu beschleunigen, indem sie schnell die am besten geeigneten Kandidaten identifizieren. Außerdem können sie zur Mitarbeiterbindung beitragen, indem sie personalisierte Karriereentwicklungspläne erstellen. Die Herausforderung bei der Einführung von KI im HR-Bereich besteht darin, sicherzustellen, dass die Technologie die menschliche Entscheidungsfindung unterstützt und nicht ersetzt, und dass sie ethisch und unvoreingenommen eingesetzt wird.

AI in E-Commerce

AI in E-Commerce umfasst den Einsatz von KI-Technologien zur Personalisierung des Online-Shoppingerlebnisses, zur Optimierung von Lagerbeständen und zur Verbesserung der Kundeninteraktionen. KI kann dabei helfen, Käuferverhalten zu analysieren, personalisierte Produktempfehlungen zu geben und effiziente Logistikprozesse zu gestalten. Für E-Commerce-Unternehmen ist der Einsatz von AI in E-Commerce ein Schlüsselelement, um wettbewerbsfähig zu bleiben und das Kundenerlebnis zu verbessern. KI-gestützte Systeme können zur Steigerung der Verkaufszahlen beitragen, indem sie die Kundenbindung erhöhen und ein maßgeschneidertes Einkaufserlebnis bieten. Die Herausforderung liegt in der Analyse und Nutzung großer Datenmengen, um genaue und relevante Empfehlungen und Prognosen zu liefern.

AI in Marketing Analytics

AI in Marketing Analytics umfasst den Einsatz von KI-Technologien zur Analyse von Marketingdaten und zur Verbesserung der Marketingstrategien. Durch KI können Unternehmen Kundenverhalten besser verstehen, personalisierte Marketingkampagnen erstellen und den ROI von Marketingmaßnahmen erhöhen. Für Marketingverantwortliche ermöglicht AI in Marketing Analytics, datengesteuerte Entscheidungen zu treffen und Marketingkampagnen effektiver zu gestalten. KI-Tools können dabei helfen, große Mengen von Kundendaten zu analysieren, Trends zu identifizieren und Vorhersagen über zukünftiges Kundenverhalten zu treffen. Die Herausforderung besteht darin, KI-Systeme so zu kalibrieren, dass sie relevante und nützliche Einblicke liefern, ohne dabei die Privatsphäre der Kunden zu verletzen. Zudem ist es wichtig, die Balance zwischen automatisierten und menschlichen Elementen in der Kundeninteraktion zu wahren. AI in Project Management AI in Project Management bezieht sich auf den Einsatz von KI zur Optimierung des Projektmanagements, einschließlich Ressourcenplanung, Risikomanagement und Leistungsüberwachung. KI-Systeme können dabei helfen, Projektpläne zu erstellen, Fortschritte zu überwachen und potenzielle Probleme frühzeitig zu erkennen.

Für Projektmanager bietet AI in Project Management die Möglichkeit, Projekte effizienter und effektiver zu leiten. KI-Tools können dabei helfen, komplexe Daten zu analysieren und realistische Prognosen zu erstellen. Die Herausforderung besteht darin, KI-Systeme so zu integrieren, dass sie menschliche Fähigkeiten ergänzen und nicht ersetzen, und dass sie einen echten Mehrwert für das Projektmanagement bieten.

AI in Strategic Planning

AI in Strategic Planning bezieht sich auf den Einsatz von KI-Technologien, um strategische Planungsprozesse zu unterstützen. KI kann dabei helfen, Markttrends zu analysieren, zukünftige Szenarien zu modellieren und fundierte Entscheidungen über die Unternehmensstrategie zu treffen. Für Führungskräfte ist der Einsatz von AI in Strategic Planning ein Mittel, um tiefere Einblicke in den Markt und die Wettbewerbsdynamik zu erhalten. KI-gestützte Analysetools können dabei helfen, komplexe Daten zu interpretieren und zukunftsorientierte Strategien zu entwickeln. Die Herausforderung besteht darin, die richtigen Daten und KI-Modelle zu wählen und sicherzustellen, dass die strategischen Empfehlungen realistisch und umsetzbar sind.

AI Integration and Change Management

AI Integration and Change Management bezieht sich auf den Prozess der Integration von KI-Technologien in bestehende Geschäftssysteme und -prozesse sowie das Management der damit verbundenen Veränderungen in der Organisation. Dies asst die Bewertung der Auswirkungen von KI auf die Mitarbeiter, Prozesse und die Unternehmenskultur. Für Unternehmen ist die effektive AI Integration and Change Management entscheidend, um Widerstände zu minimieren und die Vorteile von KI voll auszuschöpfen. Dies erfordert eine klare Kommunikationsstrategie, die Einbindung der Mitarbeiter in den Veränderungsprozess und die Bereitstellung von Schulungen und Ressourcen, um den Übergang zu erleichtern. Die Herausforderung besteht darin, einen reibungslosen Übergang zu gewährleisten und gleichzeitig die Geschäftskontinuität aufrechtzuerhalten.

AI Literacy

AI Literacy bezieht sich auf das Verständnis und die Kenntnisse über Künstliche Intelligenz, die notwendig sind, um die Potenziale und Grenzen von KI-Technologien zu verstehen und sie effektiv im beruflichen Kontext einzusetzen. Diese Kompetenz umfasst grundlegendes Wissen über KI-Prinzipien, Algorithmen und deren Anwendungen. Für Führungskräfte und Mitarbeiter ist AI Literacy entscheidend, um die Auswirkungen von KI auf das Geschäft zu verstehen und fundierte Entscheidungen über die Implementierung von KI-Technologien zu treffen. Unternehmen sollten in Schulungs- und Weiterbildungsprogramme investieren, um die AI Literacy in ihrer Belegschaft zu erhöhen. Dies hilft dabei, Ängste und Missverständnisse bezüglich KI abzubauen und eine Kultur der Innovation und Anpassungsfähigkeit zu fördern.

AI-Driven Supply Chain Management

AI-Driven Supply Chain Management bezieht sich auf die Anwendung von KI, um die Lieferkette zu optimieren. Dies umfasst die Automatisierung von Logistikprozessen, die Vorhersage von Lieferengpässen und die Verbesserung der Nachfrageplanung. Für Unternehmen bedeutet der Einsatz von AI-Driven Supply Chain Management, dass sie in der Lage sind, ihre Lieferketten effizienter und reaktionsfähiger zu gestalten. KI-Systeme können dabei helfen, Muster in Lieferkettendaten zu erkennen, Prognosen zu erstellen und schnell auf Marktveränderungen zu reagieren. Die Herausforderung besteht darin, präzise Modelle zu entwickeln, die eine Vielzahl von Faktoren berücksichtigen, und sicherzustellen, dass die Systeme flexibel genug sind, um sich an dynamische Marktbedingungen anzupassen.

AI-Enabled Automation

AI-Enabled Automation bezieht sich auf die Automatisierung von Geschäftsprozessen und -funktionen durch den Einsatz von Künstlicher Intelligenz. Diese Form der Automatisierung kann repetitive Aufgaben übernehmen, Entscheidungsprozesse verbessern und die Effizienz steigern. Für Unternehmen bedeutet

AI-Enabled Automation, dass sie ihre Arbeitsabläufe rationalisieren, die Mitarbeiterproduktivität erhöhen und Fehler reduzieren können.

Dies erfordert jedoch eine sorgfältige Planung und Implementierung, um sicherzustellen, dass die automatisierten Systeme den Geschäftszielen entsprechen und die Mitarbeiter effektiv mit diesen Systemen arbeiten können.

Algorithmische Voreingenommenheit

Algorithmische Voreingenommenheit bezieht sich auf die systematischen und unfairen Verzerrungen in den Ergebnissen, die von KI-Systemen generiert werden. Diese Voreingenommenheit entsteht oft durch unausgewogene oder voreingenommene Trainingsdaten. Unternehmen müssen sich der algorithmischen Voreingenommenheit bewusst sein und aktiv Maßnahmen ergreifen, um sie zu minimieren. Dies kann durch Überprüfung und Diversifizierung der Trainingsdaten, Implementierung von Fairness-Maßnahmen und regelmäßige Audits der algorithmischen Voreingenommenheit in ihren KI-Systemen geschehen.

Algorithmus

Ein Algorithmus ist das Herzstück jeder KI-Lösung. Es handelt sich um eine Reihe von Anweisungen oder Regeln, die genau vorgeben, wie ein bestimmtes Problem gelöst oder eine Aufgabe durchgeführt werden soll. In einer Unternehmung ist die Implementierung eines effektiven Algorithmus entscheidend, um Daten effizient zu verarbeiten und intelligente Entscheidungen zu treffen. Um einen Algorithmus zu implementieren, sollten Unternehmen zunächst ihre spezifischen Bedürfnisse und Herausforderungen verstehen und dann einen maßgeschneiderten Algorithmus entwickeln oder anpassen, der diese Anforderungen erfüllt.

Anomaly Detection

Anomaly Detection ist ein wichtiger Schritt in der Datenanalyse, der unerwartete Muster in Daten aufspürt. Dies ist besonders in der Künstlichen Intelligenz von Bedeutung, da es auf Probleme, Fehler, Betrug oder seltene wichtige Ereignisse hinweisen kann. In der Geschäftswelt wird Anomaly Detection für Betrugserkennung, Netzwerksicherheit, Qualitätskontrolle und Betriebsüberwachung eingesetzt. Unternehmen müssen Daten verstehen, relevante Anomalien identifizieren und fortgeschrittene Algorithmen einsetzen, um diese effizient zu verarbeiten. Die Herausforderung liegt in der Unterscheidung von echten Anomalien von natürlichen Datenabweichungen, weshalb kontinuierliche Anpassung und Expertenwissen zur Verbesserung der Genauigkeit notwendig sind.

Assistenzsysteme

Ein Assistenzsystem ist eine technische Anwendung oder eine Software, die dazu entwickelt wurde, Menschen bei bestimmten Aufgaben zu unterstützen oder ihnen zusätzliche Informationen und Hilfestellung zu bieten. Diese Systeme können in verschiedenen Bereichen eingesetzt werden, einschließlich der Automobilindustrie, Medizin, Informationstechnologie und vielen anderen. Assistenzsysteme nutzen oft Sensoren und Algorithmen, um Daten zu sammeln, zu analysieren und relevante Handlungsempfehlungen oder Informationen bereitzustellen, um die Sicherheit, Effizienz oder Benutzererfahrung zu verbessern. Ein Beispiel ist ein Auto-Assistenzsystem, das den Fahrer beim Einparken durch Rückfahrkameras und Parkführung unterstützt.

Augmented Intelligence

Augmented Intelligence bezieht sich auf die Nutzung von KI-Technologie, um menschliche Fähigkeiten zu erweitern, nicht zu ersetzen. Sie unterstützt die Entscheidungsfindung durch Bereitstellung von erweiterten Einblicken und Analysen. In Unternehmen kann Augmented Intelligence in Bereichen wie Kundenbeziehungsmanagement, Finanzanalyse und Produktentwicklung eingesetzt werden, um bessere Ergebnisse und Effizienz zu erzielen. Unternehmen sollten KI in bestehende Arbeitsabläufe integrieren, die Benutzerfreundlichkeit sicherstellen, ethische Aspekte berücksichtigen und Schulungen anbieten, um die Akzeptanz und Nutzung durch Mitarbeiter zu fördern.

Automated Financial Advising

Automated Financial Advising bezieht sich auf den Einsatz von KI-Technologien, um automatisierte Finanzberatung und -managementdienste anzubieten. Diese Technologie wird oft in Form von Robo-Advisors verwendet, die Anlageempfehlungen geben und Portfolioverwaltung durchführen, basierend auf Algorithmen und maschinellem Lernen. Für Unternehmen, insbesondere im Finanzsektor, ermöglicht Automated Financial Advising, Kunden kostengünstige und personalisierte Anlageberatung anzubieten. Diese Technologie kann dazu beitragen, den Zugang zu Finanzberatungsdienstleistungen zu demokratisieren und die Effizienz zu steigern, indem sie menschliche Berater von routinemäßigen Aufgaben entlastet. Die Herausforderung bei der Implementierung automatisierter Finanzberatung liegt in der Entwicklung präziser und zuverlässiger Algorithmen, die sowohl die Finanzmärkte verstehen als auch die individuellen Bedürfnisse und Risikoprofile der Kunden berücksichtigen. Zudem ist es wichtig, das Vertrauen der Kunden in diese automatisierten Systeme aufzubauen und zu erhalten.

Autonome Systeme

Autonome Systeme sind fortschrittliche KI-Systeme, die ohne menschliche Eingriffe agieren können. Die Implementierung solcher Systeme in Unternehmen erfordert eine sorgfältige Planung, robuste Entwicklung und kontinuierliche Überwachung. Um autonome Systeme erfolgreich zu implementieren, müssen Unternehmen in fortschrittliche KI-Technologien und Fachwissen investieren und gleichzeitig ethische und sicherheitstechnische Überlegungen berücksichtigen.

Autonomes Fahren

Autonomes Fahren bezieht sich auf Fahrzeuge, die durch KI-Technologie gesteuert werden. Für die Implementierung des autonomen Fahrens müssen Unternehmen in fortschrittliche Sensortechnologien und Algorithmen investieren und gleichzeitig Sicherheits- und Ethikstandards beachten.

Backpropagation

Backpropagation ist eine Methode im maschinellen Lernen, insbesondere in neuronalen Netzen, um den Fehler in den Ausgaben zu reduzieren und die Genauigkeit der Vorhersagen zu verbessern. Unternehmen, die Backpropagation nutzen möchten, müssen in die Entwicklung und Schulung von neuronalen Netzen investieren und sicherstellen, dass sie über die notwendigen Daten und Ressourcen für effektives Training verfügen. Backpropagation ist entscheidend für die Feinabstimmung von KI-Modellen und deren Optimierung für spezifische Aufgaben.

Barrierefreiheit

Barrierefreiheit im Kontext der KI bedeutet, KI-Systeme so zu gestalten, dass sie für Menschen mit verschiedenen Fähigkeiten zugänglich und nutzbar sind. Um Barrierefreiheit in KI-Anwendungen zu gewährleisten, müssen Unternehmen Richtlinien für Zugänglichkeit berücksichtigen und sicherstellen, dass ihre Produkte und Dienstleistungen für ein breites Publikum nutzbar sind. Dies erfordert oft eine enge Zusammenarbeit mit Benutzergruppen, um die Barrierefreiheit ihrer KI-Lösungen zu testen und zu verbessern.

Basismodelle oder Foundation Models

Basismodelle sind umfangreiche KI-Modelle, die für eine Vielzahl von Anwendungen genutzt werden können. Unternehmen sollten bei der Verwendung von Basismodellen diese an ihre spezifischen Anforderungen anpassen und auf die Qualität und Vielfalt der Trainingsdaten achten.

Bayesian Networks

Bayesian Networks sind probabilistische Graphenmodelle, die verwendet werden, um Unsicherheiten in komplexen Domänen zu modellieren und zu analysieren. Sie bestehen aus Knoten, die Zufallsvariablen repräsentieren, und gerichteten Kanten, die bedingte Abhängigkeiten zwischen diesen Variablen darstellen.

Bayesian Networks sind in der Lage, mit unvollständigen Daten umzugehen und Vorhersagen oder Diagnosen zu treffen, indem sie Wahrscheinlichkeiten aktualisieren, wenn neue Informationen verfügbar werden. Für Unternehmen, die Bayesian Networks nutzen möchten, ist es wichtig, ein tiefes Verständnis der Beziehungen und Abhängigkeiten innerhalb ihrer Daten zu entwickeln. Sie müssen in der Lage sein, Expertenwissen über diese Beziehungen in die Modellierung einzubeziehen. Bayesian Networks eignen sich besonders für Anwendungen in Bereichen, in denen es um Entscheidungsfindung unter Unsicherheit geht, wie zum Beispiel in der Finanzmodellierung, im Risikomanagement und in der medizinischen Diagnostik. Die Herausforderung besteht darin, präzise und realistische Modelle zu entwickeln, die die Komplexität der realen Welt adäquat widerspiegeln.

Big Data

Big Data bezieht sich auf extrem große Datenmengen, die aus verschiedenen Quellen stammen und in Echtzeit analysiert werden können. Unternehmen, die Big Data nutzen möchten, sollten in leistungsstarke Datenverarbeitungs- und Analysetools investieren. Die Herausforderung besteht darin, aus Big Data sinnvolle Einblicke zu gewinnen, die zur Verbesserung von Geschäftsentscheidungen beitragen.

Black Box

Der Begriff Black Box in der KI beschreibt Systeme, deren interne Funktionsweise für den Benutzer nicht transparent ist.

Für Unternehmen ist es wichtig, die Black Box-Natur ihrer KI-Systeme zu verstehen und zu minimieren, um Vertrauen und Akzeptanz bei den Stakeholdern zu fördern. Anstrengungen zur Erhöhung der Transparenz und Nachvollziehbarkeit von Black Box-Entscheidungen sind entscheidend.

Bot

Ein Bot ist ein automatisiertes Programm, das bestimmte Aufgaben selbstständig ausführen kann. Unternehmen nutzen Bots häufig für Kundenservice, Automatisierung von Routineaufgaben oder Datenanalyse. Bei der Implementierung von Bots sollten Firmen darauf achten, dass diese effizient, sicher und benutzerfreundlich sind.

Business Intelligence (BI)

Business Intelligence (BI) bezieht sich auf Technologien und Strategien, die von Unternehmen verwendet werden, um Daten zu analysieren und umsetzbare Informationen zur Verbesserung der Geschäftsentscheidungen und Leistung zu gewinnen. Moderne BI-Lösungen integrieren häufig KI-Elemente, um Daten effizienter zu verarbeiten, Muster zu erkennen und Vorhersagen zu treffen. Für Unternehmensführer ist BI ein entscheidendes Werkzeug, um Einblicke in den Betrieb, den Markt und die Kunden zu erhalten. KI-gestützte BI kann dabei helfen, große Datenmengen aus verschiedenen Quellen zu aggregieren, zu analysieren und in verständliche Berichte, Dashboards und Visualisierungen zu übersetzen. Dies ermöglicht es Führungskräften, informierte Entscheidungen zu treffen, Chancen zu identifizieren und Risiken zu minimieren. Die Herausforderung besteht darin, BI-Systeme so zu gestalten, dass sie relevante, genaue und zeitnahe Informationen liefern und gleichzeitig benutzerfreundlich und zugänglich für Entscheidungsträger auf allen Ebenen sind.

Capsule Networks

Capsule Networks (CapsNets) sind eine Art von tiefen neuronalen Netzen, die eine alternative Architektur zu den herkömmlichen Convolutional Neural Networks (CNNs) darstellen. Im Gegensatz zu CNNs, die sich hauptsächlich auf die Erkennung von Mustern in Bildern konzentrieren, sind Capsule Networks darauf ausgelegt, die räumlichen Hierarchien zwischen Objekten in einem Bild zu verstehen. Dies ermöglicht es ihnen, Bilder mit einer höheren Genauigkeit und Robustheit gegenüber Veränderungen wie Drehung oder Verformung zu analysieren. Für Unternehmen, die an Bildverarbeitung und -analyse interessiert sind, bieten Capsule Networks eine fortschrittliche Möglichkeit, komplexe visuelle Daten zu verarbeiten. Sie sind besonders nützlich in Anwendungen, bei denen die räumliche Beziehung zwischen Objekten wichtig ist, wie in der medizinischen Bildanalyse, im autonomen Fahren oder in der Robotik. Die Implementierung von Capsule Networks erfordert jedoch umfassende Kenntnisse in Deep Learning und spezialisierte Hardware, da sie rechenintensiver sind als traditionelle CNNs. Unternehmen müssen bereit sein, in die notwendige Infrastruktur und Expertise zu investieren, um von den Vorteilen der Capsule Networks profitieren zu können.

Chatbots and Virtual Assistants

Chatbots and Virtual Assistants sind KI-basierte Systeme, die menschliche Konversationen simulieren, um Kundenanfragen zu beantworten, Informationen bereitzustellen oder bestimmte Aufgaben auszuführen. Sie sind ein wichtiger Bestandteil des digitalen Kundenservices. Für Unternehmen sind Chatbots and Virtual Assistants ein Mittel, um die Effizienz im Kundenservice zu steigern, die Kundenzufriedenheit zu verbessern und Ressourcen zu schonen. Die Implementierung solcher Systeme erfordert jedoch fortgeschrittene NLP-Techniken und eine sorgfältige Gestaltung der Benutzerinteraktion, um eine effektive und natürliche Kommunikation zu gewährleisten.

Die Herausforderung besteht darin, die Chatbots kontinuierlich zu verbessern und an die sich ändernden Bedürfnisse der Kunden anzupassen.

Clustering

Clustering ist eine Technik des maschinellen Lernens, die zum Gruppieren ähnlicher Objekte oder Datenpunkte verwendet wird. Für Unternehmen ist es wichtig, Clustering-Algorithmen einzusetzen, um Muster und Beziehungen in ihren Daten zu entdecken, was für zielgerichtete Marketingstrategien und Kundenanalyse nützlich sein kann.

Cognitive Computing

Cognitive Computing bezieht sich auf Systeme, die menschenähnliche Denkprozesse in der Interaktion mit Daten und ihrer Umwelt nachahmen. Diese Technologie kombiniert KI-Methoden mit natürlicher Sprachverarbeitung, maschinellem Lernen und Datenanalyse, um menschenähnliche Reaktionen in Computersystemen zu ermöglichen. Für Unternehmen bedeutet dies, dass Cognitive Computing genutzt werden kann, um Kundenservice, Entscheidungsfindung und Prozessautomatisierung zu verbessern. Um Cognitive Computing zu implementieren, sollten Unternehmen in leistungsstarke Datenanalyseplattformen und KI-Expertise investieren. Die Herausforderung besteht darin, Systeme zu entwickeln, die in der Lage sind, komplexe Probleme auf eine Weise zu verstehen und zu lösen, die menschliches Denken und Urteilsvermögen nachahmt.

Computer Vision

Computer Vision ist ein Bereich der Künstlichen Intelligenz, der sich mit der Fähigkeit von Computern befasst, visuelle Informationen aus Bildern oder Videos zu verstehen und zu interpretieren. Dies beinhaltet Aufgaben wie die Erkennung von Objekten, Gesichtern, Text oder Mustern, sowie die Analyse von Bewegungen. Computer Vision ermöglicht es Maschinen, die visuelle Welt zu erfassen und kann in Anwendungen wie autonomem Fahren, medizinischer Bildgebung, Überwachungssystemen und Augmente Reality eingesetzt werden. Es nutzt Techniken des maschinellen Lernens und neuronaler Netzwerke, um diese Aufgaben zu bewältigen und die Bedeutung aus visuellen Daten abzuleiten.

Conversational AI

Conversational AI bezeichnet KI-basierte Text- und Sprachdialogsysteme, häufig auch Chatbots oder Voicebots genannt. Anhand der Sprach- oder Texteingaben von Benutzern analysiert das System den Kontext, erkennt die Absicht der Anfrage und generiert entsprechende Antworten. Ziel ist es, menschenähnliche Dialoge zu ermöglichen.

Convolutional Neural Networks (CNNs)

Convolutional Neural Networks (CNNs) sind eine Art von tiefen neuronalen Netzen, die speziell für die Verarbeitung von Daten mit einer bekannten, gitterähnlichen Struktur konzipiert sind, wie z.B. Bilder. CNNs sind besonders effektiv in der Erkennung von visuellen Mustern, von einfachen Kanten bis hin zu komplexen Objekten.

Unternehmen, die CNNs einsetzen, können dies in Bereichen wie Bild- und Videoanalyse, Gesichtserkennung und automatisierte Fahrzeugführung tun. Die Implementierung von CNNs erfordert Fachwissen in Deep Learning und Zugang zu großen Mengen an Trainingsdaten. Zudem sollten Unternehmen die Rechenleistung berücksichtigen, da CNNs rechenintensiv sein können.

Customer Relationship Management (CRM) with AI

Customer Relationship Management (CRM) with AI beinhaltet die Verwendung von KI-Technologien, um die Interaktionen und Beziehungen eines Unternehmens mit seinen Kunden zu verbessern. KI kann in CRM-Systemen eingesetzt werden, um Kundenverhalten zu analysieren, personalisierte Kommunikation zu ermöglichen und den Vertrieb und Marketingprozess zu optimieren. Für Unternehmensführer bedeutet die Integration von KI in CRM-Systeme, dass sie ein tieferes Verständnis ihrer Kunden gewinnen und die Kundenzufriedenheit und -bindung verbessern können. KI-gestützte CRM-Systeme können automatisierte Kundenunterstützung bieten, Verkaufschancen identifizieren und personalisierte Marketingkampagnen erstellen. Die Herausforderung liegt in der korrekten Analyse und Nutzung der Kundeninformationen, um wirklich relevante und personalisierte Erfahrungen zu schaffen, und in der Balance zwischen Automatisierung und menschlicher Berührung in der Kundeninteraktion.

Data Bias

Data Bias bezieht sich auf Verzerrungen in den Daten, die zu ungenauen oder voreingenommenen Ergebnissen führen können. Unternehmen müssen Data Bias aktiv erkennen und adressieren, um faire und genaue KI-Modelle zu entwickeln. Dies erfordert eine sorgfältige Prüfung und Diversifizierung der verwendeten Daten.

Data Mining

Data Mining, auch als Wissensentdeckung in Daten (Knowledge Discovery in Data, KDD) bezeichnet, ist ein Prozess im Bereich der Datenanalyse, bei dem große Mengen von Daten systematisch untersucht werden, um Muster, Trends, Zusammenhänge oder wertvolle Informationen zu identifizieren. Dabei werden verschiedene statistische, mathematische und maschinelle Lernmethoden angewendet, um versteckte Erkenntnisse aus den Daten zu gewinnen. Data Mining wird in verschiedenen Anwendungsbereichen eingesetzt, wie Marketing, Finanzen, Gesundheitswesen und vielen anderen, um Entscheidungsunterstützungssysteme zu entwickeln und geschäftliche Erkenntnisse zu gewinnen. Es hilft dabei, relevante Informationen aus großen und komplexen Datensätzen zu extrahieren und so bessere Entscheidungen zu treffen und Muster oder Trends zu identifizieren, die auf herkömmliche Weise möglicherweise übersehen werden würden.

Data Wrangling

Data Wrangling, auch bekannt als Datenbereinigung, ist der Prozess des Umwandelns und Anreicherens von Rohdaten in ein Format, das für analytische Zwecke besser geeignet ist. In der KI ist Data Wrangling ein wichtiger Schritt, um sicherzustellen, dass die verwendeten Daten sauber, konsistent und relevant sind.

Für Unternehmen bedeutet dies, dass sie in Werkzeuge und Techniken investieren sollten, die es ermöglichen, große Mengen an unstrukturierten Daten effizient zu verarbeiten. Dieser

Prozess umfasst das Identifizieren und Korrigieren von Fehlern, das Füllen von Datenlücken und das Umwandeln von Daten in nutzbare Formate.

Effektives Data Wrangling verbessert die Qualität der Datenanalyse und die Leistung von KI-Modellen.

Data-Driven Decision Making

Data-Driven Decision Making ist der Prozess, bei dem Entscheidungen auf der Grundlage von Datenanalyse und Interpretation statt auf Intuition oder Erfahrung getroffen werden. KI-Technologien spielen eine Schlüsselrolle bei der Bereitstellung genauer und zeitnaher Daten, die für solche Entscheidungen erforderlich sind. In der heutigen datengetriebenen Geschäftswelt ist Data-Driven Decision Making für Unternehmen unerlässlich, um wettbewerbsfähig zu bleiben. Es ermöglicht eine objektivere Bewertung von Situationen, die Identifizierung von Mustern und Trends und eine effektivere Ressourcenallokation. Die Herausforderung besteht darin, eine Kultur zu schaffen, in der datengetriebene Entscheidungen gefördert und unterstützt werden, und sicherzustellen, dass die verwendeten Daten von hoher Qualität sind.

Datenschutz

Datenschutz ist ein kritischer Aspekt in der KI, der sich auf den Schutz personenbezogener Daten bezieht.

Unternehmen müssen beim Einsatz von KI-Technologien Datenschutz-Standards einhalten und sicherstellen, dass die Privatsphäre der Nutzer respektiert wird.

Decision Support Systems (DSS)

Decision Support Systems (DSS) sind computergestützte Systeme, die Unternehmensführer bei der Entscheidungsfindung unterstützen. Sie kombinieren Daten, Analytik und KI-Modelle, um Nutzern zu helfen, komplexe Probleme zu verstehen und durch Datenanalyse fundierte Entscheidungen zu treffen. Der Einsatz von DSS in Unternehmen kann die Entscheidungsfindung in verschiedenen Bereichen wie Marketing, Finanzen und Betrieb verbessern. Solche Systeme bieten nicht nur Einblicke in aktuelle Geschäftsdaten, sondern können auch Prognosemodelle und Szenarioanalysen umfassen. Eine Herausforderung bei der Implementierung von DSS ist die Integration von Daten aus verschiedenen Quellen und die Sicherstellung, dass die Systeme aktuell, genau und relevant für die spezifischen Entscheidungsbedürfnisse des Unternehmens sind. Darüber hinaus ist es wichtig, dass DSS intuitiv und benutzerfreundlich gestaltet sind, damit Führungskräfte und Manager sie effektiv nutzen können.

Deep Learning

Deep Learning ist eine fortgeschrittene Form des maschinellen Lernens, die auf tiefen neuronalen Netzen basiert. Für Unternehmen bedeutet die Implementierung von Deep Learning, in umfangreiche Datensätze und leistungsstarke Rechenressourcen zu investieren, um komplexe Aufgaben wie Bild- und Spracherkennung zu bewältigen.

Diffusionsmodell

Ein Diffusionsmodell ist eine Methode im Bereich der KI, die darauf abzielt, Daten zu generieren oder zu transformieren. Die

Implementierung eines Diffusionsmodells erfordert spezielle Kenntnisse in der Datenmodellierung und -analyse.

Digital Twins

Digital Twins sind virtuelle Repräsentationen realer Objekte, Systeme oder Prozesse, die durch KI und Datenanalyse kontinuierlich aktualisiert werden. Sie ermöglichen es Unternehmen, Simulationen durchzuführen, Prozesse zu analysieren und Entscheidungen zu treffen, ohne physische Eingriffe vorzunehmen. Für die Unternehmensführung bieten Digital Twins wertvolle Einblicke in den Zustand und die Leistung von Anlagen, Produkten und Systemen. Sie können zur Optimierung von Produktionsprozessen, zur Verbesserung der Produktqualität und zur Beschleunigung der Produktentwicklung eingesetzt werden. Die Herausforderung liegt in der präzisen Modellierung und ständigen Aktualisierung der Digital Twins, um sicherzustellen, dass sie eine genaue Reflexion der Realität bieten.

Dimensionality Reduction

Dimensionality Reduction bezieht sich auf den Prozess der Reduzierung der Anzahl der Zufallsvariablen unter Beibehaltung der meisten wichtigen Informationen. Diese Technik ist besonders wichtig in der KI, da sie dabei hilft, die Komplexität von Daten zu reduzieren und Overfitting zu vermeiden. Unternehmen, die Dimensionality Reduction einsetzen, können effizienter Muster und Beziehungen in ihren Daten erkennen. Zu den gängigen Techniken gehören Principal Component Analysis (PCA) und t-distributed Stochastic Neighbor Embedding (t-SNE). Der Schlüssel zur erfolgreichen Anwendung dieser Technik liegt in der Fähigkeit, die richtige Balance zwischen Datenreduktion und Beibehaltung der relevanten Informationen zu finden.

Diskriminative KI

Diskriminative KI-Systeme sind darauf ausgerichtet, Unterschiede oder Kategorien in Daten zu erkennen. Unternehmen sollten diskriminative KI-Modelle sorgfältig trainieren, um präzise und unvoreingenommene Ergebnisse zu erzielen.

Dropout

Dropout ist eine Technik im maschinellen Lernen, insbesondere im Training von neuronalen Netzwerken. Sie beinhaltet das zufällige Deaktivieren (Aussetzen) von Neuronen oder Einheiten während des Trainingsprozesses. Dies dient dazu, Overfitting zu reduzieren und die Generalisierungsfähigkeit des Modells zu verbessern. Durch das sporadische Ausschalten von Neuronen werden verschiedene Teilmodelle erstellt, was dazu führt, dass das Netzwerk robuster und weniger anfällig für das Auswendiglernen von Trainingsdaten wird. Dropout erhöht die Effizienz und die Leistung von neuronalen Netzwerken, insbesondere in tieferen Architekturen.

Dynamic Pricing

Dynamic Pricing ist eine Preisstrategie, bei der Preise in Echtzeit basierend auf Angebot, Nachfrage und anderen Faktoren angepasst werden. Dynamic Pricing kann durch KI-Modelle unterstützt werden, die Marktbedingungen analysieren und optimale Preispunkte vorschlagen.

Echtzeit

Echtzeit-Verarbeitung in der KI bedeutet, dass Daten sofort analysiert und Aktionen in kürzester Zeit ausgeführt werden. Für Echtzeit-Anwendungen müssen Unternehmen in leistungsfähige Hardware und optimierte Algorithmen investieren.

Edge Computing

Edge Computing bezieht sich auf die Datenverarbeitung, die am Rand des Netzwerks, nahe der Datenquelle (z.B. IoT-Geräte), stattfindet. Dieser Ansatz kann die Latenz verringern und die Effizienz von Datenverarbeitungssystemen verbessern, da nicht alle Daten an ein zentrales Rechenzentrum gesendet werden müssen. Für Unternehmen, die Edge Computing implementieren, bedeutet dies, dass sie schneller auf Daten reagieren und Echtzeitanalysen durchführen können, was besonders in Bereichen wie autonomes Fahren, intelligente Städte und Industrie 4.0 wichtig ist. Die Herausforderung besteht darin, die richtige Infrastruktur und Sicherheitsmaßnahmen zu implementieren, um die Daten am Rand des Netzwerks effektiv zu verarbeiten und zu schützen.

Ensemble Learning

Ensemble Learning ist eine Methode im maschinellen Lernen, bei der mehrere Modelle (wie Entscheidungsbäume, Regressionsmodelle oder neuronale Netze) kombiniert werden, um genauere Vorhersagen als jedes einzelne Modell zu erzielen. Unternehmen können Ensemble Learning einsetzen, um die Leistung ihrer Vorhersagemodelle zu verbessern, insbesondere in komplexen Aufgaben wie Kreditrisikobewertung oder Kundenverhaltensprognose. Die Herausforderung besteht darin, die richtigen Modelle auszuwählen und sie effektiv zu kombinieren.

Durch Techniken wie Bagging, Boosting und Stacking können Unternehmen die Stärken einzelner Modelle nutzen und gleichzeitig ihre Schwächen ausgleichen.

Enterprise Resource Planning (ERP) with AI

Enterprise Resource Planning (ERP) Systems with AI sind integrierte Management-Systeme, die durch KI-Technologien erweitert werden, um verschiedene Geschäftsprozesse zu optimieren. Diese Systeme können Aufgaben wie Lagerverwaltung, Finanzplanung, Human Resources und Kundenbeziehungen automatisieren und intelligentere Analysen und Vorhersagen liefern. Für Unternehmen stellt die Integration von KI in ERP-Systeme eine bedeutende Verbesserung in der Effizienz und Genauigkeit der Geschäftsprozesse dar. KI kann dabei helfen, Muster in großen Datenmengen zu erkennen, Prozesse zu automatisieren und personalisierte Erfahrungen für Kunden zu schaffen. Die Herausforderung besteht darin, KI nahtlos in bestehende ERP-Systeme zu integrieren, Datenqualität und -sicherheit zu gewährleisten und sicherzustellen, dass die KI-Systeme die spezifischen Bedürfnisse und Ziele des Unternehmens unterstützen. Außerdem ist es wichtig, dass die Mitarbeiter in der Nutzung dieser erweiterten Systeme geschult werden.

Erklärbare KI

Erklärbare KI bezieht sich auf Systeme, deren Entscheidungen und Prozesse für Menschen nachvollziehbar und verständlich sind. Die Förderung von erklärbaren KI-Systemen in Unternehmen verbessert die Transparenz, das Vertrauen und die Akzeptanz bei den Nutzern.

Feature Engineering

Feature Engineering ist der Prozess der Auswahl, Modifizierung und Erstellung von Merkmalen (Features), die in maschinellen Lernmodellen verwendet werden. Es ist eine wesentliche Phase in der Entwicklung von KI-Systemen, da die Qualität und Relevanz der Features die Leistung des Modells maßgeblich beeinflussen.

Unternehmen, die Feature Engineering betreiben, müssen Daten gründlich verstehen und kreativ sein, um nützliche Merkmale zu identifizieren und zu konstruieren. Dies kann beispielsweise die Umwandlung von Rohdaten in kategorische Variablen, die Normalisierung von Daten oder die Erstellung neuer Variablen durch Kombination bestehender Merkmale umfassen. Effektives Feature Engineering kann die Genauigkeit von Vorhersagemodellen erheblich steigern.

Federated Learning

Federated Learning ist ein Ansatz im maschinellen Lernen, bei dem ein Modell über mehrere dezentrale Geräte oder Server trainiert wird, ohne dass sensible Daten zentral gesammelt werden müssen. Dieser Ansatz ist besonders nützlich für Unternehmen, die Datenschutz und Datensicherheit gewährleisten wollen, während sie gleichzeitig von gemeinsamen Lernprozessen profitieren. Beispielsweise können Mobiltelefonhersteller Federated Learning nutzen, um ihre Spracherkennungssysteme zu verbessern, ohne die Sprachdaten der Benutzer zentral zu speichern. Die Herausforderung besteht darin, die Kommunikation und Koordination zwischen den beteiligten Geräten effizient zu gestalten und gleichzeitig die Datenintegrität und -sicherheit zu gewährleisten.

Generative Adversarial Networks (GANs)

Generative Adversarial Networks (GANs) sind eine Klasse von maschinellen Lernalgorithmen in der KI, die aus zwei Netzwerken bestehen: einem generativen Netzwerk, das Daten erzeugt, und einem diskriminierenden Netzwerk, das die Echtheit der Daten bewertet. GANs sind bekannt für ihre Fähigkeit, sehr realistische Bilder, Videos und andere Medien zu erzeugen. Für Unternehmen bieten GANs bedeutende Möglichkeiten in Bereichen wie Bild- und Videobearbeitung, neue Inhalteerstellung und sogar in der Entwicklung neuer Produkte. Der Einsatz von GANs erfordert jedoch ein tiefes technisches Verständnis und umfangreiche Datenmengen. Einer der Hauptvorteile von GANs ist ihre Fähigkeit, hochqualitative, realistische Daten zu generieren, die in Trainingsdatensätzen für andere maschinelle Lernprojekte verwendet werden können. Die Herausforderung bei der Arbeit mit GANs liegt in der Feinabstimmung des Gleichgewichts zwischen dem generativen und dem diskriminierenden Netzwerk, um optimale Ergebnisse zu erzielen und das Auftreten von Artefakten in den erzeugten Daten zu minimieren.

Generative KI

Generative KI-Systeme können neue Inhalte erzeugen, die denen echter Menschen ähneln. Bei der Entwicklung von generativer KI müssen Unternehmen sicherstellen, dass die erzeugten Inhalte ethischen und rechtlichen Standards entsprechen.

Genetic Algorithms

Genetische Algorithmen sind eine Klasse von heuristischen Suchalgorithmen, die auf den Prinzipien der natürlichen Evolution und genetischen Vererbung basieren. Sie eignen sich besonders für Optimierungsprobleme, bei denen traditionelle Suchmethoden ineffektiv sind. Unternehmen können genetische Algorithmen verwenden, um eine Vielzahl von Problemen zu lösen, von der Routenplanung bis zur Produktkonfiguration. Der Schlüssel zum Erfolg mit genetischen Algorithmen liegt in der Definition einer geeigneten Fitnessfunktion, die bewertet, wie gut eine Lösung das Problem löst, und in der effektiven Implementierung von genetischen Operatoren wie Selektion, Crossover und Mutation.

Graph Neural Networks (GNNs)

Graph Neural Networks (GNNs) sind eine Art neuronales Netzwerk, das darauf spezialisiert ist, Daten zu verarbeiten, die in Form von Graphen vorliegen. Graphen bestehen aus Knoten (die Entitäten darstellen) und Kanten (die Beziehungen darstellen), was GNNs ideal für die Analyse von sozialen Netzwerken, Molekülstrukturen oder anderen komplexen Beziehungssystemen macht. Für Unternehmen sind GNNs besonders nützlich in Anwendungen, die ein tiefes Verständnis der Beziehungen und Interaktionen zwischen verschiedenen Entitäten erfordern. Beispiele sind die Empfehlungssysteme in sozialen Medien, die Analyse von Verbindungsnetzwerken in der Telekommunikation und die Vorhersage von Protein-Interaktionen in der Biotechnologie. Die Implementierung von GNNs erfordert ein tiefes Verständnis von Graphentheorie und maschinellem Lernen. Eine der Herausforderungen bei der Arbeit mit GNNs ist die Verarbeitung von sehr großen Graphen, was sowohl rechenintensiv als auch technisch anspruchsvoll sein kann.

Große Sprachmodelle

Große Sprachmodelle wie GPT-4 sind fortschrittliche KI-Systeme zur Textgenerierung und -analyse. Unternehmen, die große Sprachmodelle nutzen, sollten deren Fähigkeiten für verbesserte Kommunikation und automatisierte Inhaltsproduktion einsetzen

Heuristic Analysis

Heuristic Analysis bezieht sich auf den Einsatz von erfahrungsbasierten Techniken zur Lösung von Problemen, Entdeckung und Lernen, insbesondere wenn ein vollständiger Suchprozess nicht praktikabel ist. In der KI wird heuristische Analyse oft in Situationen verwendet, in denen schnelle Entscheidungen auf der Basis unvollständiger Informationen getroffen werden müssen. Unternehmen können Heuristic Analysis in Bereichen wie Diagnose, Planung und sogar im Kundenmanagement einsetzen. Der Schlüssel liegt darin, effektive Heuristiken zu entwickeln, die die Problemstellung gut abbilden und zu praktikablen, wenn auch nicht perfekten, Lösungen führen.

Hybride KI

Hybride KI verbindet verschiedene KI-Techniken, um komplexe Aufgaben zu lösen. Unternehmen sollten hybride KI-Systeme so gestalten, dass sie die Vorteile verschiedener Ansätze nutzen und gleichzeitig ihre Grenzen berücksichtigen.

Hyperparameter Tuning

Hyperparameter Tuning ist der Prozess der Optimierung von Parametern in einem maschinellen Lernmodell, die nicht während des Trainings gelernt werden, wie Lernraten oder Netzwerkstrukturen. Für Unternehmen, die KI-Modelle entwickeln, ist dieses Tuning maßgeblich für die bestmögliche Modellleistung. Dabei werden verschiedene Kombinationen von Hyperparametern ausprobiert, um die optimale Einstellung zu finden.

Die Suche kann komplex und zeitintensiv sein, erfordert jedoch Techniken wie Grid Search, Random Search und Bayesian Optimization, um effizient durchgeführt zu werden, und es ist wichtig, Overfitting zu vermeiden.

Imbalanced Data

Imbalanced Data bezieht sich auf ungleichmäßig verteilte Klassen in maschinellen Lernprojekten, wobei einige Klassen häufiger vorkommen als andere. Dies kann dazu führen, dass Modelle die häufigeren Klassen bevorzugen und die seltenen vernachlässigen. Unternehmen können dieses Problem angehen, indem sie Techniken wie Oversampling (künstliche Vermehrung seltener Klassen), Undersampling (Entfernen von Beispielen der häufigeren Klassen), Kostensensitivität (stärkere Bestrafung von Fehlklassifikationen der seltenen Klasse) und fortgeschrittene Methoden wie SMOTE (Synthetic Minority Over-sampling Technique) einsetzen, um ausgewogenere Modelle zu entwickeln. Dies verbessert die Modellleistung.

Internet of Things (IoT)

Das Internet der Dinge (IoT) bezieht sich auf vernetzte Geräte, die Daten austauschen und verarbeiten können. Unternehmen, die IoT-Technologien nutzen, sollten in Sicherheit und Datenschutz investieren und gleichzeitig die Effizienz und Funktionalität ihrer vernetzten Geräte verbessern.

Knowledge Graph

Ein Knowledge Graph ist eine strukturierte Darstellung von Wissen, die Entitäten und deren Beziehungen als Knoten und Kanten darstellt. Unternehmen nutzen Knowledge Graphs, um komplexe Informationen zu organisieren und zu verstehen.

Diese Graphen werden in Bereichen wie Suche, Empfehlungssystemen, Wissensmanagement und künstlicher Intelligenz eingesetzt, um Muster und Beziehungen in Daten zu entdecken. Dies führt zu besseren Entscheidungen, effizienteren Prozessen und einer verbesserten Benutzererfahrung. Die Erstellung eines Knowledge Graphs erfordert sorgfältige Planung, Datenintegration und den Einsatz fortgeschrittener Datenanalyse-Algorithmen.

Kognitive Maschinen

Kognitive Maschinen sind Systeme, die menschenähnliche Denkprozesse nachahmen können. Bei der Implementierung kognitiver Maschinen müssen Unternehmen sicherstellen, dass diese Systeme effektiv, zuverlässig und ethisch verantwortlich sind.

Latent Variable

Eine Latent Variable ist eine nicht direkt beobachtbare Variable, die durch andere, beobachtbare Variablen in einem statistischen Modell geschätzt oder abgeleitet wird. In der Künstlichen Intelligenz werden latente Variablen oft in komplexen Modellen verwendet, um verborgene Strukturen in Daten zu identifizieren und zu verstehen.

Solche Variablen sind besonders nützlich in Bereichen wie der Faktoranalyse, Strukturgleichungsmodellierung und verschiedenen Formen des unüberwachten Lernens. Für Unternehmen, die latente Variablen in ihren Datenmodellen verwenden, eröffnet sich die Möglichkeit, tiefergehende Einblicke in ihre Daten zu erhalten und verborgene Muster zu erkennen, die nicht direkt aus den Rohdaten ersichtlich sind. Dies kann besonders wertvoll sein in Bereichen wie Kundenverhaltensanalyse,

Marktsegmentierung und Risikomanagement. Der Einsatz latenter Variablen erfordert jedoch ein fundiertes Verständnis von statistischen Modellierungstechniken und die Fähigkeit, die Beziehungen zwischen beobachtbaren und latenten Variablen zu interpretieren. Darüber hinaus ist es wichtig, die Modelle regelmäßig zu überprüfen und anzupassen, um sicherzustellen, dass sie weiterhin relevante und genaue Informationen liefern.

Loss-Funktion

Die Loss-Funktion ist eine mathematische Funktion im maschinellen Lernen, die die Fehler zwischen den vom Modell vorhergesagten Werten und den tatsächlichen Werten misst. Ziel ist es, diese Fehler zu minimieren, indem man das Modell trainiert und seine Parameter anpasst. Die Wahl der richtigen Loss-Funktion hängt von der spezifischen Aufgabe ab, die das Modell lösen soll.

Model Interpretability

Model Interpretability bezieht sich auf das Maß, in dem ein menschlicher Benutzer die Art und Weise verstehen und nachvollziehen kann, wie ein KI-Modell Entscheidungen trifft. In der KI ist die Interpretierbarkeit von Modellen entscheidend, um Vertrauen und Transparenz in automatisierte Systeme zu schaffen. Für Unternehmen ist die Förderung der Model Interpretability wichtig, um die Akzeptanz von KI-Systemen bei Kunden und Stakeholdern zu erhöhen. Dies ist besonders relevant in Bereichen, in denen Entscheidungen der KI-Systeme erhebliche Auswirkungen haben können, wie im Gesundheitswesen, in der Finanzbranche oder im Rechtswesen. Um die Interpretierbarkeit zu verbessern, können Unternehmen Techniken wie Feature Importance-Analysen, Entscheidungsbaumvisualisierungen oder Erklärungsmodelle wie LIME (Local Interpretable Model-agnostic Explanations) einsetzen. Die Herausforderung besteht darin, ein Gleichgewicht zwischen der Leistungsfähigkeit komplexer Modelle und ihrer Nachvollziehbarkeit zu finden.

Modell

Ein Modell in der KI ist eine vereinfachte Darstellung der Realität, die für Vorhersagen und Analysen verwendet wird. Unternehmen sollten Modelle entwickeln, die präzise, effizient und auf ihre spezifischen Anwendungsfälle zugeschnitten sind.

Monte Carlo Simulation

Monte Carlo Simulation ist eine statistische Technik, die Zufallsstichproben verwendet, um numerische Ergebnisse für komplexe Probleme zu erzeugen, die analytisch schwer zu lösen sind. Diese Methode wird in einer Vielzahl von Bereichen eingesetzt, einschließlich Finanzwesen, Ingenieurwesen, Forschung und KI, um Unsicherheiten und Wahrscheinlichkeiten zu modellieren. In der Künstlichen Intelligenz wird die Monte Carlo Simulation häufig für Optimierungsprobleme, Risikoanalyse und Entscheidungsfindung unter Unsicherheit verwendet. Für Unternehmen, die Monte Carlo Simulationen einsetzen, bietet dies die Möglichkeit, die Auswirkungen von Risiken und Unsicherheiten auf ihre Modelle und Entscheidungen besser zu verstehen. Diese Technik kann beispielsweise verwendet werden, um die Wahrscheinlichkeiten verschiedener Szenarien in der Finanzplanung zu bewerten oder um die Leistung von Algorithmen unter verschiedenen Bedingungen zu simulieren. Die Herausforderung bei der Verwendung von Monte Carlo Simulationen liegt in der Notwendigkeit, genügend Stichproben zu generieren, um aussagekräftige Ergebnisse zu erzielen, und in der Fähigkeit, die Ergebnisse richtig zu interpretieren und in praktische Strategien umzusetzen.

Multimodale KI

Multimodale KI bezieht sich auf Systeme, die Informationen aus verschiedenen Datenquellen wie Text, Bild und Ton verarbeiten können. Unternehmen, die multimodale KI einsetzen, können dadurch umfassendere und genauere Analyseergebnisse erzielen.

Natural Language Processing (NLP)

Natural Language Processing (NLP) ist ein Bereich der Künstlichen Intelligenz, der sich mit der Interaktion zwischen Computern und menschlicher Sprache beschäftigt. Ziel von NLP ist es, Computern das Verstehen, Interpretieren und Generieren menschlicher Sprache auf eine Weise zu ermöglichen, die sowohl natürlich als auch sinnvoll ist. Dies umfasst Aufgaben wie Spracherkennung, Textanalyse, Übersetzung und Sentimentanalyse. Für Unternehmen ist NLP ein mächtiges Werkzeug, um große Mengen unstrukturierter Textdaten zu analysieren, wertvolle Erkenntnisse zu gewinnen und die Benutzererfahrung zu verbessern.

Anwendungen von NLP in der Geschäftswelt reichen von Chatbots und virtuellen Assistenten über automatisierte Kundenbetreuung bis hin zur Trendanalyse in sozialen Medien. Die Implementierung von NLP erfordert ein tiefes Verständnis der Sprachwissenschaften sowie fortgeschrittene KI- und maschinelle Lernfähigkeiten. Unternehmen müssen auch sicherstellen, dass ihre NLP-Systeme auf umfangreichen und vielfältigen Daten trainiert werden, um Genauigkeit und Fairness zu gewährleisten. Die Herausforderung besteht darin, Systeme zu entwickeln, die effektiv mit der Komplexität und Vielfalt menschlicher Sprache umgehen können.

Neural Architecture Search (NAS)

Neural Architecture Search (NAS) ist ein Prozess im Bereich des maschinellen Lernens, bei dem automatisierte Methoden verwendet werden, um die optimale Architektur für ein neuronales Netzwerk zu finden. NAS kann dazu beitragen, die Zeit und den Aufwand zu reduzieren, die normalerweise für das manuelle Design von neuronalen Netzen erforderlich sind. Für Unternehmen bedeutet der Einsatz von NAS, dass sie effizientere und leistungsfähigere neuronale Netzwerkmodelle entwickeln können. Dies ist besonders nützlich in Bereichen, in denen maßgeschneiderte Architekturen einen signifikanten Unterschied in der Modellleistung machen können, wie in der Bild- und Sprachverarbeitung. NAS-Techniken umfassen Methoden wie evolutionäre Algorithmen, Reinforcement Learning und Gradient-based Search. Die Herausforderung bei der Verwendung von NAS liegt in den hohen Rechenanforderungen und der Komplexität der Suche nach der optimalen Architektur in einem enorm großen Raum möglicher Netzwerkkonfigurationen.

Open Source

Open Source bezieht sich auf Software oder andere kreative Werke, deren Quellcode oder Inhalt öffentlich verfügbar ist und von der Gemeinschaft frei eingesehen, genutzt, modifiziert und verteilt werden kann. Diese Projekte fördern die Kollaboration und Transparenz, da sie die Möglichkeit bieten, gemeinsam an der Entwicklung und Verbesserung von Software oder anderen kreativen Projekten teilzunehmen, ohne Beschränkungen durch proprietäre Lizenzen. Open Source trägt zur Schaffung einer vielfältigen und innovativen Softwarelandschaft bei und wird oft von einer engagierten Gemeinschaft von Entwicklern und Enthusiasten unterstützt.

Operational Efficiency with AI

Operational Efficiency with AI bezieht sich auf die Anwendung von KI-Technologien zur Optimierung von Geschäftsprozessen und zur Steigerung der Effizienz in verschiedenen Unternehmensbereichen. KI kann helfen, Arbeitsabläufe zu automatisieren, Entscheidungsprozesse zu verbessern und die Ressourcennutzung zu optimieren. Für Führungskräfte bedeutet dies, dass sie durch den Einsatz von KI in der Lage sind, operative Abläufe zu straffen, Kosten zu senken und die Produktivität zu steigern. KI-gestützte Systeme können in Bereichen wie der Lieferkette, der Fertigung, dem Kundenservice und der Personalverwaltung eingesetzt werden. Die Herausforderung besteht darin, die richtigen KI-Lösungen auszuwählen, die zu den spezifischen Bedürfnissen des Unternehmens passen, und sicherzustellen, dass diese Lösungen nahtlos in bestehende Systeme integriert werden können. Außerdem müssen Unternehmen ihre Mitarbeiter entsprechend schulen und die Auswirkungen von KI auf die Belegschaft managen.

Outlier Detection

Outlier Detection, auch bekannt als Anomalieerkennung, ist der Prozess der Identifizierung von abweichenden, ungewöhnlichen oder verdächtigen Datenpunkten in Datensätzen. Diese Datenpunkte können auf Fehler, Ausreißer oder sogar betrügerische Aktivitäten hinweisen. In der Unternehmenswelt ist Outlier Detection von hoher Bedeutung für Bereiche wie Betrugserkennung, Qualitätskontrolle und Risikomanagement. Durch die Identifizierung von Ausreißern können Unternehmen potenzielle Probleme frühzeitig erkennen und Maßnahmen ergreifen, um Schäden oder Verluste zu vermeiden. Die Herausforderung bei der Outlier Detection liegt darin, die richtigen Methoden und Algorithmen zu wählen, die sowohl effektiv als auch effizient in der Erkennung von Anomalien sind, ohne zu viele falsche Positivmeldungen zu erzeugen. Techniken wie statistische Tests, Clustering-Methoden und maschinelles Lernen sind gängige Ansätze zur Outlier Detection.

Predictive Analytics

Predictive Analytics umfasst die Verwendung von Daten, statistischen Algorithmen und maschinellem Lernen, um die Wahrscheinlichkeit zukünftiger Ereignisse auf der Grundlage historischer Daten zu identifizieren. Es ist ein wichtiger Bestandteil vieler KI-Systeme und ermöglicht es Unternehmen, Trends vorherzusagen, Risiken zu bewerten und informierte Entscheidungen zu treffen. Für Unternehmen ist Predictive Analytics ein unverzichtbares Werkzeug für eine Vielzahl von Anwendungen, darunter Kundenbeziehungsmanagement, Lagerbestandsmanagement und Risikomanagement. Der Schlüssel zu effektiver Predictive Analytics liegt in der Qualität und Quantität der verfügbaren Daten sowie in der Auswahl und Implementierung geeigneter Algorithmen.

Unternehmen müssen sicherstellen, dass ihre Daten sauber, relevant und umfangreich sind, um genaue Vorhersagen zu ermöglichen. Darüber hinaus erfordert Predictive Analytics eine ständige Überwachung und Anpassung der Modelle, um sicherzustellen, dass sie aktuell bleiben und präzise Ergebnisse liefern.

Predictive Maintenance

Predictive Maintenance nutzt KI und maschinelles Lernen, um vorauszusagen, wann Wartungsarbeiten an Maschinen und Ausrüstungen erforderlich sind, basierend auf Echtzeitdaten und historischen Leistungsdaten. Dies ermöglicht Unternehmen, Wartungsarbeiten proaktiv zu planen, Ausfallzeiten zu minimieren und die Lebensdauer von Anlagen zu verlängern. Für Unternehmensführer bietet Predictive Maintenance die Möglichkeit, Kosten zu senken und die Effizienz zu steigern, indem Wartungsarbeiten optimiert und ungeplante Stillstände reduziert werden. Dies erfordert eine genaue Analyse großer Mengen von Betriebsdaten und die Entwicklung zuverlässiger Modelle zur Früherkennung von potenziellen Problemen. Die Herausforderung besteht darin, die Genauigkeit der Vorhersagen kontinuierlich zu verbessern und die Wartungspläne effektiv in den Betriebsablauf zu integrieren.

Quantencomputer

Ein Quantencomputer ist ein spezieller Computer, der Quantenmechanik nutzt und Qubits anstelle von Bits verwendet. Qubits können in verschiedenen Zuständen gleichzeitig existieren (Überlagerung) und sind verschränkt, was bedeutet, dass ihre Zustände voneinander abhängig sind. Quantencomputer haben das Potenzial, bestimmte Berechnungsprobleme wesentlich schneller zu lösen als klassische Computer, sind jedoch noch in der Entwicklungsphase und stehen vor technischen Herausforderungen. Sie könnten in Zukunft wichtige Fortschritte in verschiedenen wissenschaftlichen und industriellen Anwendungen ermöglichen.

Quantum Computing

Quantum Computing bezieht sich auf die Verwendung von Quantenmechanik-Prinzipien für die Datenverarbeitung und bietet potenziell exponentielle Geschwindigkeitsvorteile gegenüber klassischen Computern. Quantum Computing hat das Potenzial, Probleme in Bereichen wie Kryptographie, Materialwissenschaft und komplexe Systemsimulationen zu lösen, die für herkömmliche Computer zu anspruchsvoll sind. Für Unternehmen stellt Quantum Computing eine aufregende, aber auch herausfordernde Technologie dar. Es eröffnet Möglichkeiten für bahnbrechende Fortschritte in Bereichen wie Arzneimittelforschung und Finanzmodellierung. Gleichzeitig erfordert es jedoch erhebliche Investitionen in Forschung und Entwicklung sowie spezialisiertes Wissen in Quantenphysik und Informatik. Unternehmen, die in Quantum Computing einsteigen wollen, müssen sich auf langfristige Forschungs- und Entwicklungsprojekte einstellen und möglicherweise mit Universitäten und Forschungseinrichtungen zusammenarbeiten, um auf diesem Gebiet erfolgreich zu sein.

Retrieval-Augmented Generation

Retrieval Augmented Generation (RAG) verbindet die Vorteile von abfragebasierten und generativen KI-Modellen. RAG KI wird häufig zur Verarbeitung natürlicher Sprache (NLP) eingesetzt. Sie kann auf Grundlage vorhandenen Wissens kontextbezogene Antworten, Anweisungen oder Erklärungen in menschenähnlicher Sprache von sich geben.

Reinforcement Learning

Reinforcement Learning ist ein Bereich des maschinellen Lernens, bei dem ein Agent lernt, in einer Umgebung zu handeln, um die kumulierte Belohnung zu maximieren. Dieser Ansatz basiert auf dem Prinzip von Versuch und Irrtum, wobei der Agent Strategien entwickelt, um optimale Aktionen basierend auf den Rückmeldungen aus der Umgebung zu wählen. Unternehmen können Reinforcement Learning in einer Vielzahl von Anwendungen nutzen, darunter in der Robotik, bei Optimierungsproblemen und in der Spieltheorie. Ein Schlüsselaspekt von Reinforcement Learning ist die Entwicklung eines effektiven Belohnungssystems, das den Agenten anleitet und ihm hilft, die besten Entscheidungen zu treffen. Die Herausforderung besteht darin, ein Gleichgewicht zwischen der Erkundung neuer Strategien und der Ausbeutung bekannter Strategien zu finden, um langfristig optimale Ergebnisse zu erzielen. Unternehmen müssen auch sicherstellen, dass ihre Reinforcement Learning-Modelle robust und anpassungsfähig sind, um in komplexen und sich verändernden Umgebungen erfolgreich zu sein.

Roboter

Ein Roboter ist eine mechanische oder elektronische Vorrichtung, die Aufgaben selbstständig oder teilweise autonom ausführt. Sie können in verschiedenen Bereichen wie Industrie, Medizin und Haushalt eingesetzt werden und sind mit Sensoren und Computern ausgestattet, um ihre Umgebung zu erfassen und entsprechend zu handeln. Roboter sind vielseitige Werkzeuge, die dazu beitragen, Aufgaben zu automatisieren und neue Möglichkeiten in verschiedenen Branchen zu schaffen.

Robotic Process Automation (RPA)

Robotic Process Automation (RPA) ist die Technologie, die es ermöglicht, Geschäftsprozesse durch den Einsatz von Software-

Robotern zu automatisieren. Diese Roboter können sich wiederholende, regelbasierte Aufgaben ausführen, die zuvor von Menschen durchgeführt wurden. RPA wird in einer Vielzahl von Branchen eingesetzt, um Effizienz zu steigern, Fehler zu reduzieren und Kosten zu senken. Für Unternehmen bietet RPA die Möglichkeit, viele ihrer operativen Prozesse zu optimieren, insbesondere in Bereichen wie Kundenservice, Rechnungswesen und HR. Der Schlüssel zum erfolgreichen Einsatz von RPA liegt in der sorgfältigen Auswahl von Prozessen, die für eine Automatisierung geeignet sind, und in der Entwicklung robuster und zuverlässiger Software-Roboter.

Wichtig ist auch die Integration von RPA-Lösungen in die bestehende IT-Infrastruktur und die Schulung der Mitarbeiter, um die neuen Tools effektiv zu nutzen. Unternehmen sollten auch die langfristige Wartung und Anpassung der RPA-Systeme berücksichtigen, um sicherzustellen, dass sie weiterhin wertvolle Ergebnisse liefern.

Semantic Analysis

Semantic Analysis in der KI bezieht sich auf den Prozess des Verstehens der Bedeutung und der Absicht hinter menschlicher Sprache, sei es in geschriebener oder gesprochener Form. Dieser Bereich des Natural Language Processing (NLP) ist entscheidend, um die Nuancen und den Kontext in Textdaten zu erfassen. Unternehmen nutzen Semantic Analysis, um tiefere Einblicke in Kundenfeedback, Markttrends und soziale Medien zu gewinnen. Für eine effektive Semantic Analysis müssen Unternehmen fortschrittliche Algorithmen und Modelle entwickeln, die über Schlüsselwörter hinausgehen und den Kontext, die Absichten und Emotionen hinter den Worten verstehen. Dies erfordert große Datenmengen und fortgeschrittene NLP-Techniken wie Sentimentanalyse und Textklassifizierung. Die

Herausforderung liegt in der Entwicklung von Systemen, die unterschiedliche Sprachstile, Slang, Ironie und Mehrdeutigkeit verstehen können. Zudem müssen Unternehmen sicherstellen, dass ihre Semantic Analysis-Systeme kontinuierlich lernen und sich an sich ändernde Sprachgebrauchsweisen anpassen.

Supervised Learning

Supervised Learning ist ein maschinelles Lernverfahren, bei dem Modelle anhand von gelabelten Trainingsdaten trainiert werden. Jedes Trainingsbeispiel besteht aus einem Eingabedatensatz und dem dazugehörigen Ausgabedatensatz (Label). Der Algorithmus lernt, die Beziehung zwischen Eingaben und Ausgaben zu verstehen und Vorhersagen für neue, unbekannte Daten zu treffen. Für Unternehmen ist Supervised Learning besonders nützlich für Anwendungen wie Kundenklassifizierung, Kreditwürdigkeitsprüfung und Vorhersage von Verkaufstrends. Der Schlüssel zum Erfolg liegt in der Qualität und Menge der Trainingsdaten: Je genauer und umfassender die Daten, desto besser kann das Modell lernen und vorhersagen. Unternehmen müssen auch auf die Vermeidung von Overfitting achten, wobei das Modell zu sehr auf die Trainingsdaten abgestimmt wird und seine Fähigkeit zur Generalisierung auf neue Daten verliert. Dies kann durch Techniken wie Cross-Validation und die richtige Wahl der Modellkomplexität erreicht werden.

Test Data

Test data (auch Testdaten genannt) sind eine wichtige Komponente im Bereich des maschinellen Lernens und der Softwareentwicklung. Testdaten sind separate Datensätze oder Informationen, die verwendet werden, um die Leistung eines Modells oder einer Anwendung zu evaluieren, nachdem es auf

Trainingsdaten trainiert wurde. Die Testdaten sind normalerweise von den Trainingsdaten unabhängig und repräsentativ für reale Szenarien. Durch die Verwendung von Testdaten können Entwickler und Datenwissenschaftler die Genauigkeit, die Effizienz und die Zuverlässigkeit eines Modells oder einer Anwendung bewerten, um sicherzustellen, dass es ordnungsgemäß funktioniert und nicht nur die Trainingsdaten auswendig gelernt hat (Overfitting vermieden wird). Die Ergebnisse der Testdaten ermöglichen es, Fehler oder Schwachstellen zu identifizieren und das Modell oder die Anwendung gegebenenfalls zu verbessern.

Transfer Learning

Transfer Learning ist eine Methode im maschinellen Lernen, bei der ein Modell, das für eine Aufgabe entwickelt wurde, wiederverwendet und angepasst wird, um eine andere, aber verwandte Aufgabe zu lösen. Dieser Ansatz ist besonders nützlich, wenn für die neue Aufgabe nicht genügend Trainingsdaten zur Verfügung stehen.

Unternehmen nutzen Transfer Learning, um Zeit und Ressourcen zu sparen, indem sie auf bereits entwickelten

und trainierten Modellen aufbauen. Ein Beispiel hierfür ist die Verwendung eines vortrainierten Bilderkennungsmodells, das dann für spezifische Bildklassifizierungsaufgaben in einem bestimmten Bereich, wie der medizinischen Diagnostik, angepasst wird. Die Herausforderung bei Transfer Learning besteht darin, das richtige Basis-Modell auszuwählen und zu bestimmen, wie viel und welche Teile des Modells für die neue Aufgabe angepasst werden müssen.

Transformer

Transformer sind fortschrittliche KI-Modelle, die insbesondere in der Sprachverarbeitung eingesetzt werden. Unternehmen, die Transformer-Modelle nutzen, können von verbesserten Fähigkeiten in der Textanalyse und -generierung profitieren.

Unsupervised Learning

Unsupervised Learning ist ein Typ des maschinellen Lernens, bei dem Algorithmen Muster und Strukturen in Daten finden, ohne dass explizite Anweisungen oder Labels vorgegeben sind. Typische Anwendungen sind Clustering, Anomalieerkennung und Dimensionsreduktion. Für Unternehmen bietet Unsupervised Learning die Möglichkeit, verborgene Muster in Daten zu entdecken, die für menschliche Analysten nicht offensichtlich sind. Dies kann in der Marktforschung, bei der Kundensegmentierung oder zur Erkennung von Betrugsmustern nützlich sein. Die Herausforderung besteht darin, Algorithmen zu entwickeln, die effektiv und zuverlässig Muster identifizieren können, und die Ergebnisse richtig zu interpretieren, um wertvolle Geschäftseinblicke zu gewinnen.

Verteilte KI

Verteilte KI bezieht sich auf Systeme, die über mehrere Maschinen oder Standorte verteilt sind. Unternehmen können durch den Einsatz von verteilter KI ihre Rechenressourcen effizienter nutzen und komplexe Aufgaben bewältigen.

Virtual Agents

Virtual Agents sind computerbasierte Programme, die menschliche Interaktionen simulieren, um Aufgaben oder

Dienstleistungen zu erbringen. Sie finden häufig Anwendung in Kundendienstsystemen, wo sie Fragen beantworten, und Probleme lösen können, ohne menschliche Intervention. Für Unternehmen bieten Virtual Agents eine effiziente und kostengünstige Möglichkeit, den Kundenservice zu verbessern und die Mitarbeiter von routinemäßigen Aufgaben zu entlasten. Wichtig ist jedoch, dass diese Agenten gut gestaltet sind, um natürlich und hilfreich zu wirken. Dies erforderten fortschrittliche NLP-Technologien und ein tiefes Verständnis der Kundenbedürfnisse und -präferenzen. Unternehmen müssen auch sicherstellen, dass ihre virtuellen Agenten kontinuierlich lernen und sich an neue Anfragen und Benutzerverhalten anpassen.

Wissensrepräsentation

Wissensrepräsentation ist ein Schlüsselelement der KI, das sich auf die Art und Weise bezieht, wie Wissen in einem KI-System dargestellt und verarbeitet wird. Unternehmen müssen effektive Methoden der Wissensrepräsentation entwickeln, um komplexe Probleme zu lösen.

Zertifizierung

Zertifizierung im Kontext der KI bedeutet, dass ein KI-System bestimmte Standards erfüllt. Unternehmen sollten ihre KI-Systeme zertifizieren lassen, um Vertrauen und Glaubwürdigkeit bei Kunden und Regulierungsbehörden zu schaffen.

Autorenverzeichnis

Dr. Harald Schönfeld

Eckhart Hilgenstock

Ulvi I. Aydin

Falk Janotta

Melanie Heßler

Udo Fichtner

Klaus-Peter Stöppler

Jürgen Kaiser

Oliver Strass

Dr. Albert Schappert

Klaus Becker

Die Auflistung erfolgt in der vom Herausgeber festgelegten Reihenfolge der Kapitel. Diese ist so zusammengestellt, dass die Kapitel in inhaltlich sinnvoller Abfolge erscheinen, um einen reibungslosen Lesefluss zu gewährleisten.

Dr. Harald Schönfeld

Dr. Harald Schönfeld, Diplom-Volkswirt, Universität Trier. Post-Graduate Zusatzstudium „Innovationsmanagement“, Technische Universität Berlin. Promotion in Wirtschafts- und Sozialwissenschaften (Dr. rer. soc. oec.), Wirtschaftsuniversität Wien. Zertifizierter Aufsichtsrat & Beirat.

Nach dem Studium Karriere als angestellter Manager: Positionen im Marketing und Vertrieb, vor allem in großen, international tätigen Konzernen, insbesondere im Health Care-Bereich.

Seit 2003 ist er im Interim Management-Business tätig. Er ist Co-Gründer und Co-Geschäftsführer der UnitedInterim GmbH (www.unitedinterim.com), dem ersten digitalen Branchen-Ökosystem. Darüber hinaus führt er als Gründer und Geschäftsführender Gesellschafter die butterflymanager GmbH (www.butterflymanager.com). Dies ist eine auf die Vermittlung von Interim Managern spezialisierte Personalberatung mit nationalen und internationalen Interim Management-Projekten: Besetzung von C-Level Positionen, erste und zweite Führungsebene und Projektleitungen. Parallel hat er sich acht Jahre in der Branche als Stellvertretender Vorsitzender der Branchenvereinigung AIMP (Arbeitskreis Interim Management Provider) in Deutschland, der Schweiz und Österreich engagiert.

Dr. Harald Schönfeld hält Vorträge, unter anderem als Keynote-Speaker, leitet Fachkonferenzen und ist Autor und Herausgeber mehrerer Fachbücher im Bereich Interim Management, unter anderem des Standardwerkes „Karriere-Handbuch für Interim Manager" (zusammen mit Prof. Dr. Günther Singer und Jürgen Becker).

Ebenfalls ist er Herausgeber (teilweise zusammen mit Jürgen Becker) der Fachbuchreihe „Von Interim Managern lernen". Er ist aktives Mitglied und Autor im globalen Think Tank Diplomatic Council (DC) mit Beraterstatus bei den Vereinten Nationen (UNO). Seit 2022 ist er Dozent für Interim Management und Leiter des Zertifikatskurses für Aufsichtsräte und Beiräte an der Steinbeis Augsburg Business School. Darüber hinaus fungiert er als Herausgeber der Fachbuchreihe „Praxiswissen für Aufsichtsräte und Beiräte", die im Verlag des Diplomatic Council gemeinsam mit der Steinbeis Augsburg Business School erscheint.

Kontakt:

Dr. Harald Schönfeld
UNITEDINTERIM GmbH
Kohlreinstrasse 10
CH-8700 Küsnacht
Email: harald.schoenfeld@unitedinterim.com
Web: www.unitedinterim.com

butterflymanager GmbH
Ringstrasse 7
CH-8603 Schwerzenbach
+41 71 677 01 66
Email: schoenfeld@butterflymanager.com
Web: www.butterflymanager.com

Eckhart Hilgenstock

Eckhart Hilgenstock ist Interim Executive (EBS), Interim Manager des Jahres 2012 (AIMP), Top Interim Manager im *Manager Magazin* 10/2021 und in *Capital* 01/2022 (Beilage).

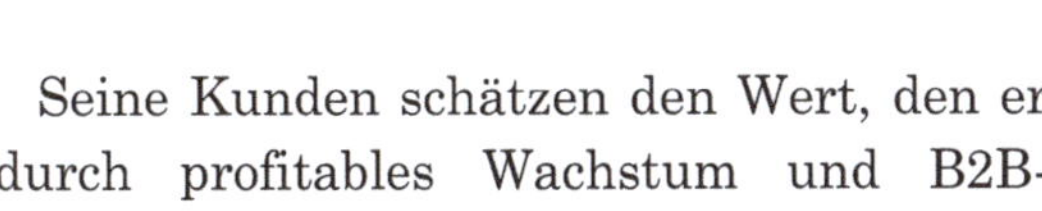

Seine Kunden schätzen den Wert, den er durch profitables Wachstum und B2B-Digitalisierung gemeinsam mit Kundenteams schafft. Häufig handelt es sich dabei um Marketing-, Business Development- und Verkaufsmandate.

Der neutrale Blick und die Impulse von außen fördern neue Lösungen. Schnell wird das Licht am Ende des Tunnels sichtbar. Sein Angebot:

- Verkauf effizienter gestalten, Auftragseingang steigern und Kundenerlebnis verbessern;
- Digitale Transformation leiten und Mitarbeiter zur Veränderung und zum Erfolg führen;
- Komplexe Projekte erfolgreich gestalten sowie Prozesse und Business Rhythmus strukturieren.

Arbeitsweise:

- Er rückt den Kunden ins Zentrum seines Denkens.
- Er bringt Struktur ins digitale Geschäft und erzielt dadurch schnell Ergebnisse.

- Qualität und transparente Kommunikation zeichnen ihn aus.
- Er kommt, um zu gehen: „Entwickle Nachhaltigkeit und fördere Selbständigkeit!"
- Er handelt ehrlich und fair und vermeidet Überraschungen.
- Der Mensch steht für ihn im Vordergrund. Wenn der/die Mitarbeiter:in sich wohlfühlt, dann ruft er/sie mit Freude die beste Leistung ab. Und liefert außergewöhnliche Ergebnisse!

Kontakt:

Eckhart Hilgenstock
Meisenweg 27
22926 Ahrensburg

Email: heh@hilgenstock-hamburg.de
Phone: +49 4102 498 999 0
Mobil: +49 176 103 209 28
Web: www.hilgenstock-hamburg.de

Ulvi I. Aydin

Preisgekrönter Premium Executive Interim Manager, Unternehmens- und Unternehmer-Entwickler, zertifizierter Aufsichtsrat & Beirat, Speaker, Markenbotschafter, Buchautor.

Als international agierender Interim CEO und CSO unterstützt er mittelständische Unternehmen und Konzerne bei Marken- und Marktentwicklung, Neu-Positionierung, Restrukturierung und Vertriebsexzellenz.

Ulvi Aydin ist u.a. Mitglied im IBWF – Institut & Beraternetzwerk qualifizierter Unternehmensberater, Steuerberater, Wirtschaftsprüfer, Rechtsanwälte und Notare für den Mittelstand, Mitglied im Berufsfachverband „Die KMU Berater-Bundesverband freier Berater e.V.“, zertifizierter BAFA-Berater und zertifizierter „Berater Offensive Mittelstand“ und Mitglied im „ArMiD, Aufsichtsräte Mittelstand in Deutschland e.V.“. Ulvi Aydin ist ebenfalls Deutsche Börse zertifizierter Aufsichtsrat.

Über seine Erfahrungen als Interim Manager schreibt er in diversen Wirtschaft-Medien (Wirtschaftswoche, Springer-Professional, Transformations-Magazin, Controller Magazin, Harvard Business Manager, etc.).

Seine Firma – die AYCON Management Consulting GmbH – ist spezialisiert auf Restrukturierung, Going-2-Market-Strategien, Stresstest der Marken-Strategie und Vakanzüberbrückungen.

Kontakt:

Ulvi. I Aydin
Ottostraße 54
85521 Ottobrunn

E-Mail: ulvi.aydin@aycon.biz
Website: www.aycon.com

Falk Janotta

Falk Janotta ist ein erfahrener IT-Manager, erfolgreicher Unternehmer, vielgelesener Autor und häufig angefragter Redner, der seit 2004 erfolgreich als IT Interim Manager arbeitet.

Kommunikation und emotionale Empathie sind für ihn die entscheidenden Erfolgsfaktoren nicht nur in Projekten und im Geschäftsleben, sondern auch im Privaten.

Diese Werte gelten insbesondere auch in seinem Unternehmen intelliExperts GmbH. Im Geschäftsfeld „Personaldienstleistungen" vermittelt es Projektexperten von der Assistenz bis zum Projektleiter, vom Full-Stack-Entwickler bis zum SAP-Berater.

Das Geschäftsfeld „Sprachdienstleistungen" ist eine Full-Service-Kommunikationsagentur für Fachübersetzungen, für Sprachdienstleistungen und für digitales Marketing – mit zertifizierten Prozessen, persönlicher Betreuung und viel Herz. Er sagt: „Wir garantieren muttersprachliche Übersetzungen in höchster Qualität – für Ihre professionelle internationale Kommunikation.

Kontakt:

Falk Janotta
intelliExperts GmbH
Sanderglacisstraße 9a
97072 Würzburg

E-Mail: falk.janotta@intelliexperts.de
Mobil: +49 179 4764647
Web: https://intelliexperts.de

Melanie Heßler

Melanie Heßler ist Expertin für komplexe Kommunikationsaufgaben. Ihr Schwerpunkt liegt auf der Kommunikation von Wandel (Change) in einer sich digitalisierenden Unternehmensstruktur. Sie ist spezialisiert auf komplexe und erklärungsbedürftige Veränderungen. Sie nutzt für die Kommunikation alle vorhandenen Touchpoints und Kanäle, und integriert – wenn möglich oder nötig – moderne Dialogsysteme und Künstliche Intelligenz (KI) in bestehende Strukturen und begleitet Teams auf die nächste Entwicklungsstufe.

Eine zentrale Kompetenz in ihrem breiten Kommunikationsspektrum ist die interne Veränderungskommunikation. Ihre kreativen Taktiken haben das Ziel, Veränderung zu planen und umzusetzen sowie Bewusstsein und breite Akzeptanz für Wachstum und Wandel in Organisationen zu schaffen. Sie bringt über 20 Jahre Kommunikations-Expertise in Projekte ein. Analytische und taktische Stärke, Empathie und Kreativität sind ihre stärksten Fähigkeiten. Sie ist Motivatorin, Führungskraft und Teambuilderin mit einem hohen Commitment zu Zielen, Zeitplänen und Budgets.

- Magistra Politikwissenschaften, Staats- und Verwaltungsrecht, Soziologie.
- Gründerin von „Management Leaks" – Interim Communications im Jahr 2015 – Change- & Wachstumskommunikation.
- Davor 11 Jahre Agenturtätigkeit, Gründung und Leitung einer eigenen Marketing- / PR- / Social-Media Agentur.

- Seit 1997 PR- und Marketingspezialistin bei großen internationalen Agenturen mit Personal- und Etatverantwortung auf EMEA-Ebene.

Interimistische Rollen:

Interne Kommunikation für Wachstum & Wandel, Change-Communication Manger, Unternehmens- und Krisenkommunikation (inkl. Social-Media), Reputations-Marketing und Employer-Branding, Pressesprecherin Marketing & PR-Managerin, Projektmanagement und Leitung von Kampagnen.

Kompetenzen: Hands-on Mentalität, ziel- und ergebnisorientiert, sozial kompetent, diplomatisch.

Werte: Integrität, Loyalität, Ambition, Ehrgeiz.

Branchen: Schiffbau, Logistik, Energiewirtschaft, TIMES-Märkte, Klinik- und Patientenkommunikation, Pharma, Blockchain-Technologie, Maschinenbau.

Auszeichnungen: KU Award Siegerin 2021 – mit dem KU Award werden die innovativsten und erfolgreichsten Projekte und Kampagnen im Krankenhausmarketing ausgezeichnet.

Kontakt:

Melanie Heßler
Management Leaks
Geschwister-Scholl-Straße 91
20251 Hamburg

Email: mel@managementleaks.com
Tel.: +49 (0) 15118253171
Web. www.managementleaks.com

Udo Fichtner

Udo Fichtner ist Unternehmens- und Personalberater als Partner bei Graf Lambsdorff & Compagnie. Der gelernte Bankkaufmann, Diplom-Ökonom und Master of Human Resource Management bietet neben klassischer Personalmanagement-Beratung sowie Executive Search und Executive Placement auch Interim Management für komplexe HR-Projekte an. Ihm wurde im Jahr 2022 in einer Beilage zum Wirtschaftsmagazin CAPITAL die Auszeichnung „TOP Interim Manager HR“ verliehen.

Basierend auf seiner Erfahrung als Firmenkundenbetreuer bei der Deutschen Bank hat er über 20 Jahre lang strategische HR-Bereiche sowie operative HR Shared Service Center in Familienunternehmen wie in börsennotierten Konzernen der unterschiedlichsten Branchen geführt und entwickelt. Insbesondere die Transformation von HR-Funktion und Belegschaft, nicht nur im Personalbereich selbst, sondern auch für Mitarbeitende im Vertrieb, in Produktionsfunktionen, in administrativen Bereichen oder in der IT beispielsweise, ziehen sich wie ein roter Faden durch seinen Werdegang. Dabei kommt ihm seine internationale Erfahrung mit langjährigen Aufenthalten in Asien, Nordamerika und im europäischen Ausland zugute.

Udo Fichtner ist Experte in den eng miteinander verzahnten Themenfeldern Personalmanagement, Change Management und sozialem Nachhaltigkeitsmanagement. Als Leiter der Fachgruppe Strategisches Personalmanagement im Bundesverband der Personalmanager*innen e.V. hat er in den acht Jahren seines Wirkens die Broschüren *Die Personalstrategie kompakt*, *Der Personalstratege konkret* und *Zwischen Euphorie und*

Skepsis – KI in der Personalarbeit geschrieben sowie viele weitere Fachbeiträge zu unterschiedlichsten HR-Themen geliefert. In der „Reihe von Interim Managern lernen“ hat er bereits Beiträge für die Bände *Business Transformation* und *Human Resources – Personalwesen in Krisenzeiten* verfasst. Er ist zudem Mitbegründer des KI-HR-Labs, einer bereits 2018 ins Leben gerufenen Initiative zum (Er)Lernen, (Er)Leben und (Er)Arbeiten von KI-Anwendungen im HR-Bereich.

Seit einiger Zeit berät Udo Fichtner neben seiner Leidenschaft für KI seine Kunden auch intensiv in einer weiteren wichtigen Säule der wirtschaftlichen und gesellschaftlichen Transformation, dem Nachhaltigkeitsmanagement mit Schwerpunkt Soziale Nachhaltigkeit. Dafür hat er sich zuletzt an der Steinbeis Augsburg Business School zum „Certified ESG Expert“ weitergebildet.

Udo Fichtner ist verheiratet und hat drei erwachsene Kinder. Er lebt seit vielen Jahren in Mainz.

Kontakt:

Udo Fichtner
Graf Lambsdorff & Compagnie
Franz-August-Becker-Str. 27, 55122 Mainz

E-Mail: fichtner@lambsdorff-cie.de
Mobil: +49-174-9992567
Web: www.lambsdorff-cie.de/fichtner

Klaus-Peter Stöppler

Klaus-Peter Stöppler ist als ein erfahrener Executive Manager mit Fokus Bauprojektmanagement für Interim-Mandate und in beratenden Funktionen tätig. Er blickt auf einen fundierten Werdegang vom ausgebildeten Handwerker zum diplomierten Bauingenieur, Geschäftsführer und qualitätsgesichertem Interim Manager zurück. Er ist verheiratet und lebt mit seiner Familie in München.

Klaus-Peter Stöppler verfügt über mehr als 35 Jahre Erfahrung in den Branchen Bauwirtschaft, Immobilien, Energie und Industrie, davon 15 Jahre Erfahrung auf Executive-, Geschäftsführungs- und Geschäftsleitungsebene. Seine Schwerpunkte sind die Themen Strategie, Transformation und Leadership. Mit seiner breiten Fachexpertise in der Steigerung der Effizienz sowie im Aufbau von Organisationen und schwierigen Projekten sorgt er in seinen Mandaten für eine signifikante Verbesserung der Ergebnisse, Wettbewerbsfähigkeit, Qualität und Nachhaltigkeit. Er gilt als nahbarer, verbindlicher Begleiter in herausfordernden Situationen und sieht sich als Netzwerker und Verfechter von zielführender sowie transparenter Kommunikation. Als Inhaber des Zertifikats „Qualifizierter Aufsichtsrat" der Deutschen Börse AG und Mitglied verschiedener Verbände wie ArMiD, DDIM und Bayerischer Architektenkammer verfügt er über ein umfangreiches Netzwerk.

Klaus-Peter Stöppler gilt als Treiber digitaler Transformation, wie zum Beispiel der Schaffung von Strukturen und der Einführung von Building Information Modeling (BIM) und agilem Projektmanagement zur Lösungsentwicklung zwischen einem Software-Programmierungs-Team und den operativen Einheiten. In seinen Mandanten gilt er als stressresistenter Experte mit analytischen Fähigkeiten zur Lösungsentwicklung komplexer Projekte mit hohem Schwierigkeitsgrad und kritischen Unternehmenssituationen. Er ist ein risikobewusster Verbinder von technischem, betriebswirtschaftlichem und rechtlichem Know-how für Organisationen und Projekte und besitzt umfassende Erfahrung in der Führung von herausfordernden Teams mit Auflösung von Widerständen und Entwicklung zu einem eingespielten Team – durch Offenheit, Vertrauen und echter Kommunikation.

Kontakt:

Klaus-Peter Stöppler
Menzinger Straße 14b
80638 München

Email: k.stoeppler@bau-interim.com
Web: www.bau-interim.com

Jürgen Kaiser

Jürgen Kaiser ist seit rund zehn Jahren ein international tätiger Finance Executive Interim Manager mit Schwerpunkt auf komplexe Finanzierungs- und M&A Projekte, Investorensuchen und Restrukturierungen.

Seine Projekte haben ihn neben seinem Fokus auf den DACH-Raum auch nach Osteuropa und zudem mehrere Jahre nach Südkorea geführt.

Eines seiner Spezialgebiete ist die Entwicklung und Umsetzung von Public-Private-Partnership- sowie von Betreibermodellen. Auf diesen Gebieten war er mehrfach sowohl für private als auch öffentliche Auftraggeber tätig.

Im Jahr 2020 hat er für die Umsetzung einer der größten jemals in Österreich umgesetzten Investorensuchen für ein Glasfaser-PPP-Projekt die Auszeichnung zum Interim Manager des Jahres erhalten. 2021 erhielt er weitere Auszeichnungen zum 1. Platz des Beraterpreises Constantinus Award und zum Landessieger Österreich des Constantinus International.

Im Jahr 2022 folgten Erwähnungen als TOP Interim Manager im DACH Raum sowohl im renommierten Finance als auch CAPITAL Magazin.

Eines der immer wieder zitierten Mottos von Jürgen Kaiser ist „Komplexität reduzieren und Klarheit schaffen". Daher war es nur eine logische Konsequenz, dass die Themen Digitalisierung und Anwendung von KI im Finanzbereich schon bald in seinen Fokus rückten.

Im Jahr 2021 gründete Jürgen Kaiser gemeinsam mit Mitautor Oliver Strass und Josef Kainz die Finance Interim Management Boutique „dieSaremas“, die in nur knapp über 2 Jahren auf über 25 Partner und Mitarbeiter angewachsen ist und bereits dutzende erfolgreiche Interim Projekte im D/A/CH Raum umgesetzt hat.

Das Leistungsspektrum reicht von Interim Management Leistungen im Rechnungswesen, Controlling bis zu CFO-Rollen und Geschäftsführungsaufgaben. Das Spezial Know-How reicht von der Organisation von Finanzabteilungen, Prozessoptimierungen, Einführung von ERP Systemen, Digitalisierung bis zu M&A, Finanzierungen und ESG (Umwelt, Soziales und Unternehmensführung) Reporting.

Mit der Dienstleistung „RENT A CFO“ werden Finanzexperten (vom Controller bis zum CFO) auf pay-per-use Basis vorwiegend in Start-ups und KMU Betrieben eingesetzt. Aufgrund des Fachkräftemangels ist dies ein stark wachsender Sektor bei dieSaremas und auch hier kommen zunehmend Digitalisierungs- und KI Lösungen zum Einsatz.

Kontakt:

Jürgen Kaiser
Managing Partner
dieSaremas GmbH

Email: j.kaiser@dieSaremas.com
Mobil: +43 676 39 40 168
Web: www.dieSaremas.com

Oliver Strass

Ing. Mag. Oliver Strass, Jahrgang 1970, ist Gründungs- und Managing Partner bei dieSaremas GmbH.

Persönliche Headline: Internationale Konzerne und KMU: Experte für Neu- und Reorganisation von Finanzabteilungen oder ganzen Unternehmen, Vorreiter bei
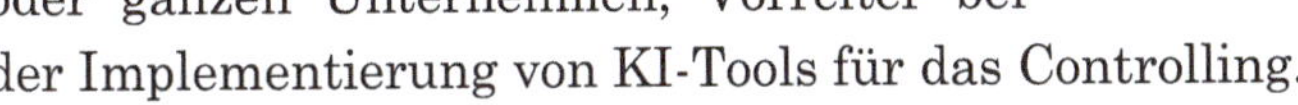
der Implementierung von KI-Tools für das Controlling.

Seit mehr als 20 Jahren bin ich in leitender Funktion im Finanzbereich tätig, davon seit über 10 Jahren als zertifizierter Interim Manager. Dabei habe ich zahlreiche Projekte sowohl für internationale Industriekonzerne als auch KMUs umgesetzt. Mein Schwerpunkt liegt in der Neu- und Reorganisation von Finanzabteilungen.

Neben den klassischen Themen wie Einführung von ERP-System, Aufbau von Kostenrechnung sowie Überarbeitung des Berichtswesens decke ich auch neue Wissensgebiete wie die Digitalisierung und Automatisierung im Finanzbereich ab. Digitalisierung mittels KI-Tools ist aus dem Controllingbereich nicht mehr wegzudenken und wird unsere Zukunft prägen. Mehr noch: Künstliche Intelligenz wird das Controlling revolutionieren. Als CFO sehe ich deutlich, dass die Zeit der rückblickenden Aufgaben zu Ende ist und sich unsere Rolle zunehmend zu der eines zukunftsorientierten Strategen und Sparringpartners im Zahlenuniversum eines Unternehmens wandelt. KI ermöglicht es dem CFO, über den Tellerrand der traditionellen Finanzbuchhaltung hinauszublicken und bietet Unterstützung, prognostische, wertsteigernde Entscheidungen zu treffen. Dafür, dass Unternehmen diese unausweichliche Entwicklung nicht verschlafen und mit ihrem Controlling-Werkzeugkoffer auf dem neuesten Stand sind, setze ich mich als Interim CFO ein.

Ich bin Mitglied der Interim Management Boutique „dieSaremas“, die aus mehr als 25 Finance Managern bestehen. Wir bieten ein Rundum-Service im Finanzbereich an – von Rechnungswesen, Controlling bis zu CFO auf Zeit. Auch Spezialisten für Restrukturierung & Sanierung, Projektfinanzierungen, M&A Projekte und Investorensuchen befinden sich in unseren Reihen. Ganz neu bieten dieSaremas neben Interim Management nun auch Finanzdienstleistungen wie Controlling, Finanzleitung oder CFOs auf Basis pay-per-use an.

Kontakt:

Oliver Strass
Managing Partner
dieSaremas GmbH

Email: o.strass@diesaremas.com
Mobil: +43 699 161 96 704
Web: www.dieSaremas.com

Dr. Albert Schappert

Dr. Albert Schappert maximiert mit seinen Kunden das volle Produktivitätspotenzial der modernen Informations- und Kommunikationstechnologien – speziell in Ihrer Organisation.

Er ist seit 20 Jahren ein sehr erfolgreicher Interim Manager im Bereich (IT-) Technologie und Digitalisierung in verschiedensten Industrien und Rollen und Unternehmensgrößen. Er arbeitet als Programm- / Projektmanager für übergreifende Transformationen oder als CIO / CDO in Linienfunktionen. Seine Kompetenzen decken alle Aspekte insbesondere von Projekt- und Programmmanagement, Mitarbeiterführung, Stakeholdermanagement, Betrieb, Coaching und Change Management ab. Er stellt sicher, dass die Projekte den versprochenen Mehrwert auch tatsächlich liefern – im Sinne des Geschäfts.

Sein Angebot reicht von der Umsetzung komplexer Entwicklungs- und Einführungsprojekte, der nachhaltigen Betriebssicherstellung bis zur Umgestaltung ganzer Organisationen. Er bietet die Sicherheit, dass die Projekte und Abteilungen ihre Versprechungen und Ziele einhalten, und die Transparenz, dass die Aktivitäten im Sinne der Geschäftsanforderungen pragmatisch und erfolgreich umgesetzt werden.

Dr. Albert Schappert ist promovierter Mathematiker, besitzt mehrere berufsbegleitende MBAs / Zertifizierungen und legt Wert auf permanente Weiterbildung.

Kontakt:

Dr. Albert Schappert
Flurstr. 32
D-85244 Röhrmoos

Email: albert.schappert@iimb.net
Mobil: +49 170 9148492

Klaus Becker

Diplom Betriebswirt (BA) Fachrichtung Wirtschaftsinformatik.

Mit über 15 Jahren Erfahrung in verschiedenen Führungspositionen in der Modebranche habe ich ein tiefes Verständnis für die Herausforderungen und Chancen dieser dynamischen Industrie entwickelt. In den letzten Jahren habe ich beobachtet, wie KI immer präsenter wurde und innovative Lösungsoptionen bot. Ich hatte die Gelegenheit, sowohl Standardsoftware mit integrierten KI-Funktionen als auch komplexere individuelle Lösungen zu implementieren.

Als CIO habe ich mich darauf konzentriert, ein breites Spektrum an Themen abzudecken, von der digitalen Transformation, Infrastruktur und Cloud-Migration bis hin zu Softwareentwicklung, Prozessdesign und IT-Sicherheit. Darüber hinaus bringe ich als studierter Betriebswirt ein tiefes Verständnis für den operativen Bereich eines Handelsunternehmens mit, einschließlich Corporate Strategy, Retail, Wholesale, Franchise, E-Commerce, Finance, Controlling, Logistik, Fashion-Fertigung, Einkauf, HR, Facility Management und ESG.

Meine Leidenschaft für Technologie und mein Streben nach ständiger Verbesserung treiben mich an, Business und Technologie zusammenzubringen und eine Balance aus Kosten und Nutzen zu schaffen. Ich glaube fest daran, dass ein übergreifendes Gesamtverständnis über die klassischen Silos hinaus entscheidend ist, insbesondere bei der Implementierung von KI-Lösungen.

KI-Technologie bietet in nahezu allen Bereichen neue Chancen, Verbesserungen bis hin zu Wettbewerbsvorteilen zu schaffen. Als Interim Manager kann ich Unternehmen helfen, diese Lücken zu schließen. Während meiner Einarbeitungszeit in ein Mandat nutze ich ein Enterprise Architecture Management (EAM)-System und ein Prozessmanagement-System, um den aktuellen Zustand an Business-Anforderungen, Prozessen, Technologien und Risiken nachhaltig und transparent zu erfassen und zu visualisieren. Lösungsalternativen bewerte ich mit dem internen Team, priorisiere die Themen abgestimmt mit der Unternehmensstrategie, erstelle die Roadmap und starte die Umsetzung.

15 Jahre Fashion-Hintergrund:

- Wolford AG, Bregenz/Österreich, Interim Director Global IT & Digital;
- Fashion Digital GmbH & Co. KG (P&C Düsseldorf), Interim Bereichsleiter IT & Geschäftsführer;
- ESCADA SE, Aschheim, VP Global IT;
- adidas AG, Herzogenaurach, Director Store Technology & Innovation.

Kontakt:

Mobil: +49 176 21165725
Email: klaus@becker-solutions.com
Teams:https://teams.microsoft.com/l/chat/0/0?users=klaus@becker-solutions.com
Web: https://becker-solutions.com
LinkedIn: https://www.linkedin.com/in/klaus-becker-solutions/
UnitedInterim:https://www.unitedinterim.com/interim-manager/CIO-CDO-CTO%20.html

Bücher im DC Verlag

Besondere Empfehlung für alle Interim Manager

Karriere-Handbuch für Interim Manager – Ein systematischer Leitfaden zum Erfolg als Freelancer im Management, Jürgen Becker, Dr. Harald Schönfeld, Prof. Dr. Günther Singer, 448 Seiten, Hardcover, ISBN 978-3-98674-042-9

Fachbücher „Von Interim Managern lernen“

Das Diplomatic Council (DC) veröffentlicht gemeinsam mit United Interim (UI) die Fachbuchreihe „Von Interim Managern lernen“ mit dem UI-Gründer und Geschäftsführer Dr. Harald Schönfeld als Herausgeber. Die Buchreihe wird kontinuierlich um neue Themen erweitert. Bislang sind folgende Bücher erschienen:

Interim Manager berichten aus der Praxis: Automotive, Reihe „Von Interim Managern lernen“, Jürgen Becker, Ulf Camehn, Ludek Cermak, Hanno Goffin, Ralf-Peter Hanrieder, Dr. Dr. Stefan Hohberger, Andreas Kälber, Dr. Gerhard Müller-Spanka, Frank P. Neuhaus, Christine Pfisterer, Christian Ritzer, Dr. Harald Schönfeld, Jane Enny van Lambalgen, 404 Seiten, Paperback, ISBN 978-3-947818-29-7

Interim Manager berichten aus der Praxis: Maschinen- und Anlagenbau, Reihe „Von Interim Managern lernen“, Jürgen Becker, Eckhart Hilgenstock, Falk Janotta, Peter Lüthi, Hans-Rolf Niehues, Manfred Richter, Dr. Harald Schönfeld, Dr. Uwe Seidel, Götz Stapelfeldt, Michael Weimar, 312 Seiten, Paperback, ISBN 978-3-947818-75-4

Interim Manager berichten aus der Praxis: Business Transformation, Reihe „Von Interim Managern lernen“, Dr. Bodo Antonić, Jürgen Becker, Udo Fichtner, Rudi Grebner, Michael Gutowski, Lothar Hiese, Eckhart Hilgenstock, Falk Janotta, Kirsten Klomfass, Stefan Löffler, Susanne Möcks-Carone, Manfred Richter, Dr. Harald Schönfeld, Rolf Marcus Schuss, Rainer Simko, Dr. Detlef Weber, 512 Seiten, Paperback, ISBN 978-3-98674-009-2

Interim Manager berichten aus der Praxis: Human Resources – Personalwesen in Krisenzeiten, Reihe „Von Interim Managern lernen“, Urs Affolter, Ulvi Aydin, Ulf Camehn, Udo Fichtner, Detlef Georg, Michael Gutowski, Hans Rolf Niehues, Dr. Frank Orthmann, Paul Stricker, Dr. Detlef Weber, Karlheinz Zuerl, 532 Seiten, Paperback, ISBN 978-3-98674-054-2

Marketing- und Sales-Intelligenz im Maschinen- und Anlagenbau, Eckhart Hilgenstock, 76 Seiten, Paperback, ISBN 978-3-98674-020-7

Technischer Einkauf im Maschinen- und Anlagenbau, Manfred Richter, 84 Seiten, Paperback, ISBN 978-3-98674-018-4

Verhandlungen in der Automobilindustrie, Hanno Goffin, Andreas Jüstel, 216 Seiten, Paperback, ISBN 978-3-98674-036-8

Management in China – Geschäftsentwicklung, Restrukturierung, Einkauf, Vertrieb, Fertigung, Logistik, Standortwahl, Qualitätsmanagement, Karlheinz Zuerl, 180 Seiten, Paperback, ISBN 978-3-98674-063-4

Marken-Risiko-Management – Brand-Gefahren: Feuer vermeiden und löschen, Jochen J. Schmahl, 192 Seiten, Paperback, ISBN 978-3-98674-069-6

Zudem sind im Verlag des Diplomatic Council folgende Fachbücher aus der Reihe „Praxiswissen für Aufsichtsräte und Beiräte" (Herausgeber Dr. Harald Schönfeld) erschienen.

Künstliche Intelligenz für Entscheider, Andreas Dripke, Andreas Renner, Prof. Dr. Alexander Richter, Dr. Harald Schönfeld, Prof. Dr. Sebastian Thrun, Dr. Horst Walther, 220 Seiten, Hardcover, ISBN 978-3-98674-078-8

Kommunikation für Aufsichtsräte und Beiräte, Andreas Dripke, 148 Seiten, Hardcover, ISBN 978-3-98674-073-3

Internationalisierung für Aufsichtsräte und Beiräte, Michael Gutowsi, 118 Seiten, Hardcover, ISBN 978-3-98674-075-7

Darüber hinaus sind im Verlag des Diplomatic Council die auf den folgenden Seiten aufgeführten Sachbücher erschienen. Der Verlag ist neuen Autoren gegenüber aufgeschlossen.

Sachbücher

Stasi 2.0 – Wie wir durch den staatlich-industriellen Digitalkomplex zu gläsernen Bürgern werden und was das für unsere Zukunft bedeutet. 2. aktualisierte Auflage, Andreas Dripke, Markus Miksch, 444 Seiten, ISBN 978-3-947818-05-1

Mein Atomknopf ist größer – America vs. North Korea. Jamal Qaiser, 184 Seiten, Paperback, ISBN 978-3-947818-01-3

Rechtsruck – Wie das Wiedererstarken des Nationalismus Deutschland in die Katastrophe führt. Anonyme Autoren, 660 Seiten, Paperback, ISBN 978-3-947818-06-8

Pandemie – Die Welt im Corona-Krieg, 2. aktualisierte Auflage, Andreas Dripke, Markus Miksch, 148 Seiten, Paperback, ISBN 978-3-947818-13-6

Covid-19 Falsche Pandemie – Die fatalen Fehler der WHO und ihre verhängnisvollen Folgen. Jamal Qaiser, Markus Miksch, 234 Seiten, Paperback, ISNB 978-3-947818-15-0

75 Jahre UNO – Macht und Ohnmacht der Vereinten Nationen. Andreas Dripke, Hang Nguyen, 330 Seiten, Paperback, ISBN 978-3-947818-07-5

Die Dekade 2020-2030 – Das kommt auf uns zu!, Andreas Dripke, Hang Nguyen, 362 Seiten, ISBN 978-3-947818-17-4

Corona und Impfen, Andreas Dripke et al., 188 Seiten, ISBN 978-3-947818-18-1

Hacker – Angriff auf unsere Computer-Zivilisation, Anonyme Autoren, 432 Seiten, ISBN 978-3-947818-23-5

Künstliche Intelligenz (KI) – Wir werden gedacht, Dr. Horst Walther, Andreas Dripke, 250 Seiten, ISBN 978-3-947818-25-9

Migration nach Europa – Wir schaffen das und die Folgen, Anonyme Autoren, 510 Seiten, Paperback, ISBN 978-3-947818-32-7

Auto – Vom Diesel-Desaster bis zum selbstfahrenden E-Auto, Autorengemeinschaft Diplomatic Council, 572 Seiten, Paperback, ISBN 978-3-947818-09-9

Digitale Disruption – Alles wird anders, Andreas Dripke et al., 216 Seiten, Paperback, ISBN 978-3-947818-34-1

Welt ohne Bargeld – Bitcoin und andere Kryptowährungen, Andreas Dripke, Stephanie Stoerk, 176 Seiten, Paperback, ISBN 978-3-947818-41-9

Die biometrische Vermessung der Menschheit, Andreas Dripke et al., 212 Seiten, Paperback, ISBN 978-3-947818-39-6

Apple Car – Wie der iKonzern das Auto neu erfindet, Andreas Dripke et al., 284 Seiten, Paperback, ISBN 978-3-94-7818-43-3

Der Wahn mit dem Datenschutz, Marc Ruberg et al., 136 Seiten, Paperback, ISBN 978-3-947818-51-8

Die Apple Agenda – Welche Märkte der iKonzern künftig revolutionieren wird, Andreas Dripke et al., 260 Seiten, Paperback, ISBN 978-3-947818-47-1

Hilfe, wir werden gechippt! – Vom Mikrochip unter der Haut bis zum Hirnschrittmacher, Andreas Dripke et al., 176 Seiten, Paperback, ISBN 978-3-947818-55-6

Cyber War – Die digitale Bedrohung, Marc Ruberg et al., 244 Seiten, Paperback, ISBN 978-3-947818-45-7

Inside WHO – Analyse der World Health Organization (WHO) und ihres Chefs Dr. Tedros Adhanom Ghebreyesus, Andreas Dripke et al., 124 Seiten, Paperback, ISBN 978-3-947818-27-3

2045 – Das Jahr, in dem die Künstliche Intelligenz schlauer wird als der Mensch, Andreas Dripke, Dr. Horst Walther, 104 Seiten, ISBN 978-3-947818-57-0

Der digitale Euro kommt – Fakten, Analysen, Hintergründe, Andreas Dripke, Stephanie Stoerk, 232 Seiten, Paperback, ISBN 978-3-947818-61-7

Denken 5.0 – Was die klügsten Köpfe eines globalen Think Tank über unsere Zukunft denken; Andreas Dripke, Claude Piel, Detlef Schmuck, Dr. Harald Schönfeld, Helmut von Siedmogrodzki, Stephanie Stoerk, Dr. Horst Walther; 292 Seiten, Paperback, ISBN 978-3-94-7818-36-5

Digitale Identität – Unser Zwilling im Datennetz, Andreas Dripke et al. 164 Seiten, Paperback, ISBN 978-3-947818-53-2

Ewige Pandemie – Freiheit ade, Andreas Dripke, Markus Miksch, 204 Seiten, Paperback, ISBN 978-3-947818-59-4

Der Dritte Weltkrieg – Das Undenkbare denken, die deutsche Ausgabe von „How to avoid World War III", Hang Nguyen, Jamal Qaiser, 216 Seiten, Paperback, ISBN 978-3-947818-67-9

Auto ohne Lenkrad – Das selbstfahrende Auto steht vor der Tür, Patrick Dripke, Thomas Gronenthal, 140 Seiten, Paperback, ISBN 978-3-947818-79-2

Roboter im Alltag – Maschinen (beinahe) wie Menschen, Andreas Dripke, 176 Seiten, Paperback, ISBN 978-3-947818-71-6

Irrfahrt E-Auto – Abgesang auf die deutsche Autoindustrie, Thomas Gronenthal et al., 212 Seiten, Paperback, ISBN 978-3-947818-81-5

China versus USA – Kampf um die Vorherrschaft, Dr. Horst Walther et al., 280 Seiten, Paperback, ISBN 978-3-947818-63-1

Krieg in Europa – Unser schlimmster Albtraum, Andreas Dripke, Hang Nguyen, Jamal Qaiser, Dr. Horst Walther, 260 Seiten, Paperback, ISBN 978-3-98674-026-9

Kampf ums Wasser – Die Herausforderung des 21. Jahrhunderts, Claude Piel, 380 Seiten, Paperback, ISBN 978-3-98674-024-5

Asyl – Flucht ins Paradies, Hang Nguyen, 220 Seiten, Paperback, ISBN 978-3-98674-012-2

Das Internet der Dinge – Die Vernetzung umschlingt uns, Andreas Dripke, Wolfgang Odenthal, 132 Seiten, Paperback, ISBN 978-3-947818-99-0

Die Rückkehr der Kernkraft – Warum Atomenergie unsere Zukunft ist, Andreas Dripke, Hang Nguyen, Marc Ruberg, 204 Seiten, Paperback, ISBN 978-3-947818-95-2

Spion im Smartphone – Wie unser Alltags-Begleiter zur Falle wird, Marc Ruberg et al., 208 Seiten, Paperback, ISBN 978-3-947818-85-3

Kampf ums All – Wie Jeff Bezos, Richard Branson und Elon Musk den Weltraum erobern, und die Rolle der NASA, der ESA, Russlands und Chinas, Andreas Dripke, 260 Seiten, Paperback, ISBN 978-3-98674-014-6

Wenn sich China und Russland verbünden... – Die Herausforderung der Freien Welt, Andreas Dripke, Hang Nguyen, Jamal Qaiser, 260 Seiten, Paperback, ISBN 978-3-98674-016-0

Widerstand gegen die digitale Überwachung – Wofür Julian Assange und Edward Snowden kämpften, Marc Ruberg, Detlef Schmuck, 220 Seiten, Paperback, ISBN 978-3-947818-93-8

Alles über Krypto – NFT, Blockchain, Bitcoin & Co, Andreas Dripke, Stephanie Stoerk, 160 Seiten, Paperback, ISBN 978-3-98674-007-8

Computer wie Götter – Die Rechenknechte übernehmen die Herrschaft, Andreas Dripke, Hang Nguyen, 148 Seiten, Paperback, ISBN 978-3-98674-005-4

Das Versagen des Westens in Afghanistan, Syrien und der Ukraine, Hang Nguyen, Jamal Qaiser, 148 Seiten, Paperback, ISBN 978-3-947818-97-6

Das Diesel-Desaster – Die Geschichte des größten deutschen Industrieskandals, Thomas Gronenthal, 340 Seiten, Paperback, ISBN 978-3-947818-83-9

Metaverse – Was es ist, wie es funktioniert, wann es kommt, Andreas Dripke, Marc Ruberg, Detlef Schmuck, 256 Seiten, Paperback, ISBN 978-3-947818-87-7

Klimakatastrophe – Wahn oder Wirklichkeit, Hang Nguyen et al., 184 Seiten, Paperback, ISBN 978-3-947818-49-5

Was nach dem Smartphone kommt – Eine Reise in unsere digitale Zukunft, Andreas Dripke et al., 152 Seiten, Paperback, ISBN 978-3-947818-69-3

Die digitale Zivilisation – Die Genesis und Zukunft unserer Informationsgesellschaft, Andreas Dripke, Harald A. Summa, 232 Seiten, Paperback, ISBN 978-3-98674-044-3

Ich bin nicht woke – Eine Widerrede gegen Gendern, Woke, Cancel Culture und anderes Gedöns, Mai Linh Tran, 184 Seiten, Paperback, ISBN 978-3-98674-065-8

Masterplan: Wie Elon Musk unsere Welt erobert, Andreas Dripke, 296 Seiten, Paperback, ISBN 978-3-98674-056-6

ChatGPT und LaMDA sind erst der Anfang – Wie Künstliche Intelligenz unser aller Leben verändert, Andreas Dripke, Tony Nguyen, Dr. Horst Walther, 200 Seiten, Paperback, ISBN 978-3-98674-067-2

Sebastian Thrun – Die autorisierte Biografie. Eine deutsche Karriere im Silicon Valley und was wir daraus für unser eigenes Leben lernen können. Andreas Dripke, 296 Seiten, Paperback, ISBN 978-3-98674-052-8

Klima: Unsicherheit und Risiko – Unsere Reaktion überdenken, Dr. Judith Curry, 512 Seiten, Hardcover, ISBN 978-3-98674-091-7

Die falsche Energiewende – Die fatalen Fehler der deutschen Energiepolitik, Herbert W. Fischer, 164 Seiten, Paperback, ISBN 978-3-98674-099-3

Wohlstand und Wirtschaftswachstum ohne Reue – Klimarettung ja, Deindustrialisierung nein, Jean Pütz mit Andreas Dripke, 136 Seiten, Hardcover, ISBN 978-3-98674-093-1

Gesunde Ernährungskonzepte auf Basis aktueller Forschung (2020 - 2024) – Neueste Erkenntnisse aus der Entschlüsselung des Stoffwechsels, Dr. Detlef Weber, 268 Seiten, Hardcover, ISBN 978-3-98674-096-2

Über Diplomatic Council

Das vorliegende Werk ist im Verlag des Diplomatic Council (DC) erschienen: DC Publishing.

Das Diplomatic Council verknüpft einen globalen Think Tank, ein weltweites Business Network und eine Charity Foundation in einer einzigartigen Organisation mit Beraterstatus bei den Vereinten Nationen.

Unsere Mitglieder vertreten die feste Überzeugung, dass Wirtschaftsdiplomatie ein tragendes Fundament für die internationale Völkerverständigung und den friedlichen Umgang der Nationen darstellt. Aus dieser Erkenntnis heraus überträgt das Diplomatic Council das Ziel der globalen Völkerverständigung in ein ökonomisches Mandat. Die Methodik eines weltweiten Wirtschaftsnetzwerkes wird hierzu mit der diplomatischen Kommunikationsebene der Staaten dieser Erde untereinander verknüpft.

Vor diesem Hintergrund sind im Diplomatic Council Persönlichkeiten aus Diplomatie, Wirtschaft und Gesellschaft engagiert, die mit Augenmaß ausgewählt werden und die sich durch eine hohe Akzeptanz, eine hohe Kompetenz und ein mit den Grundpfeilern des Diplomatic Council übereinstimmendes Wertesystem auszeichnen. Ebenso sind Unternehmen willkommen, für die Corporate Social Responsibility weit mehr als ein-Schlagwort ist.

Weitere Informationen: www.diplomatic-council.org

Über United Interim

United Interim (UI) ist das erste digitale Ökosystem im professionellen Interim Management der DACH-Region (Deutschland, Österreich, Schweiz). Für das Diplomatic Council ist United Interim daher der ideale Partner für die Fachbuchreihe „Von Interim Managern lernen“.

United Interim bringt alle am Interim-Business beteiligten Parteien auf einer Online-Plattform zusammen: jederzeit, offen, direkt und provisionsfrei. Unternehmen, die einen Interim Manager bzw. eine Interim Managerin suchen, können kostenfrei qualitätsgesicherte Kandidaten über die Plattform finden, kontaktieren – und direkt mit ihnen Projektverträge abschließen. Kein Vermittler steht dazwischen.

Für Interim Manager ist die Nutzung von United Interim der Goldstandard in der digitalen Selbstvermarktung. Die offene Plattform bringt ihnen Sichtbarkeit und Relevanz – präzise bei den Zielgruppen. Ihre Dienstleistung können sie auf professionelle Weise jederzeit anbieten und ihren CV, ihr Video, Ergebnisse eines Diagnostic Tools zur Persönlichkeit, Case-Studies und Kundenreferenzen sowie Fachbeiträge über ein Blog zur Verfügung stellen. Für die Nutzung der Infrastruktur von United Interim zahlen die Interim Manager eine monatliche Flatrate.

Provider und Vermittler sowie Kapitalbeteiligungsgesellschaften und Unternehmensberater können ebenfalls – als Nachfrager nach Interim Managern – kostenlos auf die Interim Manager und Managerinnen direkt zugreifen und im eigenen Projektgeschäft einsetzen. Das bringt den Interim Managern, die sich auf United Interim präsentieren, zusätzlich weitere Projektanfragen.

Auf der Website von United Interim finden sich ebenfalls Partnerunternehmen, die geprüfte Dienstleistungen und Produkte rund um Interim Management zu günstigen Konditionen anbieten (zum Beispiel Berater für Positionierung und Unterlagen, Weiterbildung, berufsspezifische Versicherungs- und Finanzthemen oder Mobilität).

United Interim geht auf konkrete Anregungen von Kunden und Interim Managern zurück: Immer wieder wurden die Gründer Dr. Harald Schönfeld und Jürgen Becker, die als Herausgeber der vorliegenden Fachbuchreihe fungieren, gefragt, ob es denn nicht möglich sei, einfach selbst in Interim Manager-Datenbanken zu suchen und dort Projekte auszuschreiben. „*Wie bei unseren Festanstellungen wissen wir doch auch bei Projektaufgaben ganz genau, welche Fähigkeiten wir suchen! Wir wissen nur nicht, wo!*“, lauteten die Aussagen der Unternehmen. United Interim ist als Antwort auf diese Anforderungen entstanden.

UNITEDINTERIM GmbH
Kohlrainstrasse 10, CH-8700 Küsnacht / ZH, Schweiz
E-Mail: info@unitedinterim.com, Web: www.unitedinterim.com